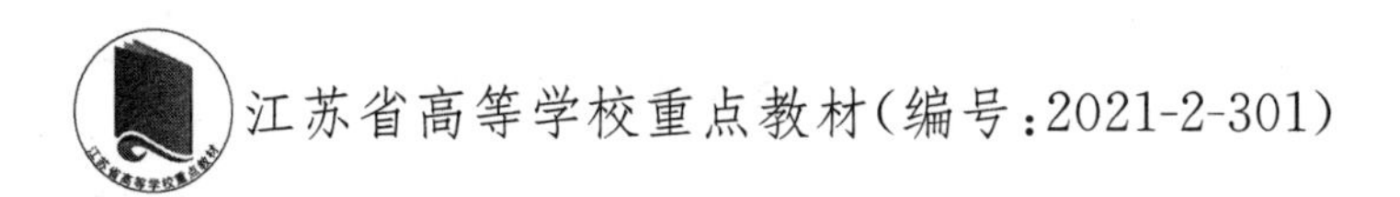
江苏省高等学校重点教材(编号:2021-2-301)

新型显示技术

吴　俊　王保平　主　编

東南大學出版社
SOUTHEAST UNIVERSITY PRESS
·南京·

内容简介

本书依据教育部教学指导委员会课程教学基本要求编写。从光学基础知识与基本显示理论出发，以产业发展为牵引逐步解析几种主要的新型显示技术。教材旨在为初学者提供一个清晰的视角，以掌握当前显示技术的最新进展为核心理念，合理平衡经典技术与新型显示技术所占比重，避免陷入经典技术的复杂细节。全书共分10章，其中3～9章节涵盖了目前主流的几种显示技术，通过简明易懂的阐述，深入探讨了这些主流显示技术的创新点、优势、挑战及其产业未来应用前景。学生通过了解产业界与学术界实际案例，得以对技术原理进行分析，将创新思维进行迁移和发散。本教材配有对应的习题以及发散思考题，以提升教学实效。本书是高等院校光学工程、电子信息类相关专业通用教材，本科与专科不同教学层次可以根据实际需求灵活选用，也可供相关领域工程技术人员学习、参考。

图书在版编目(CIP)数据

新型显示技术 / 吴俊，王保平主编. -- 南京 ：东南大学出版社，2024.10

ISBN 978-7-5766-0937-0

Ⅰ.①新… Ⅱ.①吴… ②王… Ⅲ.①液晶显示器—基本知识 ②平板显示器件—基本知识 Ⅳ.①TN141.9

中国国家版本馆CIP数据核字(2023)第209645号

新型显示技术

Xinxing Xianshi Jishu

主　　编　吴　俊　王保平
责任编辑　张　烨　　**责任校对**　韩小亮　　**封面设计**　王　玥　　**责任印制**　周荣虎
出版发行　东南大学出版社
出 版 人　白云飞
社　　址　南京市四牌楼2号(邮编:210096　电话:025－83793330)
经　　销　全国各地新华书店
印　　刷　常州市武进第三印刷有限公司
开　　本　787 mm×1092 mm　1/16
印　　张　16
字　　数　339千字
版　　次　2024年10月第1版
印　　次　2024年10月第1次印刷
书　　号　ISBN　978-7-5766-0937-0
定　　价　69.00元

前 言

在21世纪的今天，信息技术的迅猛发展已经深刻地改变了我们的工作和生活方式。其中，显示技术作为连接数字世界与人类感知的桥梁，扮演着至关重要的角色。它不仅仅是信息传递的工具，更是创新和创意表达的平台。随着科技的不断进步，新型显示技术层出不穷，它们以更高的分辨率、更丰富的色彩、更灵活的形态，满足了人们对视觉体验的极致追求。

在这样的背景下，我们精心编写了这本教材，旨在为光学工程、电子信息工程、电子科学与技术等专业的学生提供一个全面、系统的学习资源。本书的编写严格遵循教育部高等学校电工电子基础课程教学指导委员会的课程教学基本要求，并充分吸收了近年来课程内容改革与教学模式的新进展，以确保教材的前瞻性和实用性。

我们的编写理念是“夯实理论基础”与“突出工程应用”并重，兼顾经典与创新。这意味着，我们不仅深入讲解了显示技术的基础知识，如光度学、色度学、人眼视觉特性、显示器件关键指标等，不仅介绍了多数相关书籍所包含的传统显示技术LCD、OLED等，还重点介绍了部分新型显示技术，如Micro-LED、电子纸、投影显示、立体显示技术等，力求在内容上有所创新。

在内容方面，本书在理论基础的讲解上做了大量加强。我们从阴极射线管显示技术讲起，一直延伸到极具未来发展潜力的电子纸、立体显示等新兴技术，力求做到深入浅出，使读者能够全面理解显示技术的发展历程和未来趋势。同时，我们也注重了工程应用的介绍，通过分析具体的显示技术案例，帮助读者将理论知识与实际应用相结合，培养他们的实践能力和创新思维。在形式方面，本书通过图表、实例和案例分析等方式，突出了重点和难点，以增强学生的理解和记忆，以满足不同学生的学习需求，促进他们的自主学习和深入探索。

全书共分10章，每章都围绕一个主题展开，从基础知识到前沿技术，从理论到实践，力求为读者提供一个全面、系统的学习路径。本书的编写团队由多位资深教授和行业专家组成，他们凭借丰富的教学和研究经验，为本书的编写提供了强有力的支持。

在本书的编写过程中，我们得到了许多同行和专家的宝贵意见和建议，在此表示衷心的感谢。同时，我们也深知，由于时间和水平的限制，书中难免会有不足之处，恳请广大读者批评指正。我们期待与读者的互动和反馈，以便不断改进和完善教材内容。

目　录

第1章　绪　论

人们认知外部世界，使用最多的是视觉器官，大脑对眼睛所摄入的光信号进行处理后，形成图像显现在人脑中。

随着时代的发展，人类生活和生产的内容和活动范围越来越大，越来越繁杂，仅靠自身的视觉器官已经不能满足人类对外界进行探索的需要，印刷术的出现使得知识和信息的传播在广度和深度上得到有效提高，而后以电子技术为依托，提供变换灵活的视觉信息的技术，即显示技术成为知识和信息的主要传播途径。

自1897年K. F. 布劳恩发明阴极射线管以来，显示技术经历了阴极射线管显示技术、液晶显示技术等几个阶段，尤其是近年来随着通信技术的发展，以及人们对于显示技术的追求提高，显示设备开始向多功能和数字化方向发展。

我国对显示技术的研究虽然起步较晚，但发展速度极快，到2020年，我国新型显示产业总投资已超过1.3万亿元，直接营业收入达到4460亿元，产业规模位居全球第一，成为全球最大的显示面板生产基地。目前市场的需求、技术的发展和政策的支持，将使得显示技术的发展更有前景。

从商业市场需求方面来看，新冠疫情的出现，大大改变了人们的生活、生产模式，对全球经济带来巨大冲击，全球远程会议、远程教育、居家娱乐等需求全面爆发，为显示行业带来更大机遇，产业整体呈现逆势上扬态势，出货量快速提升，显示技术继续作为国家电子信息产业的重要环节发挥重大作用。

从具体技术方面来看，以具有自发光、高效率、低功耗、高集成、高稳定性和全天候工作等优点的Micro LED显示器为例，其作为下一代显示技术的主流方向，应用可能会得到普及，并会不断催生新的应用场景和消费市场，助力人民群众实现美好生活。

从国家政策方面来看，科学技术部一直以来高度重视新型显示领域的技术创新,“十四五”规划中明确提出:“坚持创新驱动发展,全面塑造发展新优势”,为显示产业提供了重大战略指导。科技部高新技术司在“十四五”期间,将进一步支持新型显示领域的技术攻关,制订国家重点研发计划,分别在材料、信息、制造领域进行布局。随着新一轮信息技术的快速升级和产业的加快变革,新型显示产业作为国民经济和社会发展战略性、基础性和先导性产业的特征更加明显。

近年来,新型显示技术呈多元化发展的趋势。如今,柔性显示、OLED、激光显示、Micro LED 等新一代显示技术竞相发展,产业机遇和挑战并存。当前,TFT-LCD 已占据绝对优势,在 OLED 方面,我国已完成布局,但与先行的同行相比,在技术水平和产业链配套能力等方面仍存在差距,未来仍有不断进步的空间。行业内更需要提高自主技术创新的能力,上下游产业链协同发展,共同促进产业变革。展望未来,国内产业应该全面提升核心能力、重视产业链建设,同时做好专业布局、把握关键可控环节,在新一轮技术进步中做出更多贡献。

作为高校中光学工程、电子信息工程、电子科学与技术等专业的一门重要课程,显示技术在专业人才及高端人才的培养上,也承担着非常重要的责任。在学术上,其具有贯通底层电子器件研发、整体光学系统架构、上层算法软件协同的学科交叉的特点,兼具显著的产学研结合优势。在工程上,从早期仅依赖物理电子学突破进行新型显示元器件研发,到引入不同的显像模式,设计精巧的发光系统,及至深度学习等 AI 技术蓬勃发展以来,借助算法工具创造全新的显示维度,显示技术在系统化、工程化的创新模式上变得更加成熟,无论是高校、研究所还是业内领先企业,均能从各自擅长的领域找到突破点,为显示技术的指标提升、产品优化和跨领域应用添砖加瓦。

值此新型显示技术商业及战略需求激增之时,学界业界齐心攻坚“卡脖子”技术难题之际,笔者深感一些经典的中文显示技术教材尽管曾经被业界和学界所推崇,但对于一些渴望对显示技术学科和产业界近些年最前沿进展有所了解的初学者而言,诸多内容难免显得陈旧和繁杂。例如开篇依然从 CRT 开始介绍;主体内容依然是液晶技术,并且从底层的液晶物理和化学讲起;在前沿技术介绍上,依然将 OLED、量子点等十分热门的内容摆在尚待探索的位置来叙述。另一方面,传统的显示技术教材往往将显示技术的基础内容,包括光度学、色度学、显示器件指标等内容同具体的显示工程割裂开来,且行文上往往以详尽介绍、供读者查阅为主要目的,辅以大量的公式推导和参考表格;而对新型显示技术的分析则以科普、泛泛而谈的笔法进行描述,未能形成前后内容的有机联系,自然无法令读者获得应用基础内容分析具体显示技术案例的能力,也无法理解新型显示技术的精妙所在。

出于让初学者在阅读教材后大致把握时下显示技术的最新发展情况,同时也使得初学者避免陷入经典技术的复杂细节，难以将技术原理和创新思维进行迁移和发散的困境中，我们萌生了主编一本面向显示技术初学者的新型显示技术教材的想法。希望通过系统的、有效的显示基础知识讲解，充足的新型显示技术内容的深入研讨，来弥补大部分现有显示技术教材的短板和空缺。

在本教材的章节安排中，首先，回顾显示技术相关的基础知识，梳理光度学、色度学、人眼视觉特性、显示器件关键指标等内容，为希望进一步了解新型显示技术细节的读者铺平道路；然后，重点介绍取得前沿突破的新型显示技术，以实际应用为导向依次讲授 LCD、OLED、Micro-LED、电子纸、投影显示、三维显示技术等主题，旨在保证简明易懂的前提下，尽可能完整地挖掘各项颠覆性技术的创新点和实现方案，以点带面地阐述技术优势和存在的技术困难以及产业应用前景；最后，通过行业经典案例介绍，回顾了我国显示技术产业艰难而辉煌的发展历程，以及领域内科研人员开拓创新、攻坚克难的研发故事。“雄关漫道真如铁，而今迈步从头越”，希望读者们传承这份精神和毅力，在未来的研究道路上关注并钻研相关领域。

第2章　信息显示基础理论

2.1　光度学

目前，我国面临着煤炭紧缺的问题，因此部分地区推行了限电措施。近年来，随着政府对节能环保和安全生产的要求不断增加，企业越来越重视节能环保和安全生产。工业照明产品作为节能环保和安全生产重要保障环节之一，得到了国家产业政策的大力支持，这也进一步促进了工业照明行业的发展。只有了解照明产品的指标，我们才能选择更环保的产品，从而更好地实行节能减排的方针。因此，光度学的知识十分重要，它能帮助我们科学地认识照明指标。

在18世纪以前，光的研究主要集中在几何光学方面，比如光线在透镜、棱镜等光学元件中的传播轨迹，因此缺乏定量测量光强弱的研究。当时的天文学家为了比较不同天体的明暗程度，发明了一些比较原始的光度计。1729年，目视光度计的发明，标志着光度学的诞生。但仅仅有了光度计还不够构建光度学的大厦，还需要系统的概念和定义。1760年，朗伯(Lambert)发表了一部专著，定义了光通量、发光强度、照度和亮度等主要的光度学参量，并用数学表达式阐明了它们之间的联系，由此正式确立了光度学的基本体系。

进一步讨论光度学之前，我们需要对幅度学有一定的认识，把握两者的联系和区别有助于我们更好地理解光度学。幅度学和光度学都是研究电磁辐射能量的科学，区别在于幅度学适用于所有电磁波波段，而光度学仅限于可见光波段，并且需要考虑人眼的视觉特性。

光度学依赖人眼视觉的生理特性，因此本节将首先介绍人眼的光谱光效率函数；其次，光度学是一门度量科学，所以需要引进基本的物理量来定量评估辐射能，本节将详细介绍光度学的四个基本物理量——光通量、发光强度、照度、亮度；此外，我们还需要了解光度学的测量仪器，将理论与实际结合，因此本节最后将介绍光度计、照度计、亮度计和积分球光度计这四种测量仪器。

2.1.1　光谱光效率函数

在了解光度学之前，我们需要了解人眼的视觉特性。人的眼睛主要由角膜、晶状体和视网膜构成，其中视网膜分布着很多感光细胞，它们与视觉神经相连。外界光线经过角膜、瞳孔、晶状体等光学结构后，被聚焦到视网膜上，感光细胞会产生电信号并通过视觉神经传输到大脑，形成视觉，这就是我们能看到东西的原理。

感光细胞分为两种，分别是视锥细胞和视杆细胞。视锥细胞对强光和颜色具有高度的分辨能力，视杆细胞是感受弱光刺激的细胞，对光线的强弱反应非常敏感，对不同颜色的光波反应不敏感。明视觉指光刺激的亮度在 3 cd/m^2 以上时，主要由视锥细胞获得的视觉；暗视觉指光刺激的亮度在 3 cd/m^2 以下时，主要由视杆细胞获得的视觉。人眼视觉特性的知识将在本章第 3 节详细讨论，此处不再赘述。

根据大量观察结果，国际照明委员会(CIE)得到了光谱光效率函数。光谱光效率函数 $V(\lambda)$，或称为视见函数，用于表征在明视觉条件下，人眼对可见光谱范围内不同波长的光所具有的不同敏感度。观察图 2.1 所示的明视觉条件下光谱光效率函数图像(CIE，1978)可以得出，对于等能量的各色光，人觉得黄绿色最亮，其次是紫色、蓝色，最暗是红色。利用人眼对黄绿光最敏感的特性，汽车防雾灯以及道路照明中均采用黄绿光光源，起到警示作用。

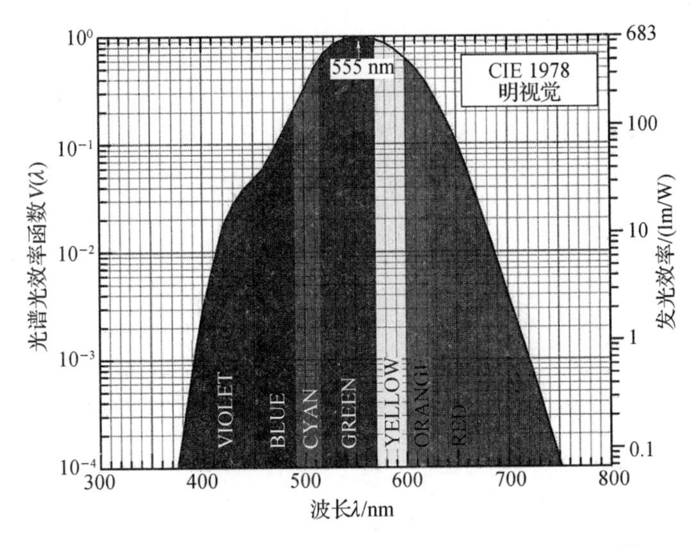

图 2.1　明视觉条件下光谱光效率函数图像(CIE 1978)[9]

为了衡量人眼对不同波长光的敏感度，可以在产生相同亮度感觉的情况下，测出各种光的辐射功率 $\Phi_v(\lambda)$。辐射功率即单位时间单位面积上所发射的总辐射能。辐射功率越大，意味着产生相同的亮度所需要的辐射功率越大，人眼对这种波长的光越不敏感；反之，辐射功率越小，人眼对它越敏感。因此，我们用辐射功率的倒数衡量人眼对光的敏感度，称为光谱光视效能，用 $K(\lambda)$ 表示。实验表明，明视觉条件下，人眼对波长为 555 nm 的光最敏感，此时有最大光谱光视效能，即 $K_m=K(555)$。于是，我们定义任意波长光的光谱光视效能 $K(\lambda)$ 与 K_m 的比值为光谱光效率，用 $V(\lambda)$ 表示，$V(\lambda)$ 的值介于 0 和 1 之间，其表达式如式(2.1.1)所示：

$$V(\lambda)=\frac{K(\lambda)}{K_m} \tag{2.1.1}$$

如果用辐射功率 $\Phi_v(\lambda)$ 表示，可得式(2.1.2)：

$$V(\lambda)=\frac{\Phi_v(555)}{\Phi_v(\lambda)} \tag{2.1.2}$$

上述讨论基于明视觉条件下，当处于暗视觉条件下时，光谱光效率函数记作 $V'(\lambda)$，如图 2.2 所示，明视觉与暗视觉的光谱光效率函数曲线的峰值发生偏移，最大值产生在波长 507 nm 处。

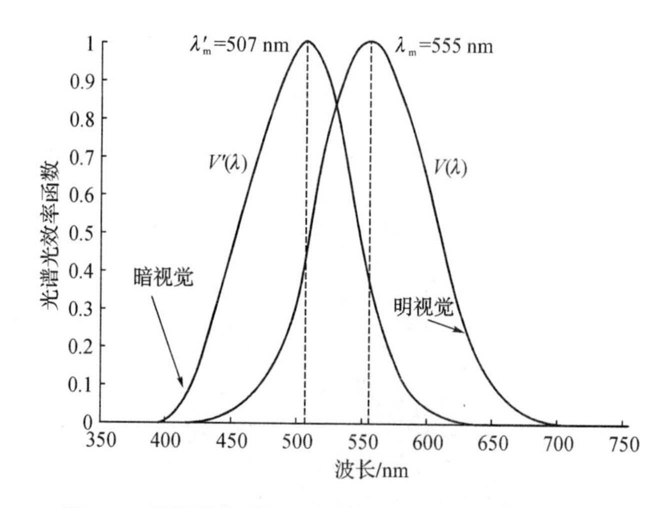

图 2.2　明视觉与暗视觉条件下的光谱光效率函数曲线

2.1.2　基本物理量

我们在日常生活中对光源应该不陌生，可对衡量光源亮暗的指标却未必熟悉。在选购台灯时，常常会看到照度、亮度这些术语，那它们究竟代表什么意思呢？本小节我们将讨论光度学的四个基本物理量——光通量、发光强度、照度和亮度。

1）光通量

在高数和电磁场等课程中，我们已经学习过通量的知识。从物理意义上理解，通量指单位时间里通过一个面积的能量流，可表示为式(2.1.3)：

$$P=\frac{\mathrm{d}Q}{\mathrm{d}t} \tag{2.1.3}$$

式中，P 表示功率，单位是 W(瓦特)。

由定义可知，通量与功率的意义是相同的，它表示单位时间里发出、传播或接收到的能量。因此光通量代表的意义是光功率，它衡量的是人的视觉系统能感受到的光辐射功率的大小，单位是 lm(流明)，可用符号 Φ 表示为式(2.1.4)：

$$\Phi=K_{\mathrm{m}}\int_{\lambda}\Phi_{\mathrm{e},\lambda}V(\lambda)\mathrm{d}\lambda \tag{2.1.4}$$

K_{m} 和 $V(\lambda)$ 在上一小节介绍过。K_{m} 是一个转换常数，称为最大光谱光视效能，它是一个国际协议值，规定为 683 lm/W，表示在人眼视觉系统最敏感的波长(555 nm)上，每瓦光功率相应的流明数。$V(\lambda)$ 是光谱光效率函数，取值范围在 0 和 1 之间，它反映了人眼对不同波长光的敏感度，所以上式的积分要在可见光范围内进行。$\Phi_{\mathrm{e},\lambda}$ 代表光辐射功率的光谱密集度，即在单位波长间隔内光的实际功率。

光通量的大小反映了光源发出的光辐射能引起人眼光亮感觉的能力，这是从人的角度来考虑的。如果从光源角度考虑，则光通量的大小代表了光源发出可见光能力的大小。可以用发光效率来描述光源发出可见光的效率。例如同样是 1 kW 的电炉和灯泡，显而易见的是点亮的灯泡更明亮，因此虽然两者消耗的电功率一样，但灯泡的发光效率高于电炉的发光效率。

2）发光强度

当用一定的方向、面积来衡量光通量时，就引出了我们接下来要谈到的发光强度、照度以及亮度概念。在介绍发光强度的知识之前，我们需要先了解什么是立体角。以观测点为球心，构造一个单位球面，任意物体投影到该单位球面上的投影面积，即为该物体相对于该观测点的立体角。

立体角是一个三维概念，若投射到二维平面则成为我们熟知的圆心角。由弧长计算公式可知，圆心角可以用弧微分与半径的比值得到，若圆的半径为 r，则圆心角可由式(2.1.5)表示：

$$d\theta=\frac{ds}{r} \tag{2.1.5}$$

式中，$d\theta$ 代表圆心角；ds 代表弧微分。

由二维平面转变到三维曲面后，弧微分就变为三维曲面的面积微分 dA，长度量就转变为面积量 r^2，所以立体角元 $d\Omega$ 是任意物体的投影面积与球半径平方值之比，如式(2.1.6)所示：

$$d\Omega=\frac{dA}{r^2} \tag{2.1.6}$$

将上述微分式转化为球坐标系形式，可得式(2.1.7)：

$$dA=(r\sin\theta d\varphi)(r d\theta)=r^2(\sin\theta d\theta d\varphi) \tag{2.1.7}$$

对上式左右两边做曲面积分即可得到立体角，如式(2.1.8)所示：

$$\Omega=\iint_s \sin\theta\, d\theta\, d\varphi \tag{2.1.8}$$

立体角的国际单位是球面度(sr)，对于球体，表面积 $A=4\pi r^2$，所以球体的立体角为 4π sr。

我们知道光源是向四面八方发光的，但各个方向发出的光通量可能是不一样的。因此，我们定义发光强度来衡量光源在某一指定方向上发出光通量的能力，单位为坎德拉(cd)。若用指定方向上很小的立体角元包含的光通量除以立体角元，则得到光源在此方向上的发光强度，用 I 来表示，如式(2.1.9)所示：

$$I=\frac{d\Phi}{d\Omega} \tag{2.1.9}$$

式中，$d\Omega$ 为立体角元；$d\Phi$ 为立体角元所包含的光通量。

从式(2.1.9)可以推导出发光强度与光通量的另一个关系式，如式(2.1.10)所示：

$$\Phi=\int_\Omega I\, d\Omega \tag{2.1.10}$$

由式(2.1.10)可知，如果我们知道了光源的发光强度分布函数，就能够计算出光源在一定立体角范围内发出的光通量。

如果有一个各向同性的点光源，即在空间所有方向上它的发光强度均相等且等于 1 cd，利用式(2.1.10)，由于空间立体角等于 4π sr，所以点光源的总光通量为 4π lm。实际生活中很多光源不是各向同性的，因此在照明工程上会使用平均球面发光强度 I_0，它在数值上等于光源的总光通量除以 4π，表达式如式(2.1.11)所示：

$$I_0=\frac{\Phi}{4\pi} \tag{2.1.11}$$

3) 照度

上一小节谈到的发光强度衡量的是光源在特定方向上发出光通量的能力，如果光通量到达的是接受面，此时我们需要用照度来衡量。照度定义为投射到单位面积上的光通量，用 E 来表示，单位是勒克斯(lx)，其关系式如式(2.1.12)所示：

$$E=\frac{\mathrm{d}\Phi}{\mathrm{d}A} \tag{2.1.12}$$

当 1 lm 的光通量均匀照射在 1 m^2 的面积上时，该面的照度就等于 1 lx，所以 1 lx=1 lm/m^2。上一小节我们提到，发光强度为 1 cd 的各向同性点光源发出的总光通量等于 4π lm。若以此点光源为球心，想象有一个半径为 1 m 的球体包围着该光源，此时球面上的照度恰好等于 1 lx。

下面我们将介绍距离平方反比定律。假定点光源的发光强度为 I cd，则发出的总光通量为 $4\pi I$ lm，半径为 R 的球体表面积为 $4\pi R^2$。点光源在距离 R 处产生的照度 E 可由式(2.1.13)表示：

$$E=\frac{I}{R^2} \tag{2.1.13}$$

式(2.1.13)表明，发光强度为 I 的点光源，在距离它 R 处的平面上产生的照度与光源的发光强度成正比，与距离的平方成反比。

需要注意的是，被照的平面一定要垂直于光线投射的方向。被照平面的法线与光线成角度 α 时，如图 2.3 所示，设平面 V 为被照面，其法线为 M，L 为光源，发光强度为 I。设 V' 为与光线方向垂直的平面，L 至 P 点的距离为 R。由距离平方反比定律，平面 V' 上的照度可由式(2.1.14)表示：

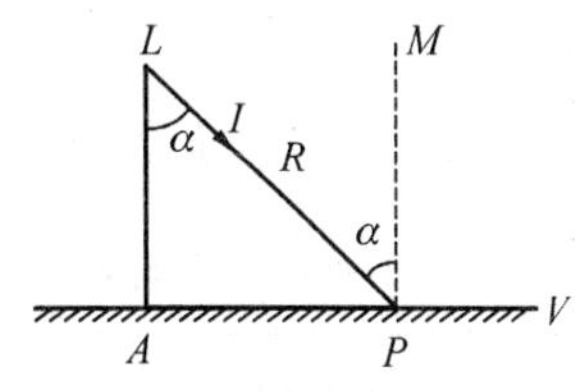

图 2.3　距离平方反比示意图

$$E'=\frac{I}{R^2} \tag{2.1.14}$$

由于平面 V' 是平面 V 上的投影，所以平面 V 上的照度可由式(2.1.15)表示：

$$E=\frac{I}{R^2}\cos\alpha \tag{2.1.15}$$

式(2.1.15)也被称为照度的余弦法则。它说明，在计算一个光源在一个平面上产生的照度时，必须考虑这个平面是否与光线的方向垂直。

在日常生活中，照度与我们密切相关。我国发布了《建筑照明设计标准》(GB

50034—2024)，规定了新居住、公共和工业建筑的一般照度标准值，要求表面上的平均照度不得低于此数值，表 2.1.1 中列出了该标准的部分内容。

表 2.1.1 建筑照明设计标准

房间(场所)	参考平面及其高度	照度标准值/lx
住宅建筑起居室(一般活动)	0.75 m 水平面	100
住宅建筑起居室(书写、阅读)	0.75 m 水平面	300(指混合照明照度)
图书馆普通阅览室、开放式阅览室	0.75 m 水平面	300
办公建筑普通办公室	0.75 m 水平面	300
一般超市营业厅	0.75 m 水平面	300
医院候诊室、挂号厅	地面	200
学校教室、阅览室	课桌面	300
学校教室黑板	黑板面	500(指混合照明照度)
公共建筑和工业建筑普通走廊、流动区域、楼梯间	地面	50
公共建筑和工业建筑自动扶梯	地面	150
工业建筑机械加工粗加工	0.75 m 水平面	200
工业建筑机械加工一般加工 公差≥0.1 mm	0.75 m 水平面	300(应另加局部照明)
工业建筑机械加工精密加工 公差<0.1 mm	0.75 m 水平面	500(应另加局部照明)

4) 亮度

除了用发光强度描述光源在某一方向上的发光能力，人们还想进一步知道光源在指定方向上单位面积的发光能力，因此引入亮度的概念。亮度表示每单位面积上的发光强度，用 L 表示，单位为 cd/m^2，其表达式如式(2.1.16)所示：

$$L=\frac{\mathrm{d}I}{\mathrm{d}A} \tag{2.1.16}$$

当这个面的法线与观察方向成 θ 角时，亮度可由式(2.1.17)表示：

$$L=\frac{\mathrm{d}I}{\mathrm{d}A\cos\theta} \tag{2.1.17}$$

若代入发光强度的定义式 $I=\mathrm{d}\Phi/\mathrm{d}\Omega$，可得式(2.1.18)：

$$L=\frac{\mathrm{d}^2\Phi}{\mathrm{d}\Omega\mathrm{d}A\cos\theta} \tag{2.1.18}$$

由式(2.1.18)可得，亮度不仅可用来描述一个发光面，还可以用来描述光路中任意一个截面的面积，如透镜的有效面积或光阑所截面积等。亮度还可以用来描述一束光，光束的亮度等于这个光束所包含的光通量除以这束光的横截面积和这束光的立体角。

如果有一个面积为 A 的均匀发光面，它在某一方向上的亮度为 L_θ，根据式(2.1.17)可知，它在这个方向上的发光强度 I_θ 可由式(2.1.19)表示：

$$I_\theta=L_\theta A\cos\theta \tag{2.1.19}$$

式中，θ 为该发光面的法线与所指定的方向的夹角，称为方向角。

假设这个面光源的亮度在各个方向上都相等，即亮度不依赖于方向角，则 $L_\theta=L=$常数，式(2.1.19)可变为式(2.1.20)：

$$I_\theta=LA\cos\theta \tag{2.1.20}$$

现定义 I_0 为这个面光源法线方向上的发光强度，即 $I_0=LA$，则式(2.1.20)变为式(2.1.21)：

$$I_\theta=I_0\cos\theta \tag{2.1.21}$$

式(2.1.21)表明，一个亮度在各个方向上都相等的发光面，在某一方向上的发光强度等于这个面垂直方向上的发光强度 I_0 乘以方向角的余弦，这就是朗伯定律。这样的发光面称为朗伯发射面。

通过式(2.1.21)可以画出朗伯发射面的光强分布曲线，如图 2.4 所示。在实际应用中，确定一个发光面或漫反射面接近理想的朗伯发射面的程度，通常采取测定其光分布曲线的方法。如果光分布曲线很接近图 2.4 所示的形状，就可以认为它是一个朗伯发射面。黑体辐射器就是一个理想的朗伯发射面，在光辐射测量中经常用到的漫射器如乳白玻璃、白色漫反射板等也在很大程度上近似于朗伯发射面。

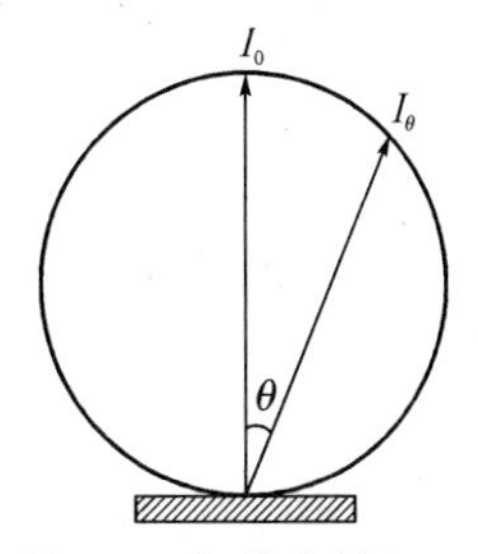

图 2.4　朗伯发射面

根据光通量、立体角以及朗伯定律表达式，我们可以计算出朗伯发射面在 θ_1 至 θ_2 之间所发出的光通量，如式(2.1.22)所示：

$$\Phi = 2\pi\int_{\theta_1}^{\theta_2} I_0 \cos\theta \sin\theta \, d\theta \tag{2.1.22}$$

积分后可得式(2.1.23)：

$$\Phi = \pi I_0 \sin^2\theta \Big|_{\theta_1}^{\theta_2} \tag{2.1.23}$$

若考虑从 $\theta_1=0$ 至 θ_2 等于 θ 之间所发出的光通量可由(2.1.23)式所表示：

$$\Phi = \pi I_0 \sin^2\theta \tag{2.1.24}$$

$\theta_1=0,\theta_2=90°$时，$\Phi=\pi I_0$。若朗伯发射面的面积为 A，则将 $I_0=LA$ 代入可得式(2.1.25)：

$$\frac{\Phi}{A} = \pi L \tag{2.1.25}$$

式中，Φ/A 表示单位面积上发出的光通量，在光度学中被称为光出射度，用符号 M 表示。由式(2.1.25)可得式(2.1.26)：

$$M = \pi L \tag{2.1.26}$$

一个本身不发光的反射面在受到一定的光通量 Φ_{in} 照射时，能够反射出一定的光通量 Φ_{out}，反射面的反射率 ρ 定义为反射光通量与入射光通量之比，如式(2.1.27)所示：

$$\rho = \frac{\Phi_{out}}{\Phi_{in}} \tag{2.1.27}$$

如果反射面是朗伯发射面，且面积为 A，所受到的照度为 E，则得到式(2.1.28)：

$$\Phi_{in} = AE \tag{2.1.28}$$

根据式(2.1.27)可得式(2.1.29)：

$$\Phi_{out} = \rho AE \tag{2.1.29}$$

所以反射面的光出射度为式(2.1.32)：

$$M = \frac{\Phi_{out}}{A} = \rho E \tag{2.1.30}$$

由式(2.1.26)可得式(2.1.31)：

$$L = \frac{\rho E}{\pi} \tag{2.1.31}$$

式(2.1.31)表示一个均匀漫反射面在受到照度为 E 的照明时，其表面亮度的计算方法，这在实际工作中是很有用处的。因为一个平面受到的照度可以很容易用平方反比定律求得。只要有一个发光强度值已知的标准灯，在一个准确已知的距离上照射标准漫反射板，就能获得一个标准的亮度值。而标准漫反射

板的反射率 ρ 及其反射光分布，可以用其他方法独立地确定。

至此我们学习了 4 种光度学物理量：光通量用 Φ 表示，它的单位是流明，记作 lm；发光强度可用 I 表示，单位是 cd；照度可用 E 表示，单位是 lx；亮度可用 L 表示，单位是 cd/m^2。这 4 种光度学物理量的符号及单位如表 2.1.2 所示。

表 2.1.2　光度学主要物理量

物理量	符号	单位
光通量	Φ	lm
发光强度	I	cd
照度	E	lx
亮度	L	cd/m^2

2.1.3　测量仪器

学习了光度学的 4 个基本物理量后，我们还需要了解实际生活中用什么测量仪器去测量这些物理量。本节将介绍光度计、照度计、亮度计以及积分球。

1）光度计

光度计主要分为目视光度计和光电光度计。由于目视光度计发明更早，我们首先介绍目视光度计。人眼有这样的视觉特性——对两个并列的无色差观察面之间的光度差有很高的分辨能力，目视光度计正是利用了该特性，通过调整标准光和待测光，使得两者形成的并列观察面亮度相同，从而测定光强度。但当两光源存在色差时，其测量精度就会降低。

陆末-布洛亨（Lummer-Brodhun）光度计是目视光度计中最具代表性的，图 2.5 是陆末-布洛亨光度计的结构示意图。其中，L_S 和 L_T 是两个光源，S 是双面漫反射白板，M_1 和 M_2 是一组反射镜，P 是陆末-布洛亨立方体，E 是目镜系统。光度头可以绕 XY 轴旋转 180°，这样就能消除光路中存在的差异，即光度计两边的不对称性。

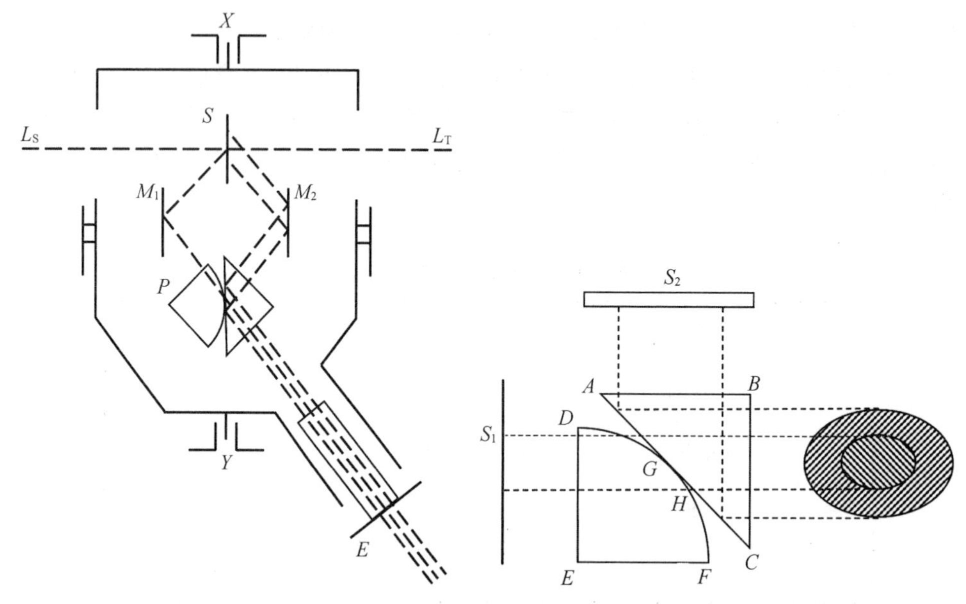

图 2.5 陆末-布洛亨光度计结构示意图

图 2.6 陆末-布洛亨立方体结构图

陆末-布洛亨立方体的结构及其通光过程如图 2.6 所示。ABC 是一个正三棱镜，DEF 是一个凸圆三棱镜，其中 DG 和 HF 为球面，GH 为平面。平面部分与三棱镜 ABC 的 AC 平面胶合。当光通过这一部分时，就像穿过同一块玻璃，不发生任何折射和反射；而当来自 S_2 的光投射到 AG 和 HC 对应的平面上则发生全反射。因此从 S_1 来的光束穿过 DE 面，然后穿过 GH 和 BC 面在目镜中呈现出一个椭圆；从 S_2 来的光束穿过 AB 后到达 AC 面，对应 GH 的部分直接穿过交面从 EF 射出，而在 AG 和 HC 的部分发生全反射后穿过 BC 在目镜中呈现出一个椭圆形环。如果 S_1 和 S_2 的亮度相同，亦即两光源在 S 上形成的照度相同，那么目镜中的椭圆和椭圆形环所构成的分界线便会消失。由此便可精确地比较两光源的亮度。

目视光度计的缺点在于测量精度受限，20 世纪 60 年代后，随着光电技术的发展，光电光度计产生了。最早是使用真空光电管与电子管结合的放大电路制成高精度的光电光度计，后来普遍采用硒光电池，因为它的光谱响应度接近人眼的视觉函数。70 年代后，人们发现硅光电二极管有更好的性能，配合运算放大器使用可以制成性能优越的光电光度计。

光电光度计在天文领域应用广泛。在光电头中，光阑转盘被放置在望远镜的焦点处，光线从被观测的天体进入光阑孔和滤光片进行选择，然后通过场镜进入光电倍增管的光阴极。光电流被放大后，通过屏蔽电缆传输到记录装置进行记录。输出信号可以使用直流放大器或积分电路进行测量，也可以使用光子计数电路直接记录入射光子数。针对光度快速变化的脉冲星，人们专门设计了快速多通道光电光度计，可以用来分辨毫秒级的光变细节。

2）照度计

照度在我们的日常生活中扮演着十分重要的作用，它是卫生学中十分重要的一项指标。缺乏合适的照明条件，轻则会使人的视力水平下降，重则引起晕眩、疲劳，造成事故。因此我们需要专门测量照度的仪器——照度计。

如图2.7所示，C为余弦校正器，F为$V(\lambda)$滤光片，D为光辐射探测器。当D接收到通过C和F的光辐射时，所产生的光电信号经过I/V变换，然后通过运算放大器A放大，最后在显示器上显示出相应的光照度。照度计实物如图2.8所示。

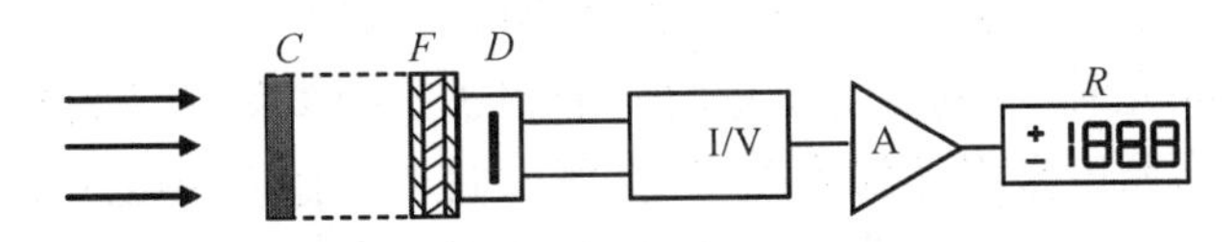

图2.7　照度计结构示意图

图2.8　照度计实物图(引用自网络)

3）亮度计

亮度计的结构如图2.9所示，物镜O将目标成像在带孔反射板P上，被测部分的像光束通过小孔H经$V(\lambda)$滤光片F到达光辐射探测器D，对应于目标亮度光束产生的光电信号经I/V变换和运算放大器A放大后由显示器R显示出来。反射镜 P'和目镜系统 E 的作用在于观察和对准被测目标。

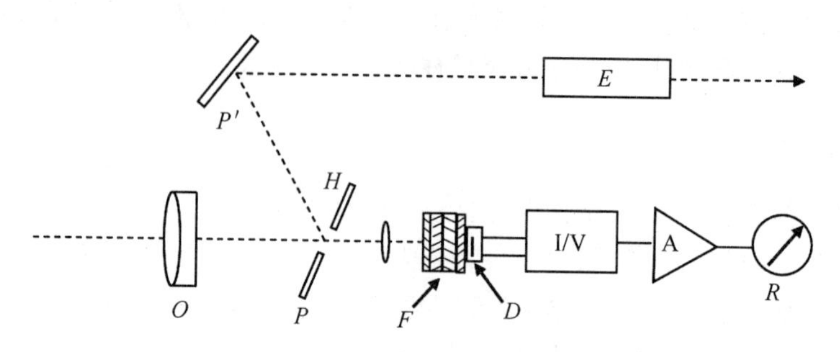

图 2.9　亮度计结构示意图

小孔 H 的直径 d 决定着测量视场(检测角)的大小。如果用 f 表示物镜的焦距,α 表示对应于覆盖小孔大小的被测目标对物镜处的张角,则 $d=f\tan\alpha$。若 f 为 50 mm,当要求 α 为 0.5°时,则 d 的大小应为大约 0.5 mm。

用亮度计测光时,特别需要注意的一个问题是距离效应及其校正。因为亮度计是通过像面照度来表征物体亮度的,所以它要求像面照度应正比于物体亮度,而不随物体距离的不同而变化。这样只要用一个已知亮度的物体对亮度计定标后,即可用来测定待测物体的亮度。

4) 积分球

光源的光通量可在积分球中通过与标准灯的比较测量中得到。在测量的过程中,将光源和标准灯先后放置在积分球中相同的位置上,通过测量积分球内表面的间接照度求得光通量。

积分球也称为乌布利希球,由德国工程师乌布利希(Ulbricht)于 1900 年制成,他证明了在放置光源的球壁上测得的照度与光源的总光通量成正比。积分球的结构如图 2.10 所示。光源置于积分球内部,光辐射探测器 D 与探测孔相连,并输出光电流,光电流经过 I/V 变换后由运算放大器 A 放大。

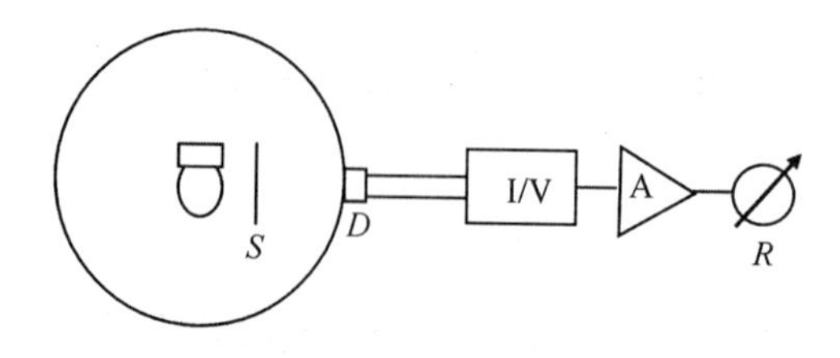

图 2.10　积分球结构示意图

若将标准光源和待测光源依次放入积分球的同一位置，并测量出相应的照度，则可以通过计算得到待测光源的总光通量。根据乌布利希的理论，光源光通量与积分球内表面的间接照度 E_{ind} 相关，并可以表示为式(2.1.32)：

$$\Phi=E_{\text{ind}}\cdot\frac{1-\rho}{\rho}A \tag{2.1.32}$$

式中，E_{ind} 代表积分球内表面间接照度；ρ 代表积分球内表面的反射系数；A 是球的表面积。

定义 K 为积分球系数，则 K 的理论值由式(2.1.33)确定：

$$K=\frac{1-\rho}{\rho}A \tag{2.1.33}$$

实际情况下，K 需要通过式(2.1.34)进行计算：

$$K=\frac{\Phi_{\text{N}}}{E_{\text{ind,N}}} \tag{2.1.34}$$

式中，Φ_{N} 是标准灯光通量；$E_{\text{ind,N}}$ 是光通量 Φ_{N} 的间接照度。

根据式(2.1.32)、式(2.1.33)和式(2.1.34)，可以确定光源光通量由式(2.1.35)所示：

$$\Phi=\Phi_{\text{N}}\frac{E_{\text{ind}}}{E_{\text{ind,N}}} \tag{2.1.35}$$

在为实验室选择积分球尺寸时，必须考虑球体内待测灯具的大尺寸。对于用于一般照明的灯具，可以选择直径为 1.5 m 或 2.0 m 的大型积分球。测量 LED 模块、组件或小型照明设备(例如疏散照明)的实验室通常购买直径为 1 m 的积分球。

2.2 色度学

色度学是一门研究物体颜色的科学，由牛顿最初提出并引入颜色环作为一种科学概念。在 1931 年 CIE 表色系统建立后，色度学才真正成为一门学科。

本节将首先介绍色度学的三个基本特性，然后介绍颜色混合的有关方法，接着介绍 CIE 的表色系统，最后介绍有关色温的概念。

2.2.1 基本特性

我们在日常生活中提到颜色，会用天蓝、翠绿等词语表示，这种表示方法难以定量地对颜色的浓淡、明暗进行表述，且具有主观性。因此，我们需要一套标准的表色系统。大多数的表色系统都是根据颜色的三大心理属性进行分类归纳的,因此本小节我们将介绍颜色的这三个基本属性——色调、明度、饱和度。

色调是一种重要的物理特征,可以用来区分不同颜色的物品,例如红、黄、蓝、绿、紫等。不同的色调值与不同波长的单色光一一对应。其中,对于发光物体,其色调决定于自身光辐射的光谱组成;而对于非发光物体,其色调决定于所受照明光源的光谱组成和物体本身的光谱反射特性。

明度是指人眼感受到的色彩的明暗程度。明度值与亮度和色调有着很大关联。对于彩色物体,同一亮度下,不同色调的明度值不一样;统一色调下,发光物体的亮度越高或者发光物体反射率越高,则明度越高。而对于非彩色物体,明度转变为人眼对色样的灰度敏感程度,与亮度无关。

饱和度则是衡量色彩纯度的指标,它是表示某一颜色与相同明度的中性灰色差异程度的色彩属性。单色光有着最强的色彩饱和度。当光谱中掺入的白光成分越多,它就会变得越不饱和,而当白光成分超出一定范围时,彩色光就会变成纯白光。

2.2.2 颜色混合

大家对颜色的混合都不陌生,舞台上两种颜色的灯光相交后的照明效果是由色光的混合产生的;而两种颜料混合后也会得到不一样的颜色,这是由色料的混合产生的。我们把色光的混合称为加法混合,色料的混合称为减法混合。

本小节我们将重点介绍颜色的加法混合,它是色度学的主要研究对象,其混合规律是色度学的实验基础。而颜色的减法混合较为复杂,在现代社会中有着广泛的应用,我们将会简要介绍其基本概念。

1) 加法混合

色光的混合属于加法混合。加法混合指两种或两种以上的色刺激叠加产生的混合,它有三种实现形式:

① 同时加色法,即参与混合的各种色刺激同时进入人眼。

② 时间混色法,即参与混合的各种色刺激时间上极快地依次交替进入人眼。

③ 空间混色法,即可以在同一表面的相邻三点上分别投射三种基色,在一定的微小距离范围内,人眼在空间上不能分辨出这三个不同位置,而只能感觉到它们在单一位置上有着混合的颜色。

同时加色法是把混合成分同时投射到视场上,让色光在视场上直接混合,如图 2.11 所示;或者把它们同时射入一个内壁涂有白色漫反射层的球壳内,即前文所介绍的积分球,多种色光在球壳内各自经过向各个方向的多次反射,在球壳内混合后再照明观察视场，如图 2.12 所示。这种混合是在人的视觉系统外部的混合，它的入射光强都可分别进行调节。

时间混色法是令多种色光极快地交替进入人眼，人眼无法分辨这么快的变化，所以把它们混合起来，这是利用视觉系统时间分辨力的有限性，在视觉系统内部的混合。著名的 Maxwell 圆盘就是使用时间混色法的例子。如图 2.13 所示，一个圆盘上排列有几种颜色的扇形，当它旋转起来后，我们可以看到圆盘表面呈现出这几种颜色的混合色。如果每个扇形的面积是可以改变的，混合色也将随几种颜色扇形面积比例的变化而变化。把一个陀螺涂上各种颜色，旋转起来后也会得到混合色，称之为变色陀螺，其原理与 Maxwell 圆盘相同。当我们注视视场的一点时，进入眼睛的反射光是极快地交替变化的各种色光。各扇形反射比和面积的不同，反映了各种色光强度的不同。

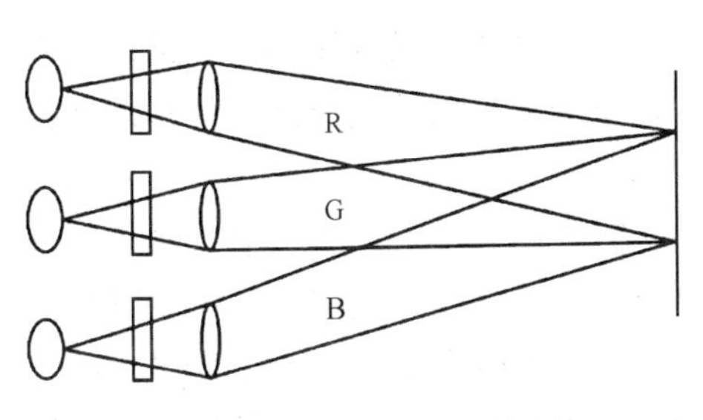

图 2.11　同时加色法示意图

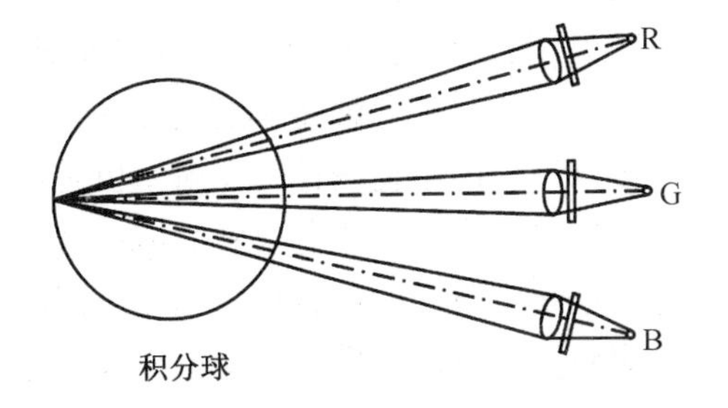

图 2.12　积分球同时加色法示意图

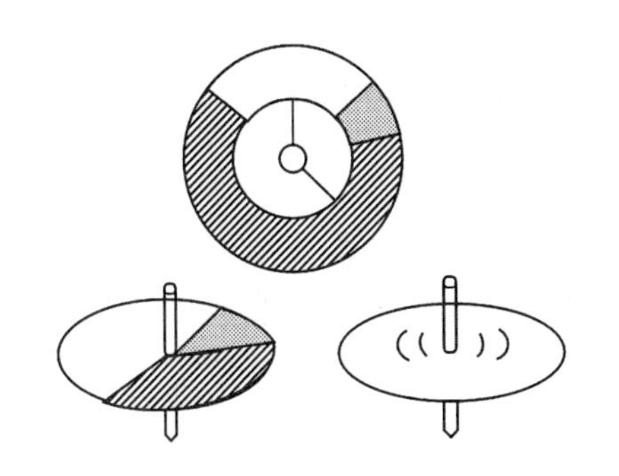

图 2.13　Maxwell 圆盘时间混色法示意图

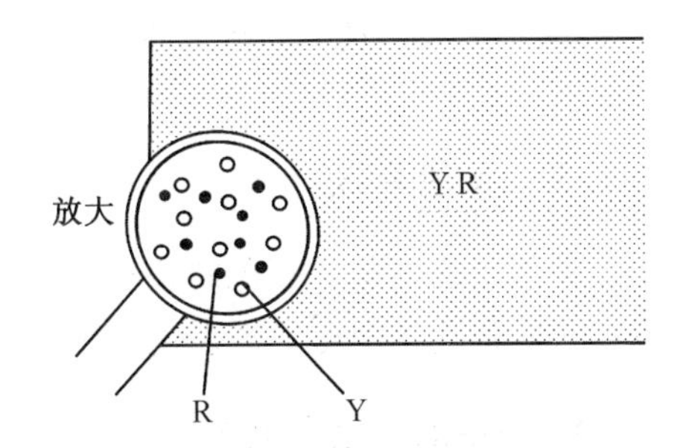

图 2.14　空间混色法示意图

空间混色法(图 2.14)是把视场分成许多颜色不同的色点或小色块，用放大镜观察时，它们的密度和颜色各不相同，并且是彼此分离的，但用肉眼观察时会把它们混合成一种颜色。这也是在视觉系统内部的混合，但利用的是视觉系统空间分辨力的有限性。现实生活中印刷技术中的网点印刷就运用了空间混色法。在白纸上印有黄(Y)、品红(M)、青(C)、黑(BK)四种颜色的色点，调节它们的密度则可得到颜色的细微变化，从而印出非常精美的景物影像，如图 2.14 所示。各种色点密度的不同也反映了反射光强的不同。

2）减法混合

通过将颜料、染料、油漆和印刷油墨按照特定的比例混合，我们可以创造出各种各样的新鲜色彩。例如，将黄色和青色的油墨混合，就能够产生绿色。根据物体反射原理与选择性吸收成色可知，青色油墨反射蓝光和绿光而吸收红光，黄色油墨则同理，反射黄光而吸收蓝光。对于混色油墨来说，最后只剩下白光中的绿光可以反射出来，因此，我们看到的便是绿色。这种用油墨混合成色的方法便是典型的减法混合。减法混合可以定义为光在经过光吸收介质组合或者颜色滤色片相减而产生另一种色光的混色过程。同样以上面的例子展开，通过减法混合，混合油墨的亮度比原来的亮度低，因为各不同色彩的颜料都会分别吸收一部分色光，剩余反射光的能量比入射光能量小很多。其中，混合油墨的光谱反射率分布曲线是由黄色油墨和青色油墨相对应的光谱反射率相乘而得到的，因此减法混合以后的彩色物体的反射率也是比较低的。

减法混合的三原色是黄、品红、青，它们是加法混合中红、绿、蓝三原色的补色。如果将黄、品红、青按适当比例混合，就可以分别得到红、绿、蓝及其他颜色，如果将减法三原色同时混合就变成黑色。这是因为白光中包含的色光(红光、绿光、蓝光)全部被黄、品红、青所吸收，没有剩余的色光可以反射，所以变成黑色。这种混合可用下式表达：

黄＋品红＋青＝黑＝白光－红光－绿光－蓝光

2.2.3 表色系统

表色系统确定了颜色的表示方式，在色度学里起到了十分重要的作用，本小节我们将介绍几个重要的表色系统。

1）CIE-RGB 表色系统

国际照明委员会(CIE)通过对 317 位正常视觉者进行三原色光混合匹配实验，得出了一种全新的 RGB 表色系统：CIE-RGB 表色系统。它将红、绿、蓝三种光谱色根据颜色匹配原理进行有效的混合，从而实现 380 nm 到 780 nm 等能光谱色的准确表现。每一波长 λ 的等能光谱色所需要的红、绿、蓝三原色的数量被称为“标准色度观察者数据”，它们构成了光谱三刺激值，是一种重要的物理量。

这个表色系统说明了，任何一个颜色都能用线性无关的三个原色以适当比例相加混合得到，即三原色原理。其中，线性无关指作为三原色的三个色彩是彼此独立的。这里要注意的是，三原色的选择并不只是红、绿、蓝三种，没有硬性的规定，但是一般都选取光谱中的单色作为原色。

进行颜色匹配实验时，CIE 规定三原色光的选取必须为波长为 700.00 nm 的红光(R)，546.1 nm 的绿光(G)，435.8 nm 的蓝光(B)。根据实验结果，当这三原色光的相对亮度比例为 1.000 0 ∶ 4.590 7 ∶ 0.060 1，或它们的辐射能之比为 72.096 2 ∶ 1.379 1 ∶ 1.000 0 时，就能混合匹配产生等能量中性色的白光(E)。尽管这时三原色光的辐射能量并不相等，CIE 标准将这三个值分别选取为红、绿、蓝三原色的单位量，从而保证三原色单位量比为(R) ∶ (G) ∶ (B)＝1 ∶ 1 ∶ 1。按照这一规定，在实际匹配时，等能光谱任一波长的光谱色对应的三原色数量称为该色光的光谱三刺激值，记为 $\vec{r}(\lambda)$、$\vec{g}(\lambda)$、$\vec{b}(\lambda)$。配色实验示意见图 2.15 所示。

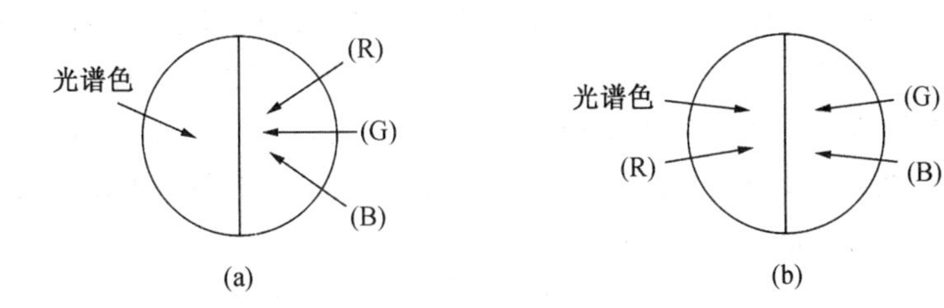

图 2.15　配色实验示意图

特别的是，用上述三原色匹配光谱时，并不只能用这三个原色的相加混合，对某一段光谱来说，可能要把其中一个原色投射到另一侧，即要匹配的光谱色一侧，如图 2.15(b)所示，作相减混合才能实现颜色匹配。此时

$$R(\mathrm{R})+C(\mathrm{C})=G(\mathrm{G})+B(\mathrm{B})$$

整理后可得

$$C(\mathrm{C})=-R(\mathrm{R})+G(\mathrm{G})+B(\mathrm{B}) \tag{2.2.1}$$

所以三原色的配比并不总是正的，也会出现负值。

图 2.16 是根据 1931 CIE－RGB 系统标准观察者光谱三刺激值所绘制的色度图。所有光谱色色度点连接起来的轨迹称为光谱轨迹，在色度图中呈现为马蹄形曲线。根据前面的特殊情况，在图中可以看出有很大一部分负值色度坐标值。光谱三刺激值 $\vec{r}(\lambda)$、$\vec{g}(\lambda)$、$\vec{b}(\lambda)$ 与光谱色色度坐标 $r(\lambda)$、$g(\lambda)$、$b(\lambda)$ 的关系式为：

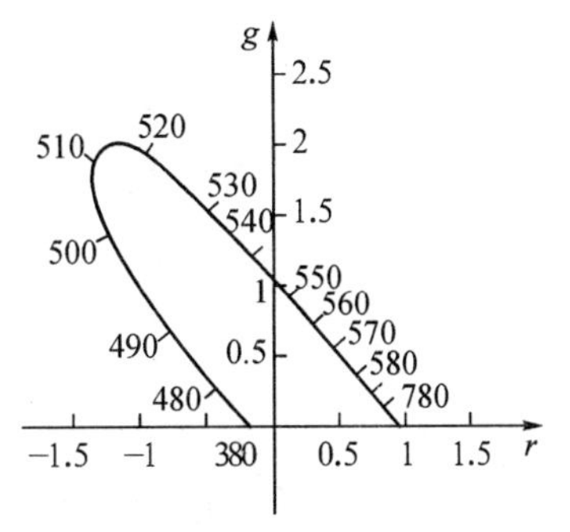

图 2.16　CIE-RGB 色度图

$$R(\lambda)=\frac{\vec{r}(\lambda)}{\vec{r}(\lambda)+\vec{g}(\lambda)+\vec{b}(\lambda)}$$
$$G(\lambda)=\frac{\vec{g}(\lambda)}{\vec{r}(\lambda)+\vec{g}(\lambda)+\vec{b}(\lambda)} \quad (2.2.2)$$
$$B(\lambda)=\frac{\vec{b}(\lambda)}{\vec{r}(\lambda)+\vec{g}(\lambda)+\vec{b}(\lambda)}$$

因为负值参与计算很不方便，并且不容易理解，所以 1931 年 CIE 制定了新的色度系统——1931 CIE-XYZ 系统。

2) CIE - XYZ 表色系统

为了解决 RGB 系统中出现负值的问题，CIE 设计一个新的坐标系，其在色度图上的直接体现就是有一个三角形把光谱轨迹包围起来，如图 2.17 所示，这个三角形的顶点分别分 X、Y、Z。新的坐标系使用一种虚拟的三种色光(X)、(Y)、(Z)，将原有负值光谱色变换为正值。为了包住光谱轨迹，三角形 X、Y、Z 可以任意选择，方便起见，用式(2.2.3)选择 X、Y、Z 三点，使得匹配出等能白色时(X)、(Y)、(Z)的量也是一个单位量：

$$(X)=0.4185(\mathrm{R})-0.0912(\mathrm{G})+0.0009(\mathrm{B})$$
$$(Y)=-0.1587(\mathrm{R})+0.2524(\mathrm{G})-0.0025(\mathrm{B}) \quad (2.2.3)$$
$$(Z)=-0.0828(\mathrm{R})+0.0157(\mathrm{G})+0.1786(\mathrm{B})$$

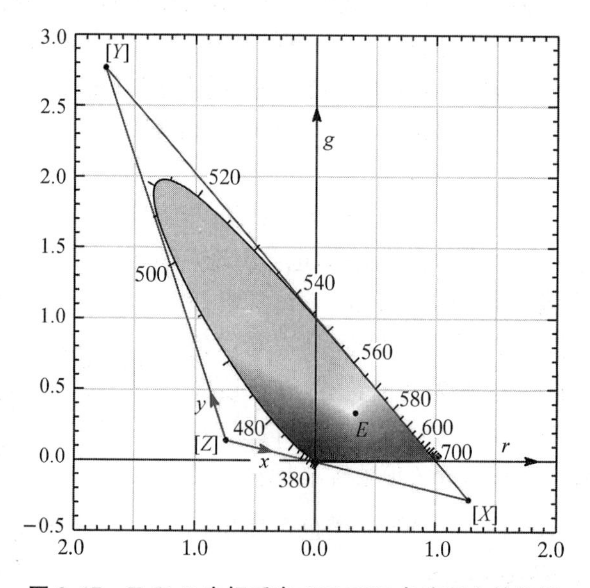

图 2.17　X、Y、Z 坐标系在 CIE-RGB 色度图上的位置

在新的 X、Y、Z 坐标系中，等能白色的色度坐标值 $x=y=0.3333$。对试验得到的光谱色色度坐标进行坐标转换，就可得到新坐标系中的光谱轨迹，如图2.18所示。图中 E 点的坐标为 $E(0.3333, 0.3333)$，称为等能白光或 E 光源。

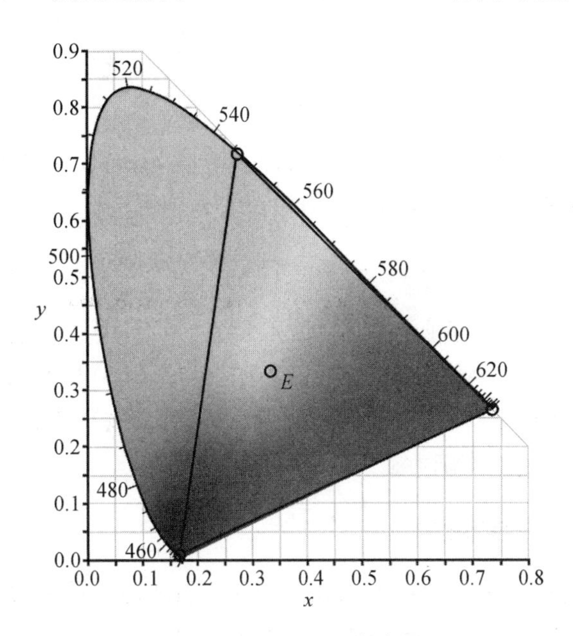

图 2.18　CIE-XYZ 色度图

根据 RGB 坐标与 XYZ 坐标的关系，可以得出一组转换公式：

$$\begin{pmatrix} X \\ Y \\ Z \end{pmatrix} = \begin{pmatrix} 2.7690 & 1.7518 & 1.1300 \\ 1.0000 & 4.5907 & 0.0601 \\ 0.0000 & 0.0565 & 5.5943 \end{pmatrix} \begin{pmatrix} R \\ G \\ B \end{pmatrix} \tag{2.2.4}$$

与 RGB 系统一样，XYZ 系统中用 X、Y、Z 表示某颜色以 (X)、(Y)、(Z) 假想三原色匹配时的三刺激值，它们与色度坐标 x、y、z 的关系为：

$$x=\frac{X}{X+Y+Z},\qquad y=\frac{Y}{X+Y+Z},\qquad z=\frac{Z}{X+Y+Z} \tag{2.2.5}$$

引入物理量视亮度 L_V，它是描述人眼对光线强度的主观感知的物理量。视亮度通常用单位 lm 来表示，表示单位时间内通过单位固体角的光通量。L_V 可以通过光谱功率分布函数 $I(\lambda)$ 与人眼的光谱光效率函数 $V(\lambda)$ 的乘积积分得到：

$$L_V = K_m \int \lambda I(\lambda) V(\lambda) \mathrm{d}\lambda \tag{2.2.6}$$

式中，K_m 是归一化系数，通常为 683 lm/W。

刺激值 X、Y、Z 又可按下式用光谱功率分布函数 $I(\lambda)$ 与色度坐标 x、y、z 计算出来：

$$X=K_m\int\lambda I(\lambda)x(\lambda)\mathrm{d}\lambda$$

$$Y=K_m\int\lambda I(\lambda)y(\lambda)\mathrm{d}\lambda$$

$$Z=K_m\int\lambda I(\lambda)z(\lambda)\mathrm{d}\lambda \tag{2.2.7}$$

如果令刺激值 Y 与视亮度 L_V 相等，即 $Y=L_V$，而 L_V 可以用光度学的方法由光谱功率分布函数及视觉函数 $V(\lambda)$ 计算出来，则有

$$X=\frac{x}{y}L_V,\qquad Y=L_V,\qquad Z=\frac{z}{y}L_V \tag{2.2.8}$$

这样，我们就计算出等能光谱在 XYZ 系统中的每个波长上的三刺激值，用 $\vec{x}(\lambda)$、$\vec{y}(\lambda)$和 $\vec{z}(\lambda)$来表示。由于是等能光谱，可见 $\vec{y}(\lambda)$与 $V(\lambda)$是一样的。人眼的光谱光效率函数 $V(\lambda)$也叫做标准视觉函数，故 $\vec{x}(\lambda)$、$\vec{y}(\lambda)$、$\vec{z}(\lambda)$也常被称为标准色觉函数或色匹配函数。

3) CIE-UCS 表色系统

随着研究的深入，人们发现色度图各区域是不均匀的，且 XYZ 表色系统使用的刺激值空间也是不均匀的，例如在红区两个点之间的距离所代表的色差比绿区同样距离代表的色差要大得多。这种视觉空间的不均匀性使得人们难以根据两种颜色的距离直观地判定它们的色差。为了更精确地表述颜色并表示色差，人们开始了对均匀表示颜色的研究。

1960 CIE-UCS 是戴维·麦克亚建立的一种简单的均匀色度图。在这种表色系统中三刺激值用 U、V、W 表示，色度坐标用 u、v 表示。UCS 表色系统与 XYZ 表色系统色度坐标的转换公式为：

$$\begin{cases} u=\dfrac{4x}{3-2x+12y} \\ v=\dfrac{6y}{3-2x+12y} \end{cases} \tag{2.2.9}$$

1975 年，CIE 根据建议对色度图加以改进，这就产生了 1976 CIE-UCS 色度图，如图 2.19 所示。改进后的色度坐标用 u'、v'表示，且 $u'=u$，$v'=1.5v$。

$$\begin{cases} u'=\dfrac{4x}{3-2x+12y} \\ v'=\dfrac{9y}{3-2x+12y} \end{cases} \tag{2.2.10}$$

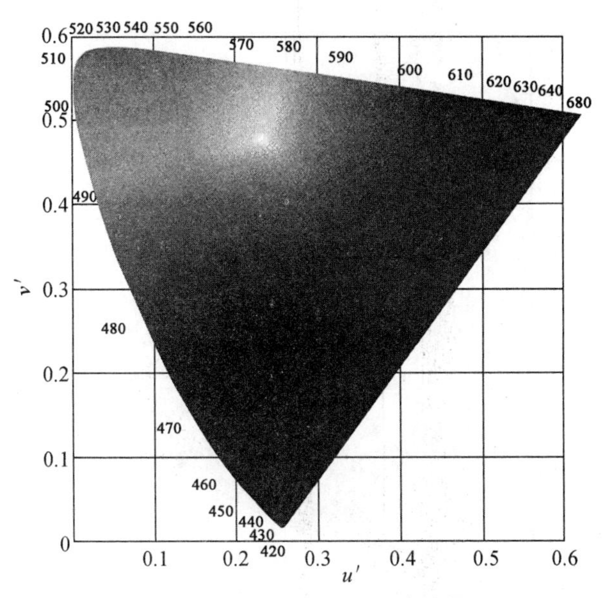

图 2.19　1976 CIE – UCS 色度图

2.2.4　色温

物体显示的颜色和光线的强度密不可分，当变化的光线照射到某个物体时，它的颜色就会发生变化。因此，要想准确地描述光源的特性，我们就必须掌握色温的概念。

色温是用温度的数值来表示光源的颜色特征。利用普朗克定律，即黑体辐射的本领只与温度有关的原理，利用黑体这个媒介巧妙地将色彩和温度一一对应起来。如果任一光源所发出的光与一定温度下的黑体所发出的光一致，将该温度称为该光源所发色光的色温。色温用符号 T_c 表示，单位是绝对温度 K。这里的“温”并不代表光源的物理温度。例如白炽灯在发光时，其光源本身温度为 2 800 K，但其色光的色温是 2 845 K。

通过色度学公式，我们可以计算出在特定温度下的黑体的三个刺激值和它们的色度坐标，并将这些信息呈现在色度图上。通过记录一系列不同温度下的黑体呈现的颜色，我们可以将这些坐标系上的每个点标记在色度图上，形成一条弧线轨迹，这种轨迹被称为黑体轨迹或普朗克轨迹，如图 2.20 所示。

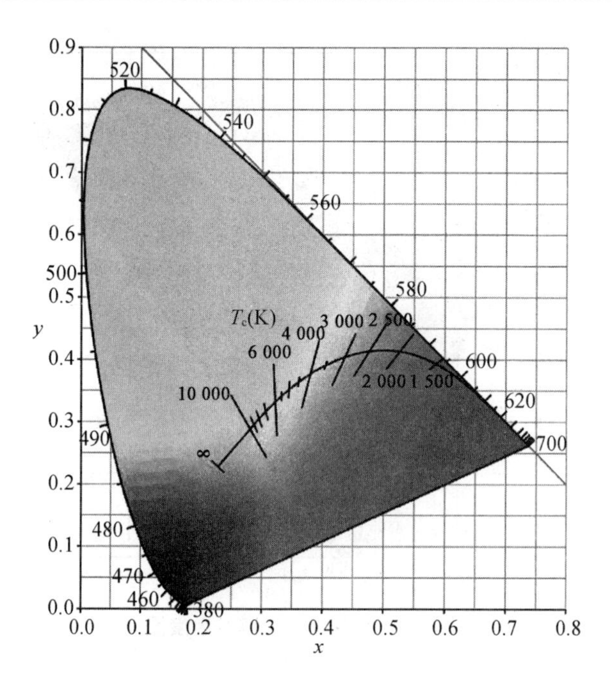

图 2.20　CIE-XYZ 色度图黑体轨迹

例如,某光源的光色显示的色温为 2 500 K,说明其与黑体加热到绝对温度 2 500 K 所发出的光色相同,则它在 1931 CIE - XYZ 色度图上的坐标为 $x=0.477\ 0$,$y=0.413\ 7$。从黑体轨迹上可以发现,温度由接近 1 000 K 开始升高时,颜色从红向蓝变化。

由于白炽灯的光谱分布与黑体的相似,它的颜色主要集中在黑体的轨道上,因此,我们可以用色温值来准确地表示它的光谱分布,也就是显示的颜色。分布温度也是一种用来表示这类光源的色光的值,用符号 T_d 表示。当某一色温下的光源与黑体辐射的相对光谱功率分布相似,我们便称此时的光源温度为分布温度。显然,分布温度可以用来表示色温,因为相同的分布温度对应相同的黑体辐射相对光谱功率,从而黑体显示的颜色也相同,在色度图上表现为光源在黑体轨迹上的坐标点也相同。所以这个参数不仅能够反映出光源的相对光谱功率分布,还能够反映出光的颜色。

而对于白炽灯以外的某些常用光源,其光谱分布与黑体轨迹重合度低,一般分布在黑体轨迹的附近。这时一般的色温概念无法准确描述它的颜色,需要引入相关色温的概念。相关色温定义为,当某种光源的色度与某一温度下的黑体的色度最接近,则用该黑体的温度表示此光源的色温,称为相关色温,用符号 T_{cp} 表示。直观表现为色度图上光源的色度曲线与黑体轨迹相距最小点。

通过使用色温和相关色温的概念，我们可以更加方便地描述光源的光色。但是值得注意的是，色温或相关色温应该与光谱分布的概念区分开来，不同光源的色温或者相关色温相同，在光谱分布上仍有可能存在较大差异。

在照相时我们会接触到色温的概念，若色温偏高，则拍出来的照片偏蓝绿；若色温偏低，则偏红黄，这就需要我们根据色温去调节相机的参数，才能拍出正常效果的照片。

2.3　人眼的视觉特性

为了认识这个多姿多彩的世界，人类进化出了一套精妙绝伦的视觉系统——眼睛。人眼是显示技术服务的最主要对象，学习人眼的视觉特性是为了知道人眼在获取图像信息时，它最希望图像信息具备哪些特性。显示技术的运用就是为了使图像信息在不同的环境下，尽可能保持在对于人眼来说最佳的观察状态，这个“尽可能”的程度经过量化后，成为某些评估显示器件的关键技术指标；另一方面，当显示技术用于仿真显示某一环境画面时，我们首先需要知道正常人眼在现实中这一环境下所看到的画面。可以说显示技术的发展就是由人眼的视觉特性引导的，因此我们需要认真学习本节内容。

2.3.1　人眼的结构

人眼的视觉特性是由其独特的结构所决定的，本节将对人眼的结构进行详细的介绍。

1) 人眼结构概述

人的眼睛约等于一个球体，其直径可近似为 24 mm，人眼的结构截面如图 2.21 所示。多层膜结构共同构成了眼球壁，角膜和巩膜共同构成了最外层的膜。凸出的透明角膜位于眼球的前部，其曲率半径约为 8 mm，大约占了眼球前部的 1/5，剩余的白色部分则是巩膜。在巩膜之下是起暗房作用的脉络膜，它是黑色的不透光膜。前房位于角膜内，里面充满着折射率与水相近的稀盐溶液，可见光可以透过前房，一部分紫外线会被吸收。前房后面是虹膜，它的颜色决定了眼睛的颜色。瞳孔是虹膜中心的圆形孔，可以调节进入眼睛的光通量。瞳孔后面的弹性晶状体可以看作折射率约为 1.42 的双凸透镜，其前后两面的曲率半径由两边的睫状肌调节。晶状体的后面是后房，也称玻璃体，被一种胶性透明液体充斥，内部含大量水分，起着保护眼睛的滤光作用。视网膜是眼睛里最精妙的部分,是视神经在眼内脉络膜上分布形成的一张极薄的膜,并且涉及众多显示技术的相关概念,我们将在下一小节对其做进一步的介绍。

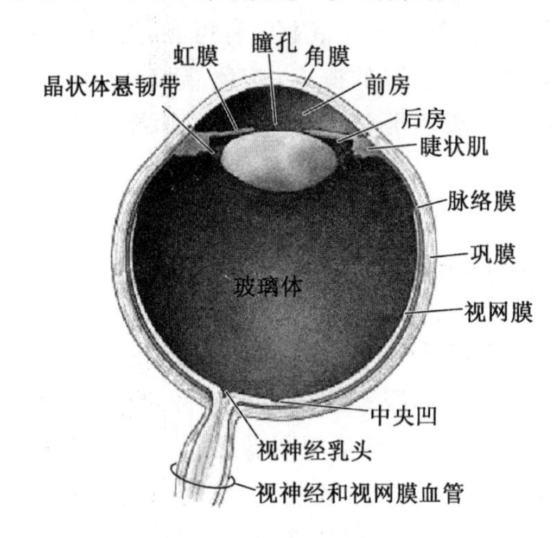

图 2.21　人眼的结构

2) 视网膜

大家在其他课程中已经学习到视网膜可以将获得的光信息转化为生物电信号并由视神经传递到大脑。视网膜是怎么实现这一功能的呢? 图 2.22 展示了视网膜的结构,图 2.23 是视网膜的细胞分布图。视网膜由上亿个具有不同感知能力的细胞组成,其中起主要感光作用的是锥状细胞(cones)和杆状细胞(rods),其感光原理大致如下:杆状细胞和锥状细胞对光照很敏感,在不强的光刺激下,细胞内的感光色素(视紫红质和视紫蓝质)发生光化学反应,其反应产物与光照的特性有很大的关联,当没有光刺激时,化学反应向反方向进行。光化学反应使视网膜上产生与光强成正比的电位分布,这就实现了光电信号的转化。各点的电位分布促使对应的视神经放电,放出的电是电流脉冲,其振幅是恒定的,但放电频率随电位分布的不同而变化,靠着这种按频率编码的方式最终将信号传递到大脑。

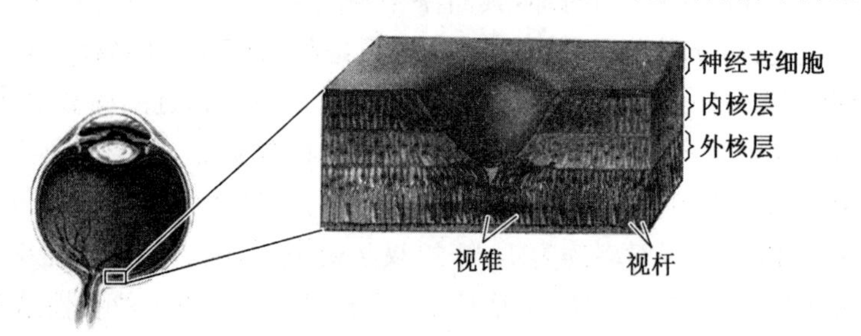

图 2.22　视网膜的结构

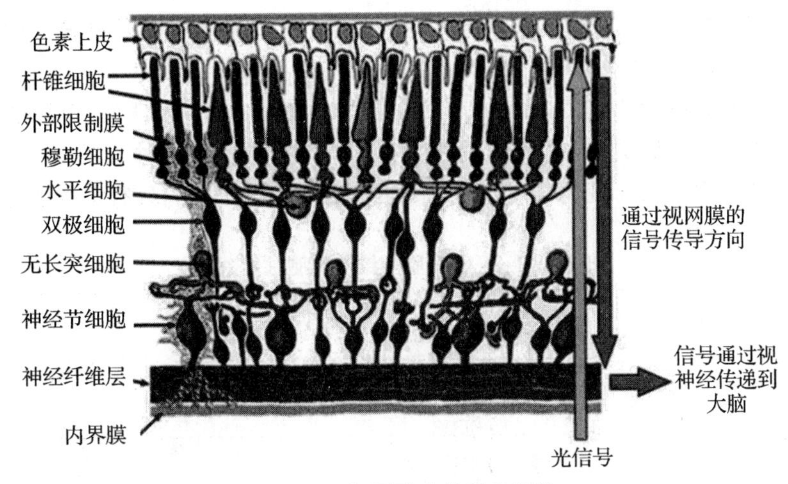

图 2.23 视网膜中的感光细胞

进一步观察杆状细胞和锥状细胞，如图 2.23 所示，可以发现杆状细胞的尾部与多个其他视细胞相连，而锥状细胞的尾部较小，仅与一个其他视细胞相连。除此之外，杆状细胞和锥状细胞的数量分布也有所不同，如图 2.24 所示，在视网膜的中央凹(fovea)，又称“黄斑区”，附近锥状细胞密度最大，中央凹两边则杆状细胞分布比较多。

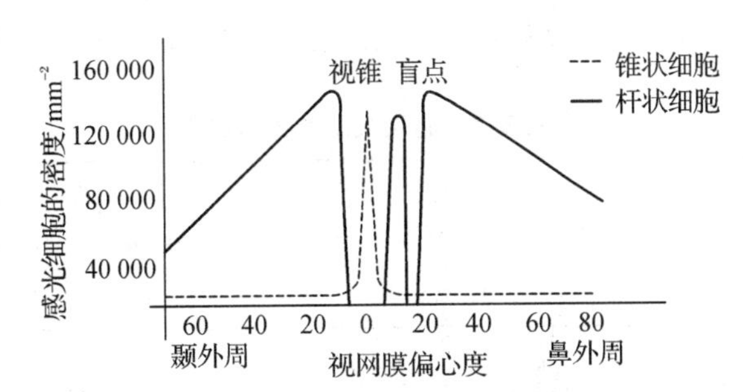

图 2.24 锥状细胞与杆状细胞的数量分布曲线

了解了视网膜的结构之后，可以很自然地理解以下视觉特性：

(1) 人眼在注视某个物体时，视轴位于中央凹内。因为中央凹内大量的锥状细胞是一对一分辨的，具有极强的分辨能力。

(2) 人眼余光看到的画面较为模糊。这是因为余光信号主要由分布在中央凹旁边的杆状细胞提供，而杆状细胞是一对多分辨的，分辨力较低，并且杆状细胞只能感光不能感色。

(3) 杆状细胞能接受多个视觉细胞的信号，所以杆状细胞分布多的区域对光能量的感知能力强。当外界光线较暗的环境下，杆状细胞的优势就会体现出来。杆状细胞与锥状细胞的性能对比如表 2.3.1 所示。

然而，人眼的能力也是有局限性的，它作为光接收器，只能对波长为 380～780 nm 的光产生感觉；根据我们的生活经验，并不能说出一种光的具体光能数值，也不知道它是由哪几种颜色的光组成的，唯一能够辨别的只有定性的强弱。

表 2.3.1　杆状细胞与锥状细胞性能对比

<table>
<tr><th></th><th>杆状细胞</th><th>锥状细胞</th></tr>
<tr><td>感光</td><td>可以(灵敏度比锥状细胞高 10 000 倍)</td><td>可以</td></tr>
<tr><td>感色</td><td>不能</td><td>可以</td></tr>
<tr><td rowspan="2">分工</td><td>黄昏或夜间
(黑白景象)</td><td>白天
(彩色景象)</td></tr>
<tr><td>暗视觉</td><td>明视觉</td></tr>
</table>

2.3.2　人眼的基本视觉功能

前文介绍了人眼的结构并对视网膜进行了详细的分析。只有在视网膜上清晰地成像，我们才能看到清楚的图像，为了对这一过程进行定量分析，引入了简化人眼的概念，其光学参数如表 2.3.2 所示。简化人眼从本质上讲就是一个折射球面。

表 2.3.2　简化人眼的光学参数

参数名称	折射率	光焦度 $/\mathrm{m}^{-1}$	折射面的曲率半径/mm	视网膜的曲率半径/mm	物方焦距/mm	像方焦距/mm
简化值	4/3	58.48	5.7	9.8	−17.1	22.8

当物体与眼睛之间的距离发生变化时，必须改变眼睛的焦距，才能将不同距离的物体在视网膜上形成清晰的图像，这一过程称为眼睛调节。人眼主要通过晶状体来调节焦距。当看远处的物体时，要想在视网膜上清晰成像，睫状肌就要处于放松状态，此时曲面的曲率半径最大，眼睛能清楚看到的最远点叫做远点。当一个物体在一个离人眼相当近的位置时，眼睛仍然可以清楚地看到它，这是由于连接到晶状体的睫状肌具有收缩能力，眼睛能清楚看到的最近点称为近点。睫状肌可以通过收缩改变焦距，即减小曲面的曲率半径，使物体仍能在视网膜上成像。眼睛自动改变焦点的这种能力被称为眼睛的自我调节。然而，眼睛的自我调节有一定的限制。

对于普通人来说，眼睛的近点、远点和调整范围不是恒定的。随着年龄的增长，近点的距离越来越远，眼睛的调节范围越来越小。在适当的光线下，正常的眼睛可以很容易地观察到前方 25 cm 以内的物体，并且可以清楚地看到物体的细节，这个距离称为明视距离。

由于各种原因，部分人的眼睛没有正常的功能。近视眼患者的眼睛焦点过于靠近眼睛，无法通过调整使远处的物体聚焦到视网膜上，同时，近视眼患者的眼睛的远点也比正常人更近。远视眼患者则相反，无法调焦看清远处的物体，远视眼患者的眼睛的近点也比正常人更远。这两类异常的眼睛可以通过佩戴具有适当光焦的镜片来矫正。

人眼的光学结构是其成像功能的基础，它所表现出的视觉功能是显示设备得以向人传递图像信息的关键，也是显示技术发展的基本依据。本小节将结合人眼的结构进一步阐述人眼的基本视觉功能。

1）亮度分辨能力

人类对亮度的感知是由刺激人眼的可见光引起的。不同波长的光以相同的功率辐射，人眼对亮度的感知是不同的。人眼对红光的感知最弱，对黄绿光的感知最强。换言之，红光想要获得相同的亮度感觉，其所需的辐射功率远大于黄绿光的辐射功率。如图 2.25 所示为观察者在明视觉和暗视觉条件下主观亮度感知的光谱发光效率曲线（又称“相对视敏度曲线”），下面对曲线做进一步分析。

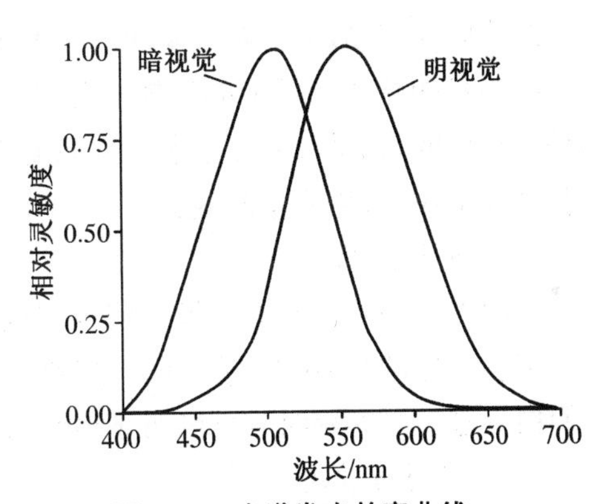

图 2.25　光谱发光效率曲线

对于可见光区的辐射，我们采用光度学的量来描述。光度学的量不仅与客观的辐射功率有关，还与人眼对光的视感度有关。这点与非可见光区采用辐射度学的量不同，后者只需考虑纯客观物理量即可。因此，对于可见光的度量，我们需要将辐射度学中引入的各个物理量乘以一个与视觉有关的光谱光效率函数 $K(\lambda)$，就得到了光度学中相应的与人眼生物特性有

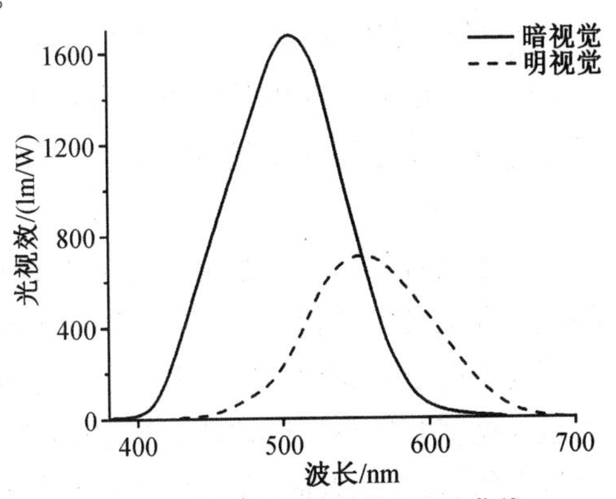

图 2.26　光谱光视效函数 $K(\lambda)$ 曲线

关的量。$K(\lambda)$又称“光谱光视效函数”，其曲线如图 2.26 所示。

进一步的，为了计算方便采用归一化条件，即用不同波长处的 $K(\lambda)$除以 K 的最大值，就可以得到归一化的光谱光效率函数 $V(\lambda)$，即公式(2.3.1)

$$V(\lambda)=\frac{K(\lambda)}{K_{\max}} \tag{2.3.1}$$

显然，$V(\lambda)\leqslant 1$，图 2.25 中曲线的纵坐标即为归一化的光谱光效率函数 $V(\lambda)$。一般明视觉时辐射引起最大光效率的位置为波长 555 nm 处，暗视觉时辐射引起最大光效率的位置为波长 510 nm 处。

明视觉和暗视觉曲线不同的原因可用之前提及的锥状细胞和杆状细胞的特点来解释：当亮度大于 3 cd/m^2 时为明视觉，此时主要由锥状细胞来工作，可实现高分辨接收光信息，最大光效率位置在波长 555 nm 处，也就是说，在白天的正常光线下，人眼对黄绿光的视觉灵敏度最高。当亮度小于 0.03 cd/m^2 时，暗视觉主要由对弱光灵敏度高的杆状细胞操作。结果表明，人眼对短波光的敏感度提高，即曲线向左移动，最大暗视觉灵敏度移动到波长为 510 nm 的光附近。然而，杆状细胞只能感知光而不能感知颜色，因此人眼在黑暗或微弱光线下看到的景物是灰黑色的，几乎没有颜色感。当亮度为 0.03～3 cd/m^2 时，视锥细胞和视杆细胞共同工作，这称为中间视觉。

① 视觉的适应

明视觉和暗视觉的切换是需要时间的，这一切换过程包括瞳孔的变化和视觉细胞工作的“交接”。适应暗光需要 10～30 s，而适应强光只需要 1～2 s。当我们白天进出电影院时就可以明显感受到这一过程。

② 绝对视觉阈

人眼的绝对视觉阈是指在全黑的视场下，人眼能感觉到的最小光刺激，约在 10^{-9} lx 的数量级，这是相当灵敏的。在我们平时所说的“伸手不见五指”的情况下，照度只在 10^{-5} lx 的数量级。实验测得，在背景足够黑暗的情况下，正常人眼通过仔细观察是能够发现 10^{-9} lx 的亮点的，再低就看不到了。

③ 对比度

对于从百分之几坎德拉每平方米到几百万坎德拉每平方米的亮度范围，人眼都可以感受到，但是人眼并不能同时感受到如此大的亮度范围；此外，在不同的环境亮度下，人眼对同一亮度的主观感知是不同的，因此对比度(人眼能分辨的最大亮度和最小亮度之比)的研究更有意义。周围环境对于人眼的亮度感知有很大的影响，一方面，在人眼适应环境的平均亮度后，可以分辨的亮度范围将变得狭窄；另一方面，人眼的视觉范围会随着所适应环境的平均亮度而变化。

2）颜色分辨能力

现代医学、解剖学证明：颜色信息在视网膜上只能由锥状细胞接收，因此人眼的彩色视觉是一种明视觉功能。准确描述彩色光束需要三个基本参数：亮度、色调和饱和度，人眼对亮度的响应在上一小节已经介绍过，本小节主要介绍人眼关于色调和饱和度的特性。

在上一节中我们已经了解到色调描述彩色光的颜色类别，饱和度描述颜色的深度。有趣的是，不同波长的单色光可以产生不同的颜色感觉，但不同光谱成分的光可以产生相同的颜色感觉。例如，复合光可以产生与单色光相同的颜色感觉，因此，在视觉效果方面，这两种光线并没有区别。再比如，阳光是白色的，其光谱在 380～780 nm 的范围内连续分布。然而，如果红色、绿色和蓝色单色光以适当的比例混合，人眼可以得到和太阳一样的白色感觉。

人眼对不同颜色有不同的分辨能力。一般来说，人眼可以分辨 100 多种颜色。色调分辨阈值可以表示人眼区分色调细节的能力，当波长改变 $\Delta\lambda$ 后，人眼恰好能分辨出区别，$\Delta\lambda$ 就被称为色调分辨阈值。上面提到人眼对不同波长的光敏感度不同，事实上，色调分辨阈值与光的波长有关，如图 2.27 所示。

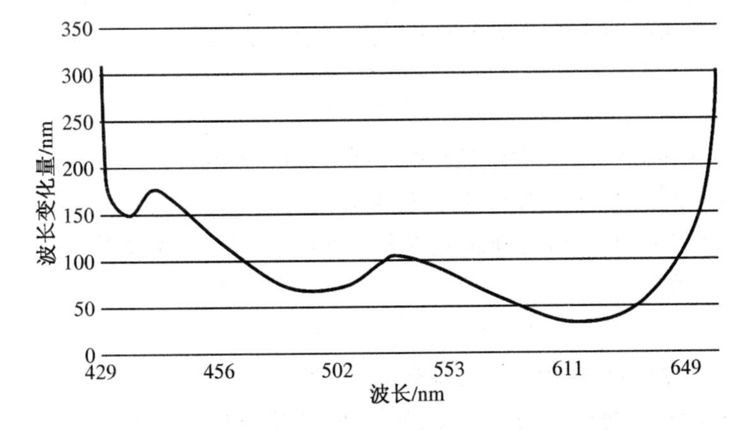

图 2.27　$\Delta\lambda$ 与 λ 的关系

3）空间分辨能力

人眼的空间分辨能力用于区分物体的空间距离。当相隔人眼一定距离上的两个黑点接近到一定程度时，人眼无法分辨出两个黑点的存在，只能感觉到它是一个相连的黑点，这表明人眼在区分图像细节的能力方面具有极限值。如图 2.28 所示，设定人眼与被测物体之间的距离为 L，两点间的距离为 d，人眼分辨

这两个点的视角为 θ(以′为单位),它们之间的关系如式(2.3.2)所示:

$$\frac{d}{2\pi L}=\frac{\theta}{360\times 60} \tag{2.3.2}$$

(因为 θ 值通常很小,这里近似 $\tan\theta\approx\theta$)即得式(2.3.3):

$$\theta=3\ 438\,\frac{d}{L} \tag{2.3.3}$$

显然,能区分的两点距离越近,θ 越小,人眼的分辨能力越强。人眼的空间分辨力定义为最小的 θ 的倒数 $1/\theta$,又称视敏度。最小的 θ 称为分辨极限角或视敏角。医学上定义的视力为:视敏角为 $1'$ 的眼,其视力为 1.0,视敏角为 $2'$ 的视力对应于 0.5。与这里的定义是相对应的。

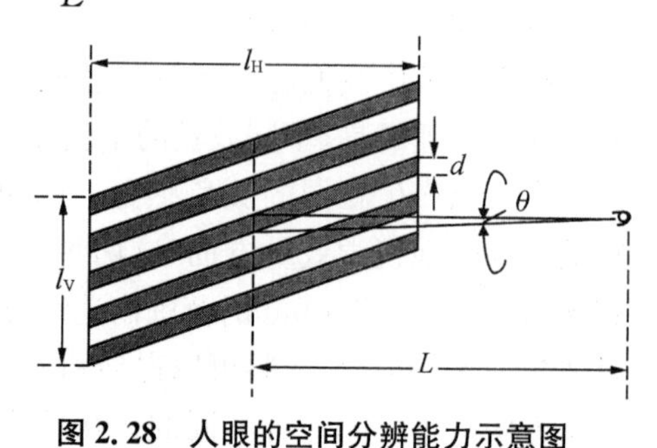

图 2.28　人眼的空间分辨能力示意图

那么如何得到分辨极限角的具体数值呢?

一种方法是利用实验结合上述 θ 公式,对于视力正常的人来说,在中等亮度和中等相对对比度下观看黑白静止图像时,分辨极限角约为 $1'\sim1.5'$。

另一种方法是对人眼套用光学中圆孔衍射的模型,如式(2.3.4)所示:

$$U=0.61\,\frac{\lambda}{R} \tag{2.3.4}$$

将入射光瞳的半径 R 看作瞳孔的半径(约 1 mm),λ 为入射光的波长,U 为分辨极限角(单位为 rad),0.61 是模型推导过程中由贝塞尔函数导出的一个常数。当波长为 $\lambda=555$ nm 的黄绿光进入眼睛时,可以算得眼睛的分辨极限角,如式(2.3.5)所示:

$$\theta=U=3.4\times10^{-4}(\text{rad})\approx1' \tag{2.3.5}$$

再进一步分析,根据视网膜与瞳孔的距离约为 2.2 cm,人眼玻璃体内液体的折射率为 1.337,可算得视网膜上衍射图样中央亮斑的半径约为 5×10^{-4} cm,这个半径恰好与视网膜中央凹(黄斑区)内的视锥细胞大小相近。由此可见,视网膜的构造竟是如此的精巧,刚好适合眼睛的分辨本领。也可以从另一个角度来理解这一事实:当距离人眼一定距离的两个黑点足够近时,它们在视网膜上的图像会落在同一个视锥细胞上,使人眼无法区分这两个黑点。

此外,若需要分辨的点与背景不是黑白两色而是其他颜色的组合,情况会有所不同,如果黑白组合的分辨力为 1,则红黑组合为 0.9,绿蓝组合为 0.1,见表 2.3.3 所示。

表 2.3.3 人眼的相对分辨力

细节色别	黑白	黑绿	黑红	黑蓝	绿红	红蓝	绿蓝
相对分辨力/%	100	94	90	26	40	23	19

从表 2.3.3 中可以看出，人眼对图像颜色细节的分辨能力较差。彩色电视系统传输中的大面积着色原理便是利用了人眼的这种特性，通过不传输彩色信息的细节来减小传输频带，这样既节约了资源又不会影响观看体验。

其他影响人眼空间分辨能力的因素大致有：物体在视网膜成像的位置、照明强度、物体与背景的对比度以及物体运动速度等。

4）时间分辨能力

人眼视觉的建立和消失都有一定的惰性。视觉刺激产生的信号从视网膜传递到大脑是需要一定时间的，这意味着光对眼睛的刺激会延迟一段时间后再引起感觉，引起的感觉也会多持续一段时间才会消失。如图 2.29 所示，当一定强度的光(I_{om})在 t_1 时刻突然投射到视网膜上时，人眼不会立即形成稳定的亮度感觉，而是在短时间内逐渐增强。亮度感知从 t_1 时刻到 t_2 时刻逐渐增加，并达到稳定值 I_m。此外，亮度的感知不会在光线消失后立即消失(例如在 t_3 时刻)，而是在 t_3 和 t_4 之间逐渐减弱。测量结果表明，亮度感知曲线与指数相似，建立时间短，消失时间长(0.05～0.2 s)。人眼的这种视觉特性称为视觉惰性，也称为视觉暂留效应。

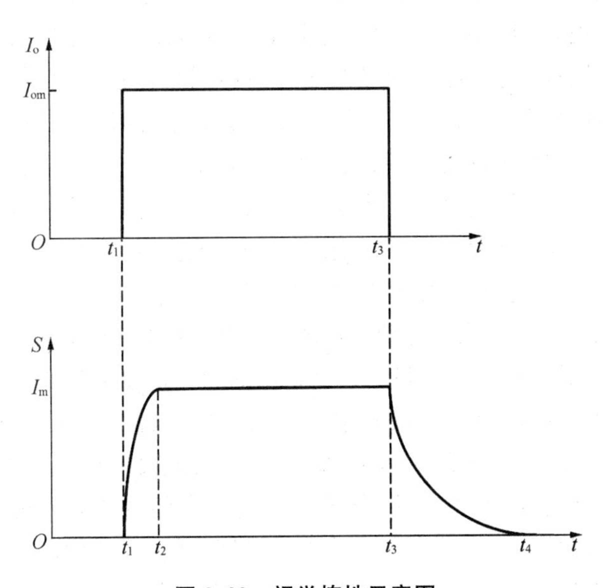

图 2.29 视觉惰性示意图

当频率较低的周期性光脉冲光源作用在视网膜上时，人眼会产生明暗感的闪烁。当周期性光脉冲的频率提高，超过一定的阈值，人眼就无法区分出脉冲的峰和谷，周期性光脉冲在人眼中就成为亮度恒定的不闪烁光源。这种特性对眼睛的间歇性光源至关重要，所有的动态显示都是因为这种效果而成为可能。否则，如果眼睛对任何光源都没有时间延迟，在交替光源下，一切都将出现闪烁。这对现有的几乎所有显示器来说都是一个问题。

周期脉冲光源不再引起闪烁感觉的最低重复频率称为临界闪烁频率，人眼的临界闪烁频率一般在 46 Hz 附近。只要变化的频率超过这个值，人眼就不会感知到闪烁，而是感到周期脉冲光源像一个恒定的光。这种周期变化的光的等效亮度可由式(2.3.6)计算：

$$I=\frac{1}{T}\int_{0}^{T}L(t)\mathrm{d}t \tag{2.3.6}$$

式中，$L(t)$为光每个时刻的实际亮度；T 为周期；I 为眼睛感觉到的周期变化的平均亮度。

人眼的时间分辨能力与视网膜视锥细胞、视杆细胞、视神经乃至大脑视皮层的时间响应性质均有关，在工程上一般不单独分析各部分性质，而直接将整体系统的时间响应性质表征为上述的临界闪烁频率。这一频率在显示技术中早已得到应用。

5）人眼的立体视觉

立体视觉通常分为双目立体视觉和单目立体视觉。双目立体视觉的要素有同时视觉、双目视差和收敛性。视觉是其他双目机制发挥作用所必需的。双眼分别接收两个具有深度信息的信号图像。在不同时显示两幅图像的情况下，当一幅图像的时延小于 18 ms 时，不会影响立体视觉的双目机制；当时间差达到 20 ms 以上时，立体视觉能力下降；当时间差超过 100 ms 左右时，立体视觉变得不可能。需要注意的是，这种效应与人眼的时间反应特征中的视觉残留无关。

当被观察的物体未能在左眼和右眼的对应点成像时，人就会看到重像。这时，眼睛需要转动，也就是会聚。除了会聚，收敛也是产生立体视觉的重要因素之一，因为在收敛过程中眼外肌肉的运动导致视网膜内的场景从双图像变为单图像。

单目立体视觉是指用一只眼睛观察景物的深度信息而产生的可识别的立体感觉。产生单眼立体视觉的因素有很多，睫状肌可以根据眼睛和场景之间的距离进行调整，从而产生不同的深度感知。此外，当观察者移动身体或头部时，物体与场景的相对位置会发生变化，从而确定物体之间的相对深度。此时人眼的位置发生变化，相当于从多个方向连续观察目标空间，获得的图像与多目图像相似。这种机制被称为运动视差。此外，视觉与神经系统中半规管等平衡感受器的相互作用也使运动视差机制更加有效。

心理因素也与立体视觉有关。人脑通过经验判断深度的心理深度暗示机制可以在单目条件下获得。人认识世界的过程是一个经验积累的过程，这也包括对二维图像信息的深度判断。视网膜成像的大小，即物体“近大远小”的特征，是最重要的心理深度暗示机制。对于水平、垂直的方形场景，人们可以根据自己的透视经验快速判断深度关系。特别是当其延伸面包含纹理时，可根据纹理结构密度梯度加速三维感的形成，即“近距离密实”特征。不透明物体的相互遮挡关系也可以让人判断物体的远近信息。空气透视是一种距离深度判断的心理暗示机制。观测到的物体越远，由于大气散射的影响，视觉对比度就越低。此外，色彩、构图、光影、视野等因素也是与立体视觉相关的心理深度暗示机制。表 2.3.4 列出了人体立体视觉各机制的主要作用距离。

表 2.3.4　人眼立体视觉机制

人眼的立体视觉		
分类	机制	作用距离/m
单目	对焦调节	<5
	运动视差	<200
	心理深度暗示	<5 000
双目	同时视觉	—
	双目视差	<250
	辐辏	<20

2.3.3　人眼视觉特性与显示技术的联系

如表 2.3.5 所述，与人眼亮度分辨能力相关的显示信息参量有灰度与灰阶，提升显示光源亮度以及采用可调灰阶位数更高的光调制器件可以提升该方面显示性能，如采用激光光源以及 16 位甚至 32 位的灰阶器件。与人眼空间分辨能力相关的显示信息参量则为图像分辨率，主要考验的是光调制期间像素细密程度，对三维显示而言还要考虑其实现三维显示的计数方式对空间分辨率的影响。与时间分辨能力相关的显示信息参量主要为刷新率与响应特性，也是体三维与全息的技术瓶颈所在。与人眼颜色分辨能力相关的显示信息参量为色阶与三基色光源颜色特性，采用激光光源对显示颜色性能的提升意义重大。表 2.3.5 中的很多概念将会在后续章节中详细介绍。

表 2.3.5 显示信息参量与人眼视觉特性

<table>
<tr><th colspan="3" rowspan="2">显示信息参量</th><th colspan="2">人眼视觉特性</th></tr>
<tr><th>要素</th><th>类别</th></tr>
<tr><td rowspan="12">空间分量</td><td rowspan="2">显示面</td><td>轴向距离</td><td>调节机制</td><td rowspan="2">单目立体机制</td></tr>
<tr><td>画面尺寸</td><td>视野</td></tr>
<tr><td>点、线</td><td>图像分辨率</td><td>游标视力</td><td>空间分辨</td></tr>
<tr><td rowspan="4">面</td><td>灰度</td><td>亮度</td><td rowspan="2">亮度分辨</td></tr>
<tr><td>灰阶</td><td>分辨阈</td></tr>
<tr><td>颜色</td><td>色调、色纯度</td><td>颜色分辨</td></tr>
<tr><td>形状</td><td>静态形觉</td><td>大脑皮层形觉</td></tr>
<tr><td rowspan="5">立体</td><td>图像视差</td><td>双目视差、辐辏</td><td>双目立体机制</td></tr>
<tr><td>多视点</td><td>运动视差、视野</td><td>单目立体机制</td></tr>
<tr><td>左右图像刷新率</td><td>同时视觉</td><td>单目立体机制</td></tr>
<tr><td>空间像(体显示、全息)</td><td>所有立体视觉要素</td><td>—</td></tr>
<tr><td>体显示刷新率</td><td>视觉暂留效应</td><td>时间分辨</td></tr>
<tr><td colspan="2" rowspan="3">时间分量</td><td>单图像刷新率</td><td>临界闪烁频率、时间分辨率</td><td rowspan="3">时间分辨</td></tr>
<tr><td>显示器响应特性</td><td>时间响应特性</td></tr>
<tr><td>整体亮度变化</td><td>明暗视觉适应</td></tr>
<tr><td colspan="2" rowspan="3">时空分量</td><td rowspan="2">运动</td><td>运动视差</td><td>单目立体机制</td></tr>
<tr><td>拖影、残像</td><td>时间分辨</td></tr>
<tr><td>变形</td><td>动态形觉</td><td>大脑皮层形觉</td></tr>
</table>

1) 显示器件亮度的设置

利用我们已经知道的人眼亮度分辨能力来进行分析,对于显示器件,应尽可能将其显示的亮度设置在韦伯-费希纳定律成立的线性范围内。以液晶显示器件为例,其最终亮度由背光源的发光亮度以及偏振片、黑矩阵(Black Matrix, BM)开口率、液晶与彩膜的光损耗来决定。为了实现基本显示功能,应使显示器件工作在明视觉的亮度范围内,以激活视锥细胞,同时基于安全与舒适度方面的考量,适当放宽上限,一般认为显示器的亮度应在 $10\sim10^4$ cd/m^2。

上述关于亮度的讨论均是基于明视觉距离进行的。随着显示器与人眼距离的增加,瞳孔对显示器的张角缩小,显示器发出的光束在视网膜上的照度将随之减小,使得主观亮度感觉降低,因此对于大屏幕、远距离使用的显示设备,可适当提高其亮度水平。亮度也是人眼分辨能力的基础，只有在亮度合适的情况下，其他人眼功能才会高效运行。在显示器的应用中，亮度上限涉及人眼观看安全性，例如激光扫描显示中，为了避免激光直射人眼的情况，一般将光束方向与人眼观看方向错开，即使如此，激光扫描显示的应用场合也受到激光显示安全标准的较大限制。亮度不足的情况则会限制人眼的其他功能，例如偏振式三维显示技术中，起偏、检偏器件引入了较高的光能损耗，导致画面亮度相比二维显示要低，影响到清晰度、色彩甚至立体效果，而影院为了缓解这一问题，提高投影光源的亮度，却带来了更高的成本。在大尺寸的自由立体显示器中，为了保证较合适的显示亮度，采用柱透镜阵列代替障栅来减少光能损耗。

2）显示器件像素单元尺寸的设置

在了解了人眼的空间分辨能力之后，我们将其联系到显示器件中，因为显示器件像素的规整排布，人眼的最小识别阈（也称“游标视力”）也是一项重要参数，表征人眼对单线位移与粗细的分辨能力，其极限约为 2″～10″。

目前，市场中一般显示器普遍无法达到人眼最小识别阈的极限，大部分显示器的像素单元尺寸相对人眼的视角，仅仅是与最小分辨阈同量级。不过，显示领域内的最新技术在空间分辨率方面有很大的进步。大尺寸显示方面，以 LG 近年推出的 85 in[①] 8K 超高清（7 680×4 320）液晶电视为例，在距显示屏约 0.8 m 以外，人眼就无法分辨其具体像素点（分辨阈），此时显示屏占据了人眼横向几乎全部视野（97°），距离 5 m 外更是连图像锯齿都难以看到（识别阈），对一般应用场合下的显示距离，其显示效果自然，画面平滑柔顺。小尺寸显示设备对空间分辨率更为严苛，以索尼的 800 ppi（pixel per inch，像素每英寸）手机显示面板为例，11 cm 外即无法分辨像素点，这对一般处于明视距离的使用环境而言是足够的，不过图像锯齿要到 65 cm 以外才无法分辨，因此目前而言抗锯齿算法对这类设备而言仍是必要的。

3）图像的压缩

在数字显示系统中，成像前的图像信号是数字信号。几乎所有视频和视觉通信的应用都必须处理大量数据。因此，数据压缩已成为数字显示系统的关键环节。图像数据压缩有两个重要基础，其中一个是基于人眼的视觉特征。人眼对显示图像的分辨力在各个地方都不一样：对于快速移动的图像，空间分辨力非

---

① 1 in=2.54 cm

常低；对于缓慢运动的图像，时间分辨力较低；对于在空间或时间上快速变化的图像边缘，人眼对幅度的分辨力较低。图像细节分辨力、运动分辨力和灰度分辨力可以用立方体图表示，如图2.30所示，立方体的体积等于相应的信息流。

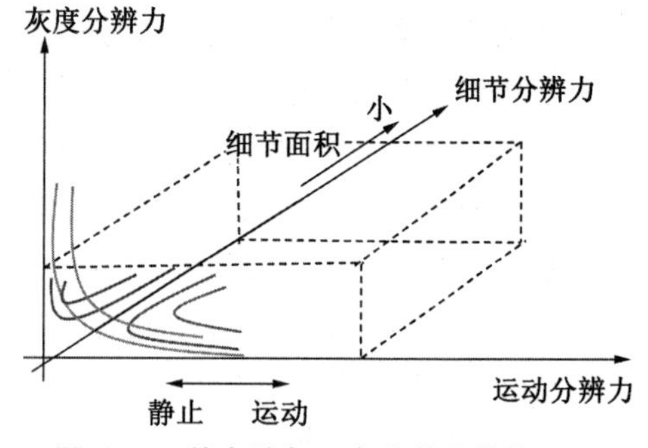

图 2.30 信息流与三个分辨力的关系

对视觉心理和生理的深入研究表明，黑白图像的三个分辨力参数并不是相互孤立的，而是相互关联的。它们之间的关系是：

(1) 细节分辨力与运动分辨力呈双曲关系。静止时细节的最高分辨力为400 000像素，而移动时分辨力要小得多。对于快速移动的物体，人眼要求的最大运动分辨力为25帧/s，在静止或缓慢变化时可以适当降低帧率。

(2) 细节分辨力与灰度分辨力呈双曲关系。人眼在观察图像的大面积时能区分所有256个灰度级，而在观察图像的精细细节时只能区分几个灰度级。因为人眼在黑色和白色跳跃时无法分辨灰色的区别。

(3) 灰度分辨力与运动分辨力之间也是双曲关系。因此，在传输快速移动的物体时，也允许使用较少的灰色。

根据人眼的视觉特点，可以采用运动监测和边缘检测的自适应技术，降低人眼对低分辨率图像的分辨力，从而达到压缩数据、比特率和频段的目的。例如，每两帧发送一个静止或缓慢移动的图像。快速移动的图像不传达空间细节的变化，图像轮廓被粗略量化。人眼主观上很难检测出复原后图像的失真。

2.4 显示器件的关键技术指标

在最理想的情况下，显示器件应当完全重现原始场景，包括物体的几何形状、大小比例、细节清晰度、颜色、亮度分布以及物体移动的连续性等方面，以实现最佳的显示效果。因此，这些参数直接影响着显示器件的显示效果好坏。自2019年新冠疫情爆发以来，世界范围内各行各业的工作人员相较于以往有更多的时间置身于电脑、手机等显示器件前，这使得显示器件的性能显得愈发重要。性能较次的显示器件会直接导致使用者的疲劳、工作效率降低，甚至造成使用者不可扭转的健康问题。因此对显示器件关键技术指标进行进一步的讨论和分析在当今有着愈发急切的实际需求。

2.4.1　显示器件的关键指标

显示器件有着明确的使用目标和使用场景，一款成熟的显示产品或技术应当有几项关键性能指标，包括画面尺寸、像素与分辨率、亮度、对比度、灰度、可视角以及色域等参数。

1) 画面尺寸

画面尺寸是用来衡量显示器件画面大小的指标，一般用显示器件画面对角线的长度表示，单位为 in 或 cm。在显示器的标识中，常常使用对角线的英寸数作为型号表示。

由于每个显示器件的长宽比不同，因此用对角线长度描述的画面尺寸不能与一般所谓的画面大小即面积直接等价，但对角线长度仍能作为一个简明的指标有效地衡量画面的尺寸，在一般采用长宽比型号的显示器件中，越大的对角线长度往往意味着更大的面积。实际上，我们可以通过显示器件的对角线长度和长宽比确定其相关尺寸信息。例如，对于一个长宽比为 4∶3、对角线长为 27 in 的显示屏，由基本几何知识可知：显示屏长为 27×4/5=21.6 in≈54.9 cm，显示屏宽为 27×3/5=16.2 in≈41.1 cm，故而显示屏面积约为 2 256.4 cm^2。

画面尺寸在不同应用场景下有不同的要求。从舒适度的角度出发，更大的画面尺寸往往意味着更好的观赏舒适度，因而笔记本电脑显示屏和台式电脑显示器的尺寸一般在 20～30 in 之间，而电视机的画面尺寸能达到 50～60 in 并且有朝着更大屏幕发展的趋势。但从集成度和便捷性的角度出发，显示器件的画面尺寸便不得不减小，以牺牲舒适度来实现特定的目的(图 2.31)。

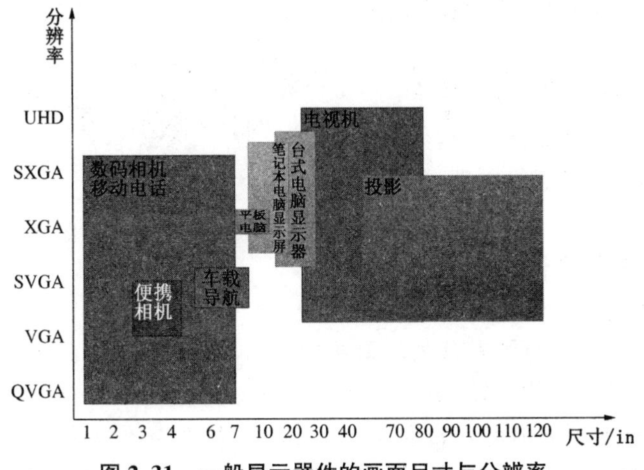

图 2.31　一般显示器件的画面尺寸与分辨率

2）像素与分辨率

由于人眼对细节的分辨力有限，因此显示器件的设计便利用了这一特性，通过众多十分微小的离散点构成在人眼看来连续的显示画面。在图像处理系统中，这些组成画面的细小单元称为像素，如图 2.32 所示。高分辨的显示器件上图像的像素数可达到数百万个以上，例如时下火热的最高级别的 4K 电影的分辨率为 4 096×2 160，总像素数超过 800 万。对于同样画面尺寸的显示器件，更大的像素数意味着更高的画面精细程度。图像的像素主要有亮度和色度两种特性。

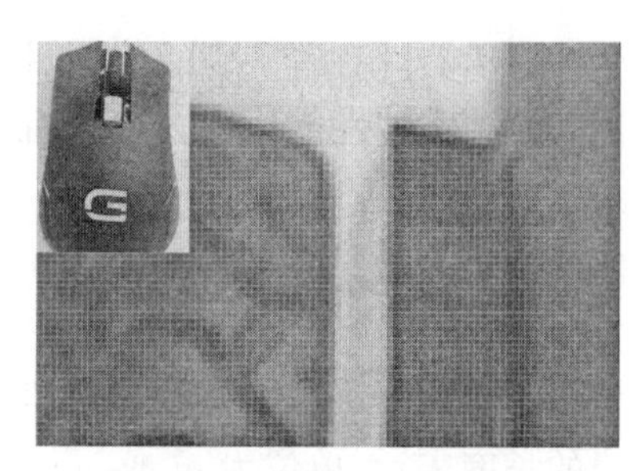

图 2.32　图像中的像素

像素的亮度和位置有关，同时又会随时间变化，可见，像素亮度既是对于空间的函数，又是对于时间的函数。每种显示器件根据各自发光的原理，其调节像素亮度的方法也不同。例如，对于液晶显示器件而言，各像素的亮度取决于背光源的亮度以及该像素液晶的偏转角。背光源的亮度决定了所有像素的最高亮度，而各像素液晶的偏转角则决定了该像素的亮度强弱。

为了根据功能要求显示出不同的颜色，一般利用三基色混合法进行像素点的设计。对于黑白图像而言，由于每个像素只需要呈现出不同的黑白程度，故而每个像素由一个可以呈现出不同黑白程度的像素点构成。而对于彩色图像而言，为了呈现出不同的颜色，每个像素由红、绿、蓝三个子像素点组成，如图 2.33 所示。根据三基色原理，通过红、绿、蓝三个子像素点发出不同强度的光，理论上每个像素即可发出几乎所有颜色的光，从而达到彩色显示的要求。

图 2.33　彩色图像的像素

分辨率是另一个与像素有关的重要的显示器件参数，它直接决定了图像的清晰度。但在显示器件领域，分辨率的定义并不完全统一。分辨率可以用总像素数来表示，即水平方向像素数乘以垂直方向像素数，单位为像素(px)。在该种定义方式下，对于同一尺寸的显示器件，分辨率越小，屏幕上的像素总数越小，单个像素的尺寸越大,所显示图像表示细节的能力越差,即清晰程度越低。

另一种定义方式是以 ppi 为单位来表示影像分辨率。例如,一个显示屏有 400×400 ppi 的分辨率,即表示水平方向与垂直方向上每英寸长度上的像素数都是 400,也可表示为一平方英寸内有 16 万像素。以 ppi 为单位定义的分辨率表征了显示屏幕上像素分布的密集程度,由此可以引出另一个与之相关的概念——节距(pitch),即各个像素之间的距离。在该种分辨率定义下,分辨率和节距成反比关系。例如,一个显示屏的分辨率为 300×300 ppi,则其水平节距和垂直节距都为 1/300≈0.003 3 in≈0.085 mm,即各个像素之间的距离约为 0.085 mm。ppi 数值越高,节距越小,显示屏便能够以越高的密度显示图像,画面就会越细腻。

这两种分辨率定义分别从像素总数和像素密度的角度出发,虽然定义不同,但都在一定程度上反映了画面显示的细腻程度,一般情况下,分辨率越高,画面越细腻,画面质量越高。

3) 亮度

亮度表示显示器件发射光的强度,与光度学中的定义相同,即垂直于光束传播方向单位面积上的发光强度,单位为 cd/m^2。

对显示器件亮度的要求与环境光强有关,一般而言,室内环境光较弱,显示器件的亮度可以小些;而室外环境光较强,要求显示器件的亮度要大些。通过调节显示器件的亮度使得画面显示出的光足够强,让人眼能够将其从环境光中分辨出来,但亮度过大反倒会令人眼感到不适甚至造成损伤。

正因为显示器件的亮度影响了显示画面的质量以及人眼观看的舒适程度,不同场景下对显示的亮度都有一定的要求,例如电影院要求的显示亮度一般在 30 cd/m^2 左右,室内的显示亮度一般为 70 cd/m^2,而室外的显示亮度需在 300 cd/m^2 以上且跨越范围可达几千 cd/m^2。所以智能手机等设备的自动调节屏幕亮度功能有效解决了人工手动调节合适亮度的不便,并且实时地保证了屏幕观看的舒适度。

4) 对比度

对比度是用最大亮度和最小亮度之比来表示,如式(2.4.1)所示:

$$C=\frac{L_{\max}}{L_{\min}} \tag{2.4.1}$$

对比度表征了图像显示的层次和丰富程度,主观上来说,对比度越高,图像层次越多,清晰度越高;而对比度小,就会让整个画面显得灰蒙蒙的,如图 2.34

所示。

图 2.34　两张不同对比度的图像(前者对比度高,后者对比度低)(拍摄于东南大学)

对比度又有暗场对比度和亮场对比度之分,前者是在全黑环境下测量得到的,而后者则是在有一定环境光条件下测得的。在计算时,给定显示屏显示的最大亮度 L_{max} 和最小亮度 L_{min},对于暗场对比度,直接根据式(2.4.1)计算即可;而亮场对比度由于有环境光的影响,需要在计算时考虑环境光在屏幕上反射出的光,故应分别在式(2.4.1)中分子和分母部分加上环境光反射的亮度。可以发现,亮场对比度实际上就是在上一节中提到的在不同环境光强中对显示亮度有要求的一种量化方式。

对比度又分为静态对比度和动态对比度。对于静态对比度,我们可以使用下述方法测量:首先将显示器件调整到出厂规定的标准工作状态,然后输入一个黑白窗口信号到显示器中。黑白窗口信号是一种亮度信号,它可以在 50%和 40%灰色背景上形成一个白色矩形窗口和四个黑色矩形窗口,如图 2.35 与图 2.36 所示,白色窗口的尺寸根据高清晰度电视(HDTV)或标准清晰度电视(SDTV)来确定,分别为图像高度的 2/15 和 1/6。

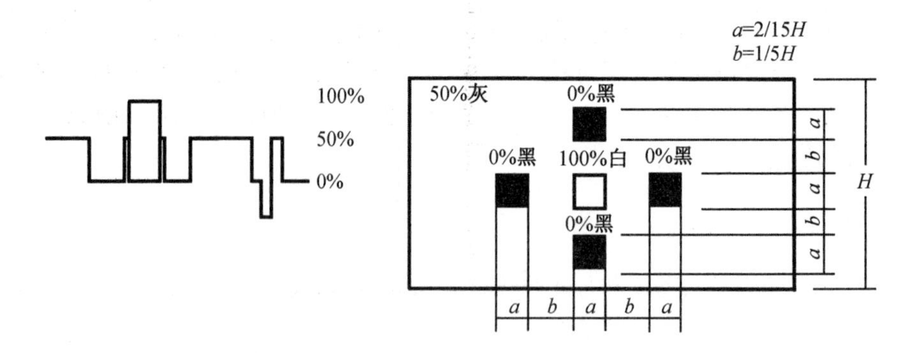

图 2.35　高清晰度电视(HDTV)的黑白窗口信号

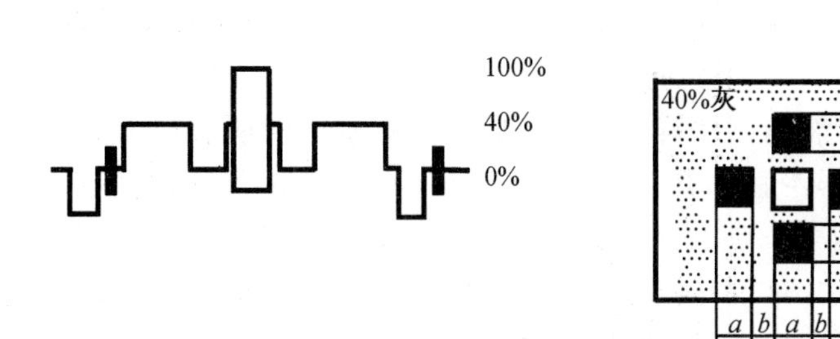

图 2.36　标准清晰度电视(SDTV)的黑白窗口信号

在输入黑白窗口信号后，分别测量图 2.37 中 $L_0 \sim L_4$ 的亮度值。值得注意的是，如果在这些位置上不能测量到黑色窗口的亮度值，则需要调节显示器件的亮度控制器，直到在黑色窗口上能够测量到仪器可测量的最低亮度值。同时，在测量结果中需要注明这个调节过程。

在测得以上数据后，基于式(2.4.1)利用式(2.4.2)，即可以计算得到数字电视平板显示器的对比度：

$$C=\frac{L_0}{L_b} \tag{2.4.2}$$

式中，L_b 为 $L_0 \sim L_4$ 的平均值。

由于对比度决定了显示画面的质量，因此对显示器件的对比度有一定的指标要求。在《数字电视液晶显示器通用规范》(SJ/T 11343—2015)中规定了常温下液晶显示器(LCD)的对比度≥200∶1，等离子体显示屏(PDP)、CRT 显示器的对比度≥150∶1。在通常情况下，好的图像要求显示器对比度至少能够达到 30∶1，

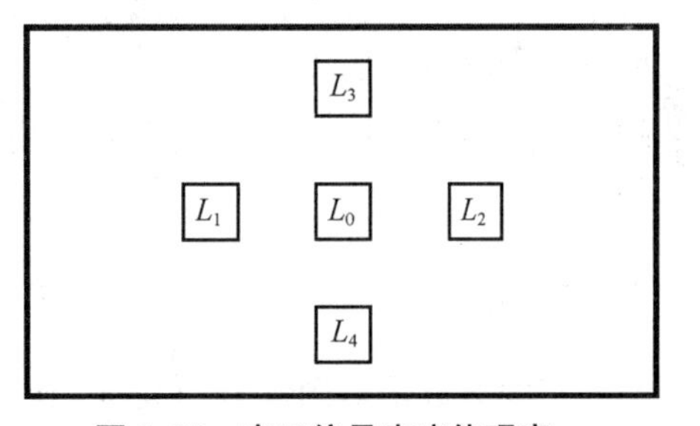

图 2.37　窗口信号亮度值观察

那么如何提高对比度来得到更好的图像显示效果呢？根据式(2.4.1)可知，为了提高对比度 C，可以增大显示最大亮度 L_{max} 或减小显示最小亮度 L_{min}。两种方法看似都可行，但实际上，由于灯管的寿命随显示亮度的增大而减小，所以无法无限增大最大亮度来增大对比度。因此，现今多采用降低最小亮度的方法来增大对比度。以 LCD 为例，像素显示的“黑”实际上不是透过 0%的光，即液晶显示存在“漏光”现象，而这一问题目前正处于研究阶段。克服液晶漏光对于提高液晶显示器对比度至关重要，目前部分的研究认为，具有体缺陷的液晶会使得液晶面板在暗态画面下的显示区域内发生微小漏光。而对于 ADS 模式薄膜晶体管

液晶显示器(TFT-LCD)在暗态受外力时存在的漏光,减小玻璃厚度可以有效改善按压下的漏光。

动态对比度是指液晶显示器在显示不同亮度的画面时所表现出的对比度。例如,如果一个显示器在显示全白画面时的亮度为 300 cd/m^2,而在显示全黑画面时的亮度为 0.3 cd/m^2,那么该显示器的动态对比度就是 1 000∶1。如果将全黑画面的亮度降低到 0.03 cd/m^2,那么该显示器的动态对比度就会达到 10 000∶1。如果厂商控制电路中针对全黑画面将背光灯完全关闭,那么该显示器的动态对比度将会是无穷大。华硕推出的 MS 系列 LED 液晶显示器的动态对比度达到了 1 000 万∶1 的惊人高度,被预言将成为 LED 液晶显示器动态对比度的新标准。

动态对比度与静态对比度相同,都是用来测量显示器在接收全白信号和全黑信号时所显示的亮度比值。不同之处在于,动态对比度是通过调节背光灯管亮度来增加白色亮度和减少黑色亮度,从而使显示器的亮度比值更大。而静态对比度则只是显示器在没有调整背光灯管亮度的情况下所显示的亮度比值。由于背光灯管亮度的调整,动态对比度通常会比静态对比度高。

依据上述分析,可以得知动态对比度的作用是确保在明亮和昏暗的场景下,显示器的亮度和黑度能够保持平衡。因此,只有那些需要经常切换明暗场景的应用才能体现动态对比度的实际效果。一般的计算机应用,例如文本处理、上网、办公和编程等,它们的画面亮度变化较小,电子游戏的画面亮度变化也相对较小。而在影视应用中需要高频切换明暗场景,因此是更高动态对比度的应用领域。

5) 灰度

灰度通常是指图像黑白亮度之间的一系列过度层次,每个灰度对象都有从黑色到白色的不同亮度程度,在黑白亮度之间划分的过度层次数量就表示灰度级。例如,一张显示图像的最大亮度为 100,最小亮度为 10,倘若分为 9 个灰度级,则每一份的值为 10;若分为 90 个灰度级,则每一份的值为 1。

在现代显示技术中,为了方便计算机存取和处理灰度值,通常用 2 的整数次幂来划分灰度级,最常用的便是将灰度划分为 256 级(2^8),用 0～255 表示,如图 2.38 所示。由于正好占据 8 bit 的计算机存储空间,所以 256 级灰度又称为 8 bit 灰度级。

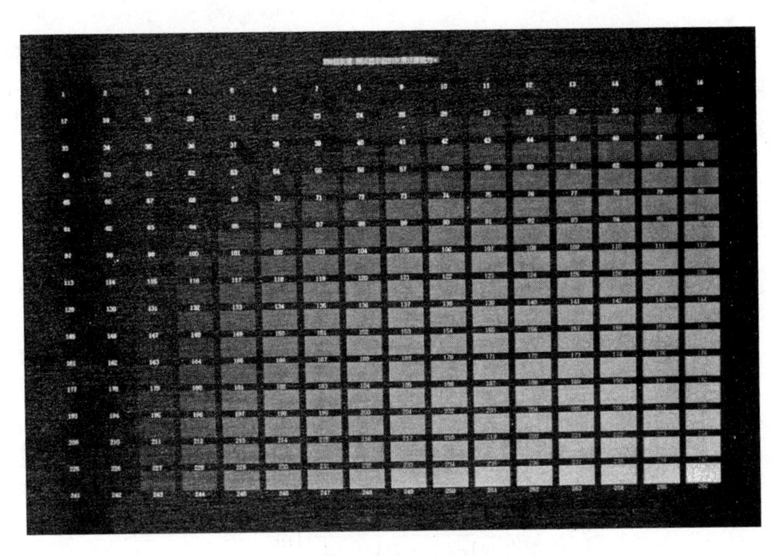

图 2.38　256 级灰度(引用自网络)

对于彩色显示也是类似的。由于在数字显示中每个像素都由红色(R)、绿色(G)、蓝色(B)组成,即彩色图像在存储和表示时有三个通道,若每个通道也用 8 bit 表示,则彩色显示可以实现$(2^8)\times(2^8)\times(2^8)\approx 16.7$ M 种颜色。在现代的图像处理中常常需要将彩色图像转化为灰度图像以方便进一步的处理,RGB 值转灰度值的方法有很多,其中一个根据人的亮度感知系统得出的经典公式如式(2.4.3)所示:

$$\text{Gray}=0.299R+0.587G+0.114B \tag{2.4.3}$$

式中,R、G、B 分别为红、绿、蓝三个通道的强度值,Gray 为转化后的灰度值。

该式实现了 R、G、B 三个通道到灰度这一个通道的数值映射。

黑白图像中每个像素值都是介于黑色和白色之间的灰度级中不同灰度值的一种,例如,对于 256 级灰度而言,黑白图像像素的取值即为 0～255 范围内的 256 个整数。灰度级越大表明图像呈现的灰度越多,图像层次也就越分明,越柔和。如图 2.39 所示为同一张图片在不同灰度级(从左到右分别为 256 级、128 级、64 级、32 级)下不同的呈现效果,可以看出,更高的灰度级使得像素之间的衔接更加流畅,从而使图像显得更加柔和,而低灰度级则会使图像在本属于同一区域的地方出现明显的分块。

在以上对不同灰度级图像的对比中可以发现,灰度级较低和灰度级较高的图像会给人以明显的视觉差别,但是当灰度级都比较高时(比如 256 级和 128 级),给人的视觉差别便不会那么明显,这说明人眼所能分辨的亮度层数是有限的。实际上人眼能分辨的亮度层数取决于人眼的视觉阈——人眼能分辨的最小的亮度差别，该值与环境亮度有关，一般取0.02～0.05。若用n来表示对于一张图片人眼所能分辨的最大灰度级，则灰度级数n与人眼视觉阈δ有如式(2.4.4)所示的关系：

图2.39　不同灰度级的图像(从左至右分别为256级、128级、64级、32级)

$$n=\frac{\ln C}{\ln(1+\delta)}\approx\frac{2.3}{\delta}\ln C \tag{2.4.4}$$

式中，C为图像的对比度。

由式(2.4.4)可知，人眼的视觉阈越小，即人眼对亮度差别的分辨能力越强，人眼所需要的灰度级数越高。同时，式(2.4.4)还表示了图像灰度级数与图像对比度存在一定关系，即灰度级数与对比度的对数成正比。也就是说，图像呈现的灰度级数越高，图像的对比度就越高，这与前文给出的对比度以及灰度的定义是相符合的。前文介绍，对比度和灰度级数都影响了显示图像的质量，那么对这两个参量有什么不同的要求呢？一般来说，字符显示对灰度级没有要求，只要有一定的对比度即可，也就是说，对于字符显示，字符呈现的是灰度级中的哪一个灰度值并不重要，只需要其能够从背景中被分辨出来并显示出白底上的黑字或黑底上的白字即可。而图形显示不仅要求高的对比度，还要求尽可能多的灰度级，从而使得图像层次分明，更加逼真。

6）可视角

显示屏的可视角一般用面向画面的上下左右的有效视场角度来表示。在国际电工委员会(IEC)公布的文件中对可视角作了以下规定：在屏幕中心的亮度减小到最大亮度的三分之一(也可以是一半或十分之一)时的水平和垂直方向的有效视场角度，如图2.40所示。不同显示器由

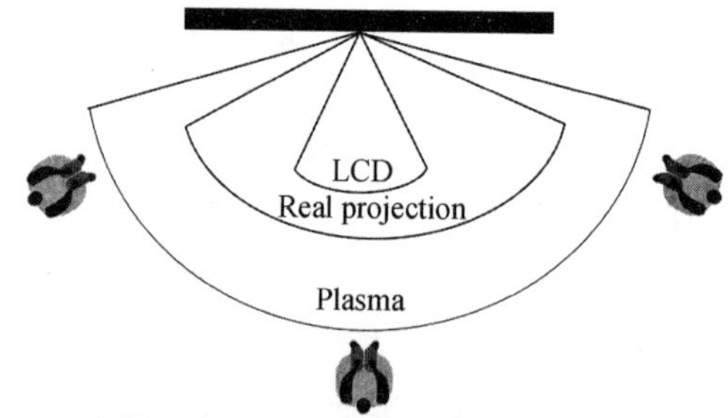

图2.40　PDP和LCD显示器的视角示意图

于显示原理不同，其视角也大相径庭，PDP相对于LCD有着更为广阔的视角，其视角能够达到160°，由于视角决定了显示器屏幕能够观看到的最大有效角度范围，因此PDP十分适合用作公共场所的大屏幕显示器。视角的具体测量方法为：首先测量正视显示屏中心点的亮度 L_0，然后水平移动测量仪器的位置，当原先测定的中心点分别在左右水平方向测得的亮度为 $L_0/3$ 时，测得左视角和右视角，二者之和即为水平视角。同样的，在垂直方向上平移显示器，而后测得上视角和下视角，二者之和即为垂直视角。

不同的显示器由于特性不同，对其视角的要求也就不同。在《数字电视液晶显示器通用规范》(SJ/T 11343—2015)中，对数字电视液晶显示屏有着水平可视角不小于120°、垂直可视角不小于80°的规定。

7) 色域

色域指某种表色模式所能表达的颜色构成的范围，也指具体设备如显示器、打印机等印刷复制所能表现的颜色范围。该指标可以表示颜色的范围和鲜明度，通常用1976 CIE均匀色度坐标中显示器件能显示的R、G、B三角形的大小来表示，三角形越大表示该显示器的色域越广。在马蹄形线框中，三角形越接近外侧则颜色的饱和度越高，越接近中心则越靠近白色。

与色域有关的另一个概念为色域覆盖率，其定义为：在1976 CIE均匀色度坐标中，显示器件的色域面积(即R、G、B三角形的面积)占 $u'v'$ 色度空间全部面积的百分数。该分数值越大，显示画面还原的色彩越多，色彩越鲜艳，显示的图像也越逼真。

不同显示器件的色域并不相同，PDP有着更大的色域，其对于真实物体的色彩还原效果更好。相对的，LCD由于色域较小，在显示时相较于真实图像会出现一定的失真。

在《数字电视液晶显示器通用规范》(SJ/T 11343—2015)中，要求LCD电视机的色域覆盖率在32%以上，对PDP、CRT电视机的色域覆盖率也规定在32%以上。

2.4.2　电视机显示图像的关键指标

以上对于显示器件主要技术指标的介绍是一种共性的讨论，对于大部分显示器件来说，上述参数都是衡量器件性能的重要组成部分。下面将对日常生活中最为常见的显示器件——电视机较有代表性的指标做进一步讨论。

1）幅型比

幅型比指显示屏的宽高比，即显示屏长边（宽）和短边（高）的比值，常用字母 K 表示，是影响画面质感的重要因素。传统的电视机屏幕幅型比为 4∶3，该值最初由托马斯·爱迪生于 1892 年发明电影时根据其实验室仪器的链轮穿孔的尺寸比确定，在后续几年，又有研究人员根据相关实验得出视觉最清楚的范围约为垂直夹角 15°，水平夹角 20°的矩形，因此 4∶3 的幅型比便被广泛应用于以电视机为代表的显示器件。而电影业为了摆脱电视带来的冲击引入了宽银幕电影，以不同的幅型比进行画面内容的制作。由此便带来了一个问题，即电视显示屏和显示画面的幅型比可能并不相同。那么如何对不同的幅型比进行处理，使得不同幅型比的显示画面可以显示在电视屏幕上呢？

一种方法是“贴黑边”，即在图像的左右或上下两侧添加黑边以保证原有幅型比的图像在另一种幅型比的显示设备上能完整地显示出来，同时保证没有原图像内容的损失且没有变形失真。但这种方法会导致大量显示空间的浪费并且影响观看的舒适度。

另一种方法是线性变换，即根据电视屏幕和显示内容原本的幅型比对显示画面进行线性变换，在左右和上下的水平方向上进行不同比例的变换，使得显示内容可以填充整个显示屏幕。这种方法使得所有的显示内容和显示屏空间都得到了利用，但是会带来图像失真的问题。

此外，还有裁剪移位、非线性变换等方法，在此不一一赘述。

但是，4∶3 的幅型比在今天看来并不是最好的选择。通过更多的研究发现，能够有效地容纳所有较小矩形的外围最大矩形的幅型比为常数 1.78≈16∶9，且根据人体工程学的研究，人眼的视野范围并不是之前所认为的 4∶3，而是一个长宽比例为 16∶9 的长方形。同时生理和心理测试表明，幅型比达到 16∶9 以上的宽幅图像有利于建立视觉临场感。此外，从技术上来说，16∶9 的屏幕更加符合切割工艺。综合以上研究，16∶9 的幅型比相对于传统的 4∶3 的幅型比有着更多的优势。

2）图像清晰度

图像清晰度指人眼分辨图像细节的清晰程度，与客观描述显示图像清晰度的分辨率不同，图像清晰度是指人主观感受到的图像的细节程度，分别用人眼在水平或垂直方向所能分辨的像素数来描述，并相应地称为水平清晰度和垂直清晰度，以行数作为单位。清晰度与人自身的因素有关，主要是人眼的视力，除此之外，电视机以及电视系统的分辨率也对清晰度有影响。

人眼的视力在这里用人眼最小分辨角 θ 表示，它表示人眼能够分辨出的最小角距。在最佳观看距离，即图像高度 4 倍的距离，定义图像清晰度如式(2.4.5)所示：

$$Z=\frac{1.5}{\theta} \tag{2.4.5}$$

其中，1.5 指人眼中间视野区视角度数。人眼视角在水平或垂直方向 1.5°时，即在人眼中间视野处的分辨率最高。对于最小分辨角 θ 分别为 $1'$、$1.5'$、$2'$的情况，Z 对应的线数分别为 900 线、600 线、450 线。这个数值表示人眼对电视图像清晰度的要求，意味着当人眼最小分辨角为 $1'$时，在有效的垂直视角 15°的范围内，电视在垂直方向上至少应该有 900 个像素。

习　题

1. 一个可认为是点光源的灯泡置于面积为 25 m^2 的正方形的屋子的中央，于是拐角处的照度最大，灯泡距地面的高度应为多少米？
   (A) 2.5　(B) 5.0　(C) 3.5　(D) 1.5
2. 国际单位制中，七个基本单位之一的坎德拉是
   (A) 光通量的单位　(B) 照度的单位
   (C) 亮度的单位　(D) 发光强度的单位
3. 等量的青染料与黄染料相加为
   (A) 红色　(B) 绿色　(C) 橘黄色　(D) 青颜色
4. 任何一个颜色都可以用孟塞尔立体上的明度、色相和饱和度这三项坐标来进行标定并给予一定的标号，从而确定一个固有的颜色，书写的方式是
   (A) 明度色相/饱和度　(B) 色相饱和度/明度
   (C) 饱和度色相/明度　(D) 色相明度/饱和度
5. 对应于获得黄、品红、青分色片的分色滤色镜的颜色分别为
   (A) 黄、品红、青　(B) 红、绿、蓝　(C) 蓝、绿、红　(D) 青、黄、品红
6. 人从日光照明下走进白炽灯照明的房间，刚开始会对灯光和房间内的白色墙壁有什么感觉？过一段时间以后呢？
7. 什么是人眼的视觉惰性？
8. 购买手机的时候，屏幕的分辨率和像素数目两个参数哪个更加重要？
9. 一台显示器在显示全白画面时实测亮度值为 200 cd/m^2，显示全黑画面时实测亮度值为 0.5 cd/m^2，显示器画面的对比度为多少？

10. 氦氖激光器发射波长为 632.8 nm 的激光束,辐射量为 5 mW,光束的发散角为 1.0×10^{-3} rad,求此激光束的光通量及发光强度。此激光器输出光束的截面(即放电毛细管的截面)直径为 1 mm,求其亮度。

11. 一个具有良好散射投射特性的球形灯,它的直径是 20 cm,光通量为 2 000 lm,该球形灯在其中心下方 2 m 处 A 点的水平面上产生的照度 E 等于 40 lx,使用下述两种方法确定球形灯的亮度:

(1) 用球形灯的发光强度;

(2) 用球形灯在 A 点产生的亮度和对 A 点所张的立体角。

12. 一个 25 W 的小灯泡与另一个 100 W 的小灯泡距离 1 m,用陆末-布洛亨光度计置于两者之间,为使光度计内漫射白板的两表面有相等的光照度,该漫射白板应放在何处?

习题答案

1. A 2. D 3. B 4. D 5. C

6~8. 参考本章教材内容。

9. $C=\dfrac{L_{\max}}{L_{\min}}=\dfrac{200}{0.5}=400$

10. 波长 632.8 nm 的光的光谱光效率函数值为 $V(\lambda)=0.238$,$K_{\mathrm{m}}=\dfrac{683\ \mathrm{lm}}{W}$,则其激光束的光通量为 $\Phi_{\mathrm{v}}=K_{\mathrm{m}}\times V(\lambda)\times\Phi_{\mathrm{e}}=683\times0.238\times5\times10^{-3}=0.813\ \mathrm{lm}$

1 弧度=1 单位弧长/1 单位半径,1 立体角=以该弧长为直径的圆面积/1 单位半径的值的平方,则光束的发散角为 1.0×10^{-3} rad 时的立体角为

$$\Omega=\frac{\pi}{4}\alpha^{2}=\frac{\pi}{4}(1.0\times10^{-3})^{2}=0.785\times10^{-6}\,\mathrm{sr}$$

发光强度为:$I_{\mathrm{v}}=\dfrac{\Phi_{\mathrm{v}}}{\Omega}=1.035\times10^{6}$ cd;

亮度为:$L_{\mathrm{v}}=\dfrac{I_{\mathrm{v}}}{\cos\theta\cdot A}=\dfrac{I_{\mathrm{v}}}{\pi r^{2}}=1.318\times10^{12}\ \mathrm{cd/m^{2}}$

11. (1) 用发光强度计算,球形灯的发光强度为

$$I=\frac{\Phi}{4\pi}$$

$$\mathrm{d}S_{\mathrm{n}}=\pi r^{2}$$

球形灯的亮度为

$$L=\frac{I}{\mathrm{d}S_{\mathrm{n}}}=\frac{2\ 000}{\pi\times0.1^{2}}=5\ 066.1\ \mathrm{cd/m^{2}}$$

(2) 对 A 点所张的立体角为

$$\mathrm{d}\Omega=\frac{\pi r^{2}}{l^{2}}=\frac{\pi(0.1)^{2}}{4}$$

求得球形灯的亮度为

$$L=\frac{\Phi}{\mathrm{d}\Omega\mathrm{d}S_{\mathrm{n}}}=\frac{E}{\mathrm{d}\Omega}=5\ 093.0\ \mathrm{cd/m^{2}}$$

12. 令小灯泡的发光强度为 I_1，漫射板 T 距小灯泡 l_1，大灯泡的发光强度为 I_2，漫射板距大灯泡 l_2。假定灯泡的光谱光视效能相同，由 $\Phi_{\mathrm{v}}=K\Phi_{\mathrm{e}}$ 和 $I=\frac{\Phi}{4\pi}$ 得 $I_2=4I_1$。因为照度相等，有

$$\begin{cases}\frac{I_1}{l_1^2}=\frac{I_2}{l_2^2}\\ l_1+l_2=1\end{cases}$$

联立发光强度的关系式得

$$\begin{cases}l_1=0.33\ \mathrm{m}\\ l_2=0.67\ \mathrm{m}\end{cases}$$

参考文献

[1] 高鸿锦，董友梅，等. 新型显示技术：上册[M]. 北京：北京邮电大学出版社，2014.

[2] 郝允祥，陈遐举，张保洲. 光度学[M]. 北京：中国计量出版社，2010.

[3] 胡成发. 印刷色彩与色度学[M]. 北京：印刷工业出版社，1993.

[4] 蒋继旺，王秀泽，王荣，等. 应用色度学[M]. 北京：解放军出版社，1995.

[5] 汤顺青. 色度学[M]. 北京：北京理工大学出版社，1990.

[6] 吴乐华，杜鹉. 图像通信基础[M]. 北京：电子工业出版社，2017.

[7] 华东师大光学教材编写组. 光学教程[M]. 6 版. 北京：高等教育出版社，2019.

[8] 朱元泓，贺文琼，许向阳. 印刷色彩[M]. 北京：中国轻工业出版社，2013.

[9] Melikov R. Protein Integrated Light-Emitting Diodes[EB/OL]. (2016-

09）[2022-10-12]. http://www. researchgate. net/publication/326082753_Protein_Integrated_Light-Emitting_Diodes.

[10] Fotios S, Goodman T. Proposed UK guidance for lighting in residential roads[J]. Lighting Research & Technology, 2012, 44(1): 69－83.

[11] Bass M, DeCusatis C, Enoch J, et al. Handbook of Optics: Volume Ⅱ Design, Fabrication, and Testing; Sources and Detectors; Radiometry and Photometry[M]. 3rd ed. New York: McGraw-Hill Professional, 2009.

[12] Westland S. USC Diagrams; Uniform Chromaticity Scales; Yu′v′[M]//Luo M R. Encyclopedia of Color Science and Technology. New York: Springer, 2016: 1243－1245.

[13] Suzer O K, Olgunturk N, Guvenc D. The effects of correlated colour temperature on wayfinding: A study in a virtual airport environment[J]. Displays, 2018, 51: 9－19.

[14] Purves D, Augustine G J, Fitzpatrick D, et al. Neuroscience[M]. 2nd ed. Sunderland, MA: Sinauer Associates, 2001.

[15] 贝尔,等. 神经科学:探索脑:第2版[M]. 王建军,译. 北京:高等教育出版社,2004.

[16] Carr B J, Stell W K. The Science Behind Myopia[EB/OL]. (2017-08)[2022-10-12]. https://www. ncbi. nlm. nih. gov/books/NBK470669.

[17] Ramamurthy M, Lakshminarayanan V. Human Vision and Perception[M]// Karlicek R, Sun C-C, Zissis G, et al. Handbook of Advanced Lighting Technology. Cham: Springer, 2015: 1－23.

[18] 王书路. 基于人眼视觉特性的三维显示研究[D]. 合肥：中国科学技术大学,2016.

[19] 孙玉霞. 数字电视技术与人眼的视觉特性[J]. 江苏技术师范学院学报，2003(4)：61－64.

[20] 王永超，张志东，周璇. 向列相液晶弹性各向异性诱导液晶盒产生漏光的研究[J]. 液晶与显示，2015，30(6)：949－959.

[21] 冯伟，张然，梁恒镇，等. ADS TFT-LCD 漏光敏感性影响因素研究与改善[J]. 液晶与显示，2018，33(12)：989－995.

[22] 王联，杨庆华. 4∶3 和 16∶9 两种幅型比的处理和选择[J]. 影视制作，2002(11)：9－11.

[23] 武建民. 如何选择和使用 16∶9 和 4∶3 显示屏幕[J]. 家电检修技术，2012(21)：1.

第 3 章　液晶显示技术

液晶显示技术作为发展历史最为悠久、产业化最为成熟的显示技术，其应用范围极其广泛，不仅在技术层面上，而且在商业化方面也达到了极致。它不仅深入人们的日常生活中，而且被广泛应用于电视、手机、移动通信、公共显示器、数字设备以及制造设备等，从而引发了一场前所未有的技术革新。它自 20 世纪被发现以来，经过几十年的发展，已然成为当代人们获取信息的重要媒介之一，因此液晶显示技术是我们学习显示技术时必须认真对待的一个部分。

液晶显示技术所涵盖知识领域之宽、器件种类之多样，要求同学们对材料学、物理学、光学等学科的相关知识有所了解。本章将提炼液晶显示技术的核心原理与知识，让同学们把握技术主干，希望同学们在未来的学习中努力研究、积极创新该项技术。

3.1　液晶基础知识

3.1.1　液晶研究发展历史

液晶材料在我们生活中的许多方面发挥着巨大作用。液晶材料的首次产品应用是在 1968 年，第一块商业化、实用化液晶显示屏(LCD)横空出世，这标志着崭新科技产品的开端。液晶研究发展历史重要事件与时间见表 3.1.1 所示。

表 3.1.1　液晶研究发展历史重要事件与时间

19 世纪末到 20 世纪初——液晶材料理论建立	
1888	奥地利植物学家 Friedrich Reinitzer 发现液晶相变现象
1922	法国的 Georges Friedel 将三种主要的液晶相命名为近晶相、向列相和胆甾相

续表

1927	俄罗斯的 Vsevolod Frederiks 首次设计出一种电动开关光阀，实现电转换光阀过渡，这是所有液晶显示技术的基本效应
1929	德国的 Zocher 和 Birstein 首次研究了磁场和电场对液晶的影响
1936	英国马可尼无线电报公司的 Barnett Levin 和 Nyman Levin 获得了液晶光阀的第一项专利
1959	美国 MIT 贝尔实验室的 Mohamed M. Atalla 和 Dawon Kahng 发明了 MOSFET(金属氧化物半导体场效应晶体管)
20 世纪 60 年代到 70 年代——由液晶材料到显示屏	
1963	Richard Williams 报告了在电激发下向列液晶中畴的形成
1966	胆固醇液晶被用于热成像和医学的温度指示器，后来也用于时尚物品和化妆品
1967	Bernard Lechner、Frank Marlowe、Edward Nester 使用连接到设备的分立 MOS(金属氧化物半导体)晶体管在实验室搭建第一块以 24 帧速率运行的液晶显示屏
1968	由 George Heilmeier 领导的美国 RCA 实验室的一个研究小组开发出第一款基于 DSM(动态散射模式)的液晶显示屏以及第一款使用胆甾型和向列型液晶混合物的双稳态液晶显示屏，引发了全球范围内进一步开发液晶显示屏的热潮
1969	俄亥俄州肯特州立大学液晶研究所副所长 James Fergason 发现了 TN(扭曲向列)场效应
1970	Hosiden 和 NEC 制造了第一块使用共面电极结构进行面内切换（IPS）的液晶显示屏
1972	Hoffmann La Roche 公司的 Wolfgang Helfrich 和 Martin Schadt 制造了第一台扭曲向列液晶显示设备
1973	英国 BDH 公司的 G. Gray 发明了联苯液晶材料，实现了具有更好操作性能和更低成本的液晶显示屏的制造
1975	E. Merck 公司的 Ludwig Pohl、Rudolf Eidenshink 开发出更稳定的非酯类氰基苯基环己烷液晶材料，并广泛应用于 TFT(薄膜晶体管)液晶显示屏
1979	邓迪大学的 Peter Le Comber 和 Walter Spear 发现氢化非晶硅（Alpha-Si:H）薄膜晶体管适用于驱动液晶显示屏，这是产生液晶电视和计算机显示器的重大突破
20 世纪 80 年代到 90 年代——创新如雨后春笋般涌现	
1983	诹访精工社的真住真司展示了世界上第一台 2 in 商用彩色液晶电视，其液晶显示器由多晶硅薄膜晶体管的有源矩阵驱动；这是液晶显示技术发展的一个重要里程碑，并开始推动大屏幕显示器的发展

续表

1985	Terry Scheffer 和 Jurgen Nehring 在瑞士 Brown Boveri 搭建了第一个基于 STN(超级扭曲向列)场效应原理的液晶屏
1988	日本夏普实验室的 Hiroshi Take、Kozo Yano 和 Isamu Washizuka 建造了世界上第一台无缺陷的 14 in 彩色有源矩阵液晶显示屏,由非晶硅 TFT 制成
1992	日立开发出 IPS 和超级 IPS 液晶显示设备
1996	三星开发出实现多域液晶显示的光学图案化技术;多域和平面切换在 2006 年仍然是主要的液晶显示屏设计
1997	富士通公司合作开发了一台基于垂直配向(Vertical Alignment,VA)液晶技术的液晶显示屏视频显示器;这台显示器在无电压时呈现黑屏，而且具有优异的对比度
21 世纪以来——液晶显示技术多领域发展	
2001	三星生产出 42 in TFT 液晶显示屏,标志着液晶大屏化工艺走向成熟
2002	LCD 取代阴极射线管(CRT)显示器成为桌面显示器
2007	液晶电视的图像质量超过了 CRT 电视的图像质量;本年第四季度,液晶电视的全球销量首次超过 CRT 电视;液晶电视在电视产业内呈现出统治地位

液晶是一种独特的高分子材料,在其形成过程中,溶剂的存在使得其处于液体与凝固的双重状态。如何将该材料发挥出显示功能,这就涉及液晶材料化学、液晶物理学、液晶光学的相关知识,下面将逐节展开介绍。

3.1.2 液晶材料基础

1888 年,奥地利植物学家 Friedrich Reinitzer 在他的研究中取得了重大突破,发现了液晶这种特殊材料。他从一种植物中成功提取了一种叫做螺旋性甲苯酸盐的化合物,并且在进行加热实验的过程中,意外发现它的熔点存在两个明显的差异。它的状态介于液态和固态之间,有点像肥皂水的胶状溶液,但在特定的温度范围内,它可以表现出液体和结晶的双重性质,因此被称为 liquid crystal (液晶)。而经过百余年的发展,通过研究发现或者人工合成的液晶材料已经拓展至几千种,由此也衍生出众多的分类方式。一种被广泛接受的分类方式是将液晶材料划分为热致和溶致两大类,其中热致液晶在显示技术中应用最为广泛,基于液晶材料在显示技术上的应用,本章所述的液晶均指热致液晶。

热致液晶是一种特殊的物质,它的特性是在一定温度范围内才表现出液晶状的结构。因此,液晶显示器需要保持适当的温度才能正常运行。如果温度超过了正常范围,液晶材料就会失去其原有的液晶状态,从而导致显示器件暂时无法正常运行,甚至可能永久性损坏。

1) 液晶相态结构

从微观上看,可以将大部分液晶分子看作长条的棒状分子。根据图 3.1,我们可以把液晶材料划分为三种类型:近晶相、向列相和胆甾相。这三种类型的液晶分子都具有不同的排列情况,分别为丝状、层状、螺旋状。这种分类法是由 G. Friedel 在 1922 年提出的,沿用至今。

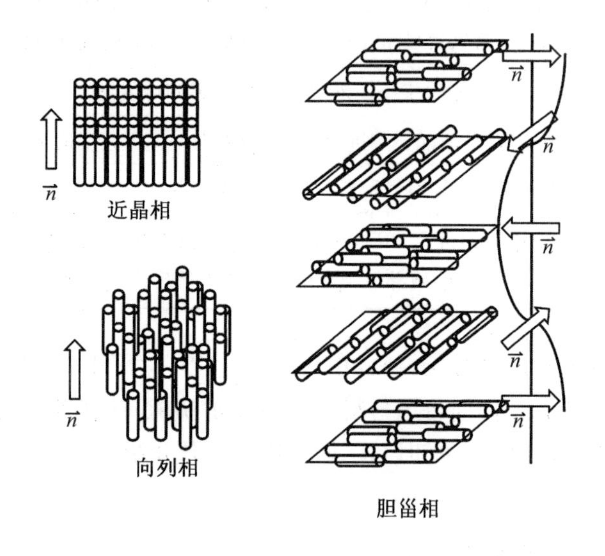

图 3.1　几种液晶材料内部结构示意图

(1) 近晶相液晶

根据图 3.1 左上图所示,近晶相液晶分子呈现出多层次的结构,在截面方向上排列有序,且各层的长轴方向保持一致。在不同的近晶相液晶层中,分子的排列方式会有所差异,从而形成各种亚相。如图 3.2 所示为 S_A、S_B、S_C 等不同亚相近晶相液晶的分子排列。该液体的黏着能力显著优于其他物质,而且具有卓越的双折射能力。

近晶相液晶物质的结构特征可以概括为:它的主要成分是棒状(条形或碟形)的分子,这些分子可以按照一定的顺序排列,并且在层内呈现出垂直或倾斜的排列；分子的排列极其整齐，它们的规整性可以与晶体相媲美，具有二维的有序性，而且分子的质心位置在层内没有固定的方向，可以自由移动，因此具有良好的流动性，但是黏度也较高；分子能够在不同的层次中自如地运动，而不会受到上下层的限制，因此它们拥有非常高的空间结构稳定性。

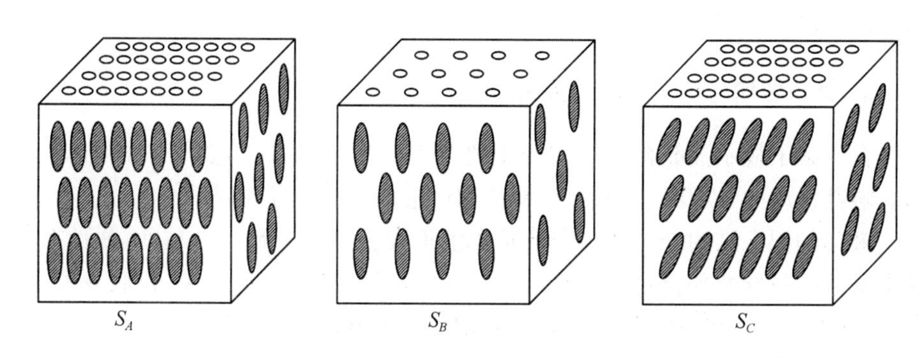

图 3.2　S_A、S_B、S_C 近晶相液晶分子排列示意图

(2) 向列相液晶

向列相液晶是显示技术领域最常见的一种液晶。近晶相液晶在温度升高时会逐渐转变为向列相液晶。如图 3.1 左下方所示，向列相液晶具有近晶相液晶的部分特征：所有液晶分子的长轴大体上都指向一个方向，但是在截面方向上的排列又有所不同。从宏观上看，其重心处于不稳定的状态，使得它们可以在三维空间内自由穿梭，犹如液体般流动。由于具有独特的单轴晶体结构，向列相液晶拥有卓越的介电各向异性，这使它在光学领域表现出了卓越的特性。

结构上独特的流动特征使得向列相液晶的运动模式与普通的液体非常不同，无法形成层状结构，但却可以上下、左右地滑动，并且在其长轴方向上保持了一定的平行度，同时，分子之间的短距离相互作用也非常微弱。施加外部电场会对具有介电各向异性的向列相液晶分子产生影响，这将会改变它们的结构和特征，进而影响它们的光学特性，并且可以将光线调节到适当的强度，从而达到显示的效果。

(3) 胆甾相液晶

如图 3.1 所示，胆甾相液晶的结构和特征明显不同于向列相和近晶相液晶，表现出显著的差异。胆甾相液晶在不同层间呈现旋转对称的手性液晶结构，每一层分子都会在垂直方向上旋转一个角度，以达到它们的目标位置。旋转方向可以是左旋，也可以是右旋。当液晶分子旋转到 360°时，我们将其垂直距离称为一个螺距(P)。随着外界温度、电场强度的变化，螺距也会有所不同。随着温度的升高，螺距越来越靠近某个特定的光谱波长，这就使得布拉格散射发生，最终形成了独特的颜色。这种独特的结构,使得胆甾相液晶具有旋光性、选择光散射性和圆偏振光二色性等优异的光学性质,为显示技术的发展提供了重要的支持。在这类手性液晶化合物中有一些非常重要的相态,比如蓝相,它们的特征非常复杂,由于篇幅原因本章不做详细的介绍,感兴趣的同学请自行在课后查阅相关资料进行学习。

2) 材料结构与特性之间的关系

在了解了显示液晶相态结构的主要分类之后,我们还需要了解其结构是怎么影响其性质的,以及显示液晶材料该如何选取并最终成功应用。

液晶的相态结构会对其物理性质产生重大影响,包括温度、黏度、弹性系数、介电常数各向异性和折射率各向异性。其中,对于显示技术来说,我们主要关注温度、黏度、介电常数各向异性 $\Delta\varepsilon$ 与折射率各向异性 Δn。

(1) 温度

这里的温度指代液晶材料中多个重要的温度参数。相变温度(p. t)表示化合物从一种状态变为另一种状态所需的温度。熔点(m. p)是衡量一种化合物在由固体状态转变为液体状态时的温度。清亮点(c. p)指化合物由液晶相态到各向同性的转变温度。此外,还有不同液晶相态之间的转变温度,如 $T_{S\text{-}N}$ 指的是化合物由近晶相到向列相的转变温度。

一般来说,分子的刚性越强,它们之间的结合就越紧密,液晶的热稳定性会更高,清晰度也会更好,液晶相的工作温度范围也就更广。

(2) 黏度

黏度是一种用于衡量物质在某一物质中的流动程度、运动情况的指标。当物质被划分为多个层时,它们之间的接触面可能形成一种黏滞力,也可能形成一种内摩擦力,进而影响物质的流动性能。旋转黏滞系数(r)对液晶分子的指向矢在电场和磁场中的重新定向具有至关重要的作用,它可以显著地影响液晶分子的反应速度,即响应时间。经过实践,有以下关系:

$$\tau \propto r d^2 \tag{3.1.1}$$

式中,τ 为响应时间;d 为液晶盒厚度;r 的大小一般在 0.02~0.5 Pa・s。

随着黏度的降低,显示器件的反应能力会大大提升。

(3) 介电常数各向异性

$$\Delta\varepsilon = \varepsilon_{\parallel} - \varepsilon_{\perp} \tag{3.1.2}$$

式中,$\varepsilon_{\parallel}$ 和 $\varepsilon_{\perp}$ 分别指液晶分子的平行介电常数和垂直介电常数,它们反映了液晶分子在横轴与纵轴之间的极性差异。当 $\Delta\varepsilon$ 超过零时,p 型(正性)液晶的分子轴将朝着与电流方向相同的方向转动;反之,n 型(负性)液晶的分子轴将朝着与临时性流方向相反的方向转动。当电场强度足够大时,液晶分子的最终排列方向变为平行或者垂直于电力线的方向,如图3.3所示。

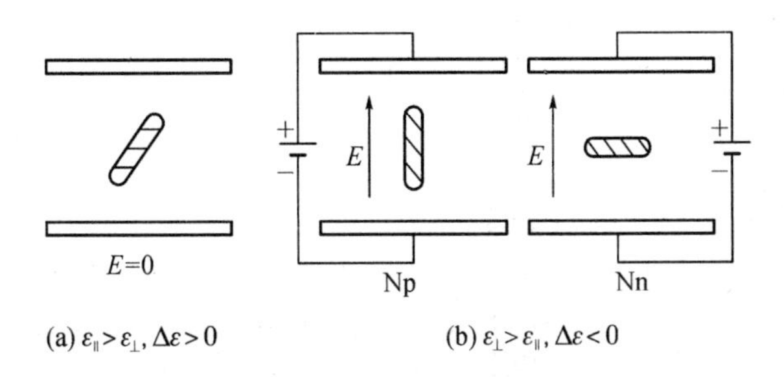

图3.3 正性液晶与负性液晶在电场作用下的不同反应

(4) 折射率各向异性

$$\Delta n=n_e-n_o \tag{3.1.3}$$

式中,n_e、n_o分别代表液晶分子对非寻常光和寻常光的折射率。

不同液晶材料的n_o值的变动很小,通常只有1.5,但是其分子结构的不同却会显著地改变液晶材料的n_e值。不同相态液晶在不同方向的折射率示意图如图3.4所示。

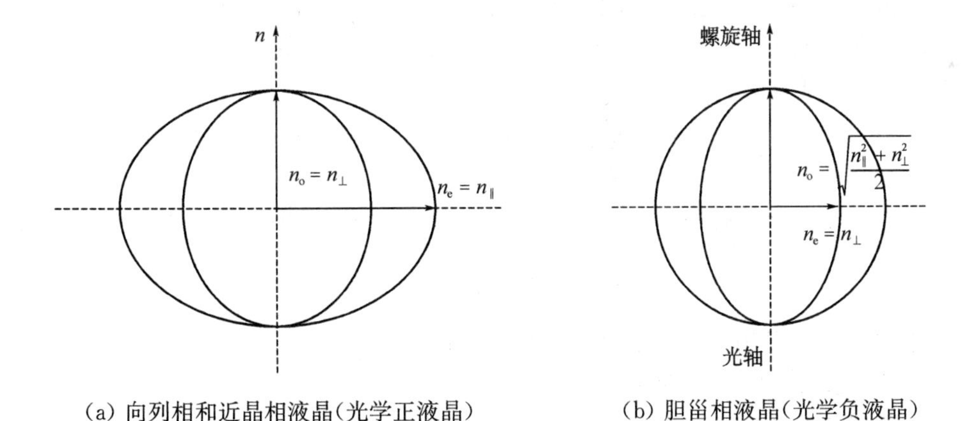

(a) 向列相和近晶相液晶(光学正液晶)　(b) 胆甾相液晶(光学负液晶)

图3.4 不同相态液晶在不同方向下的折射率示意图

在现实应用中,往往将多种液晶材料混合在一起(通常为10~20种)使用。这是因为每种单独的液晶都有其独特的优势,无法满足所有液晶显示技术的需求。为了获得优异的综合性能,我们必须通过调配混合液晶来实现。例如,一个成熟的液晶显示器件应具备快速响应、低工作电压、宽视角等特性,所以对应地需要选择具有低旋转黏度、高介电常数各向异性、与液晶盒厚度相匹配的Δn等特性的材料混合。在之后的章节中，将会以不同显示模式来展开讲解这部分内容。

3.1.3 液晶物理基础

1）序参数的引进

前文已经介绍，液晶，尤其是应用广泛的向列相液晶，具有分子结构的不规则性，与传统液体非常相似。然而，从分子角度看，其与传统液体又有所不同，棒状的向列相液晶分子具有独特的各向异性，分子排列越整齐，缺陷就越少，越接近固态，整体的各向异性也就越明显。然而，无论采取何种技术手段，液晶材料的分子结构都无法完全保持一致，从而难以用传统的矢量来表示其分子取向。因此，我们提出一个新的指标“有序参数”，它可以反映该分子的取向有序性水平。用 S 来表示，有序参数的值被定义为

$$S=\frac{1}{2}(3\cos^2\theta-1) \tag{3.1.4}$$

式中，θ 为分子长轴与指向矢 $\vec{n}$ 的夹角。

液晶材料的有序参数会随着温度的变化而发生变化，但通常不会受到强电场或强磁场的影响。随着温度的升高，有序参数会减少，这将导致液晶显示器件的显示质量大幅降低。

对于各向同性液体，$S=0$；理想晶体在 $T=0$ K 时，$S=1$；而液晶的 S 一般在 0.3～0.8。

向列相液晶的有序参数 S 与温度的关系可近似表示为

$$S=K\frac{T_L-T}{T_L} \tag{3.1.5}$$

式中，T_L 是向列相液晶的清亮点温度（℃）；K 是比例系数；T 是向列相液晶的当前温度（℃）。

图 3.5 形象地表现了有序参数与温度的关系。S 值的变化会对液晶显示器件的折射率、介电常数、磁化率等各向异性特征产生重要影响，进而决定了其最终的性能表现。

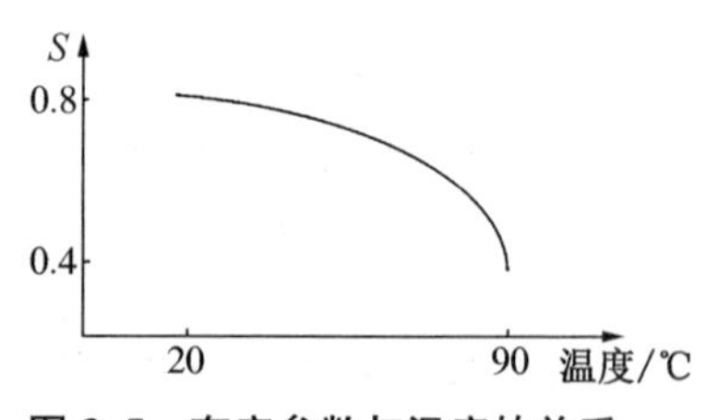

图 3.5 有序参数与温度的关系

2）液晶连续体理论

液晶连续体理论是一种有效帮助我们更好地理解液晶材料在受到外部环境

影响时发生形态形变和动态性质的方法。

当原子和分子的运动速度相对于其长度要大得多，而且运动的速度大小也比较平稳时，那么可以将这些物质的微观结构看作连续的实体，从而更好地表达出它们的宏观物理特征。由于液晶分子的体积极小，因此它们的形态和大小在短时间内几乎不会发生显著的改变。因此，对于液晶的许多重要物理现象，我们可以抛开其中的单一组成部分，将液晶视为一种连续的介质，进行深入的研究。

在液晶体内部，液晶分子受到三种不同的力的影响：分子间的相互作用、界面的相互影响以及外部环境的影响。

若无外界因素的干扰，液晶分子的指向矢的方向会趋于稳定。然而，随着外界因素的改变，指向矢也会相应地改变，直至外界因素完全消失，指向矢才能回归正常。因此，我们可以把液晶看作一种具有弹性的连续物体，它在受到外界力的作用下，会出现弹性形变。根据图3.6，液晶体内发生的弹性形变可以分为三种：展曲、扭曲和弯曲。

基于连续体的弹性形变经过实验测定了多种弹性系数，其中包括展曲弹性系数 K_{11}、扭曲弹性系数 K_{22} 和弯曲弹性系数 K_{33}，这些系数的大小取决于液晶分子畸变的程度，如图3.7所示。

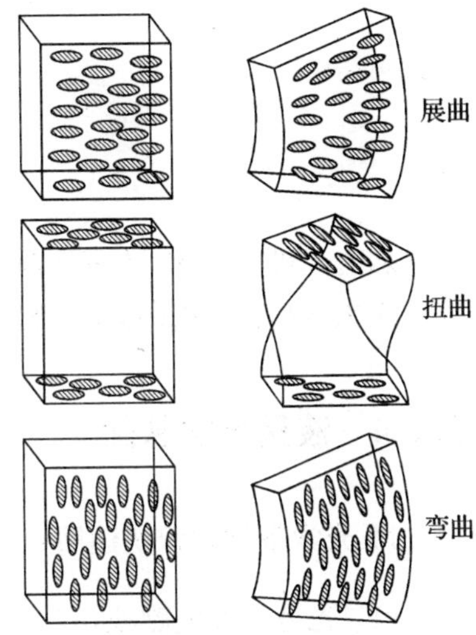

图3.6　液晶体内发生的3种弹性形变

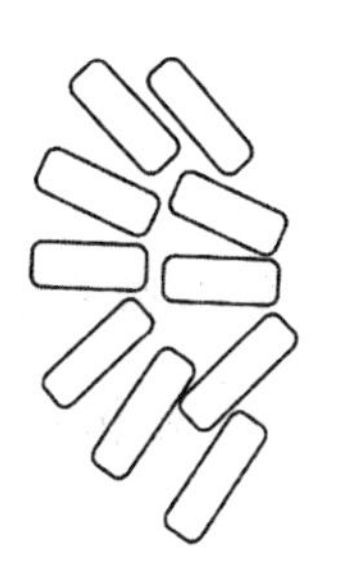

展曲弹性系数 K_{11}

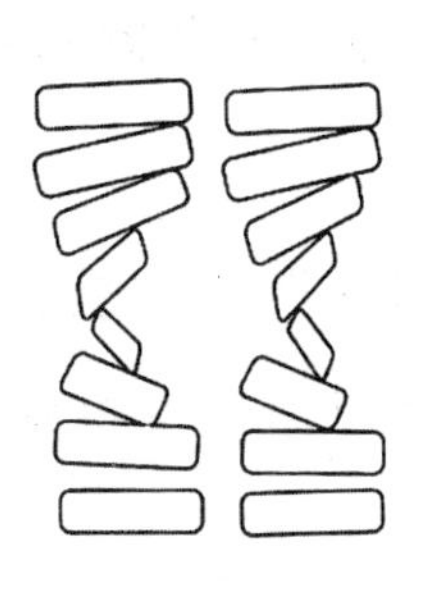

扭曲弹性系数 K_{22}

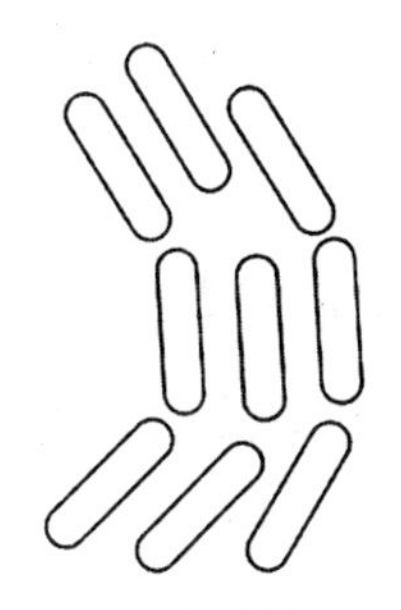

弯曲弹性系数 K_{33}

图3.7　不同畸变形态的弹性系数

而能使液晶分子排列发生变化的临界电场 E_c 可以表示为：

$$E_c=\frac{\pi}{d}\sqrt{\frac{K_{ii}}{|\Delta\varepsilon|}} \tag{3.1.6}$$

式中，d 为液晶盒厚度；K_{ii} 为弹性系数，有以下几种情况：

① 当液晶分子初始排列为沿玻璃表面平行排列时，$K_{ii}=K_{11}$；

② 当液晶分子初始排列为沿玻璃表面垂直排列时，$K_{ii}=K_{33}$；

③ 当液晶分子初始排列为扭曲行排列时，$K_{ii}=K_{11}+(K_{33}-2K_{22})/4$。

此时的外加电场称为阈值电压 V_{th}，即

$$V_{th}=E_c\times d$$

因此可得

$$V_{th}=\pi\sqrt{\frac{K_{ii}}{|\Delta\varepsilon|}} \tag{3.1.7}$$

从上式可以看出，改变液晶分子的排列方向所需要的外加电压 V_{th} 与液晶盒厚度无关，仅与弹性系数 K_{ii} 和介电常数各向异性 $\Delta\varepsilon$ 有关。

3.1.4 液晶光学基础

1）光学基础知识快速回顾

（1）光是一种电磁波，它在真空中传播的速度为

$$c=\frac{1}{\sqrt{\varepsilon_0\mu_0}} \tag{3.1.8}$$

式中，ε_0、μ_0 分别是真空中的介电常数和磁导率；$c\approx3\times10^8\,\text{m/s}$。

（2）当光在介质中传播时，电磁波的传播速度为

$$v=\frac{1}{\sqrt{\varepsilon\mu}} \tag{3.1.9}$$

（3）电磁波在真空中的传播速度 c 与它在介质中的传播速度 v 的比值 n 称为介质对电磁波的折射率，引入相对介电常数 $\varepsilon_r=\frac{\varepsilon}{\varepsilon_0}$ 和相对磁导率 $\mu_r=\frac{\mu}{\mu_0}$，即

$$n=\frac{c}{v}=\sqrt{\varepsilon_r\mu_r} \tag{3.1.10}$$

通过上述公式，我们可以推断出介质的光学折射与其介电常数和磁导率之

间的关系。随着介质的折射率增加，光的传播速度会变得更加缓慢。

(4) 偏振光的产生

① 偏振光是一种具有明显的方向和大小变化的光。

② 光的性质决定了它是否具有偏振性，因此通常将光划分为偏振光、自然光和部分偏振光。

③ 任一稳定偏振光都可以用两个振动方向互相垂直、相位有关联的线偏振光来叠加表示。

④ 自然光可以用两个光矢量互相垂直、大小相等、相位无关联的线偏振光来表示，但不能将这两个相位无关联的光矢量合成为一个稳定偏振光。

⑤ 起偏器可以调节光的方向，使其能够被转换成偏振光。检偏器则可以用来测试光的方向，它可以根据光的强度测量出光的偏振方向与自身透光方向的夹角。马吕斯定律指出，光强 I 与两个器件透光轴的夹角 θ 的关系为

$$I = I_{o}\cos^{2}\theta \tag{3.1.11}$$

式中，I_{o} 为入射光的光强。

2) 晶体的光学特性

(1) 晶体的双折射现象

当一束光线在空气与双折射晶体的截面折射时，折射光线将分为两束，这种现象称为双折射现象。这两束折射光线均为线偏振光。

其中一束光线的折射行为受到折射定律的约束，它的特性表现为：无论入射光的方向如何，它都会被聚焦于由入射光和界面法线构成的入射面上，而且入射角的正弦值与折射角的正弦值之间的比值保持恒定。这种折射光被称为普通光，也被称为 o(ordinary)光。

而另一束特殊折射光线的折射角与入射角的正弦值之比并不一定是固定的，而且它们通常不会被折射到入射面上，这就违反了折射定律，因此这种折射光被称为非常光或 e(extraordinary)光。

晶体结构中还有一个独特的光入射方向。在该方向上，光线穿过晶体表面沿着一条直线传播，而不出现双折射的情况，这条直线就被称为晶体的光轴。与此方向平行的任何直线都可以看作晶体光轴。

如果光照射到晶体表面时会出现双折射现象，这表明该晶体具有明显的各向异性。其特性为光照射到这个物质时，它会以不同的方向和速度在该物质内部传播。

通常，晶体具有三个相互垂直的中心轴，它们构成了笛卡尔坐标系，而沿着这三个中心轴方向的介电常数 ε_x、ε_y、ε_z 则被称为晶体的主介电常数。基于这三

个主介电常数也可将晶体分为如下三类：

① 第一类晶体中三个主介电常数相等，即$\varepsilon_x=\varepsilon_y=\varepsilon_z$，这类晶体是光学各向同性的。

② 第二类晶体中有两个主介电常数相等，如$\varepsilon_x=\varepsilon_y\neq\varepsilon_z$，此时光轴方向平行于$z$轴，称这类晶体为单轴晶体，如石英、红宝石等。大部分液晶材料具有单轴晶体的光学性质。

③ 第三类晶体对应于$\varepsilon_x\neq\varepsilon_y\neq\varepsilon_z$的情况，一般有两个光轴方向，这类晶体称为双轴晶体，如云母、蓝宝石。只有极少量的液晶材料具有双轴晶体的光学特性。

(2) 光在单轴晶体中的传播

单轴晶体的光学特性可以用下列公式进行描述：

$$\begin{cases}\varepsilon_x=\varepsilon_y\neq\varepsilon_z\\ n_x=n_y=\sqrt{\varepsilon_{rx}}=n_o\\ n_z\approx\sqrt{\varepsilon_{rz}}=n_e\end{cases}\tag{3.1.12}$$

式中，n_o和n_e分别是单轴晶体的o光折射率和e光折射率，$n_o\neq n_e$；ε_{rx}与ε_{rz}为x轴和z轴方向上的相对介电常数。同时可知，主轴x、y可以在垂直于z轴的平面里任意选取。

3) 液晶的光学特性

液晶显示出独特的光学性质，这是因为它们具有单轴晶体的特性，使得它们具有光学各向异性。液晶显示器的设计和制造通常基于液晶的几个主要光学特性。

(1) 液晶具有独特的双折射特性。这是由于它们的折射率具有各向异性，就像单轴晶体一样。如图3.8所示，在向列相和近晶相液晶中，分子长轴指向矢$\vec{n}$的方向就是单轴晶体的光轴，$n_o=n_\perp$，$n_e=n_\parallel$。折射率各向异性Δn可由下式求得：

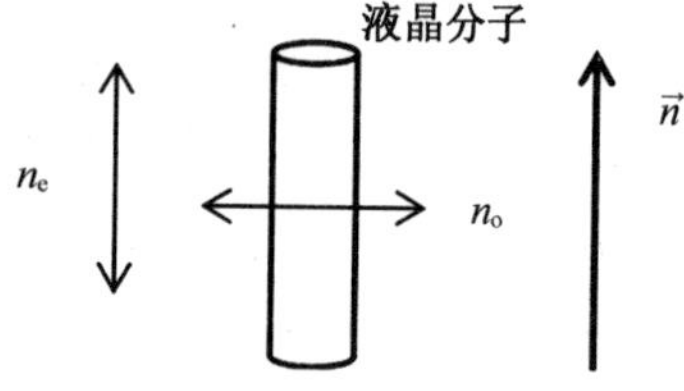

图3.8 液晶双折射率关系示意图

$$\Delta n=n_e-n_o=n_\parallel-n_\perp\tag{3.1.13}$$

一般情况下，在向列相液晶和近晶相液晶中，$n_\parallel>n_\perp$，所以向列相和近晶相液晶具有正的光学性质。

而在胆甾相液晶中，光轴与液晶分子长轴指向矢$\vec{n}$的方向垂直，并有如下关系式：

$$\begin{cases} n_o=\sqrt{\dfrac{1}{2}(n_\parallel^2+n_\perp^2)} \\ n_e=n_\perp \end{cases} \tag{3.1.14}$$

在 $n_\parallel > n_\perp$ 的情况下，由以上两式可知

$$n_e^2-n_o^2=\frac{1}{2}(n_\perp^2-n_\parallel^2)<0 \tag{3.1.15}$$

因此，$\Delta n=n_e-n_o<0$，即胆甾相液晶具有负的光学性质。

(2) 液晶的各向异性结构能使入射光的前进方向向液晶分子长轴(即指向矢 $\vec{n}$)方向偏转。当入射光与液晶分子长轴的夹角为 θ 时，进入液晶的光可以分解为平行和垂直于液晶分子长轴的两个分量，它们的速度分别为 $v_\parallel$ 和 $v_\perp$。速度为 $v_\parallel$ 的光的折射率为 $n_\perp$，速度为 $v_\perp$ 的光的折射率为 $n_\parallel$，所以有

$$v_\parallel=\frac{c_\perp}{n_\parallel}=\frac{c\cos\theta}{n_\parallel} \tag{3.1.16}$$

$$v_\perp=\frac{c_\perp}{n_\perp}=\frac{c\cos\theta}{n_\perp} \tag{3.1.17}$$

由于 $n_\parallel > n_\perp$，因此液晶中总光速方向与液晶分子长轴的夹角变小，即进入液晶之后，光线的传播方向将沿液晶分子长轴的方向偏转。

(3) 液晶的各向异性结构能改变入射光的偏振状态或偏振的方向。假设液晶指向矢 $\vec{n}$ 与 x 轴一致，沿 z 轴方向入射的线偏振光的电矢量大小为 E_0，其振动方向与 x 轴成 θ 角。设在 $z=0$ 处，电矢量在 x、y 方向上的分量分别为 E_x、E_y，则行进到 $z=z_0$ 处，偏振光的偏振状态可以用以下两式表示：

$$E_x=E_0\cos\theta\sin(\omega t-\omega\frac{n_\parallel}{c}z) \tag{3.1.18}$$

$$E_y=E_0\sin\theta\sin(\omega t-\omega\frac{n_\perp}{c}z) \tag{3.1.19}$$

入射光的偏振状态表达式可以根据以上两式推导得出

$$\left(\frac{E_x}{\cos\theta}\right)^2+\left(\frac{E_y}{\sin\theta}\right)^2-2\frac{E_xE_y}{\cos\theta\sin\theta}\cos\delta=E_0^2\sin^2\delta \tag{3.1.20}$$

式中，$\delta=(n_\parallel-n_\perp)\dfrac{\omega_z}{c}$(其中，$c$ 为光速，ω_z 为光的角频率)。

当 $\theta=0$ 或 $\dfrac{\pi}{2}$ 时，$E_x=0$ 或 $E_y=0$，即入射的线偏振光方向不发生变化；而当 $\theta=\dfrac{\pi}{4}$ 时，则有

$$E_x{}^2+E_y{}^2-2E_xE_y\cos\delta=\frac{E_0^2\sin^2\delta}{2} \tag{3.1.21}$$

随着光线沿 z 轴方向行进，δ 由零逐渐变大，偏振光将按照线偏振光、椭圆偏振光、圆偏振光、椭圆偏振光、线偏振光的顺序变化，线偏振光的偏振方向也发生了变化。这也是液晶的旋光性。

(4) 对于胆甾相液晶来说，液晶的各向异性结构能使入射偏振光相应于左旋光或右旋光进行反射或透射。

在一个螺距为 P 的胆甾相液晶中，当一束波长为 $\lambda \approx P$ 的光入射，如果入射偏振光的旋光方向若与液晶分子的旋光方向相同，则入射偏振光将被反射，这种反射是一种二色性选择光反射，使液晶呈现一种美丽的干涉彩虹色。而入射的偏振光若与液晶分子的旋光方向不同，则入射光将可以透过液晶层。

由于螺距 P 与温度有极强的依赖关系，因此会依次产生：温度变化→螺距变化→选择光反射波长变化→颜色改变。

胆甾相液晶螺距 P 除了随温度改变外，也受外加电场、磁场、应力、吸附物等的影响。螺距的改变意味着颜色的改变，所以可以利用这一点开发出很多有用的显示产品。

3.2 液晶显示模式及器件

液晶显示器件从结构上说属于平板显示器件，典型的液晶显示器件主要由背光源（一般为冷阴极荧光管灯，近年来还有 LED、OLED、QLED 等）、光反射板（包括导光板、漫射板、棱镜膜片、增亮膜等）、偏振片、液晶盒等几大部件构成。其中，液晶盒一般由前玻璃基板、封接边、液晶材料、后玻璃基板组成。若是简单来看，可以将液晶面板看成一个三明治的结构，即在两片偏振方向互相垂直的偏振片系统中夹着一个液晶层。由于液晶层的材质各异，因此可以将液晶显示器件划分为多种不同的模式。随着技术的发展，宾主型液晶显示(GH-LCD)、动态散射型液晶显示(DS-LCD)、扭曲向列相液晶显示(TN-LCD)、超扭曲向列相液晶显示(STN-LCD)以及薄膜晶体管液晶显示(TFT-LCD)等多种液晶显示技术应运而生。在之后的章节中，将会对几种重要的显示模式展开介绍。

3.2.1 GH-LCD

通过将双色染料(Dichroic dye)添加到液晶中，可以创造出一种宾主关系：液晶是主要的，双色染料则是次要的。由于双色染料具有良好的光吸收和透过能力，并且能够根据电场的变化改变液晶的分布，这种技术被称为宾主型液晶显示(GH-LCD)。

1）器件结构

不同双色染料的特点是具有明显的吸光度差异，这种差异可以通过观察它们的吸收轴与分子轴的方位来确定。这些染料可以分为正性的（P 型）和负性的（N 型）两类。根据图 3.9，P 型染料主要吸收与分子轴平行的偏振光，而 N 型染料则以吸收与分子轴垂直的偏振光为主。图 3.10 展示了最初提出的 Heihneier 型 GH 型液晶盒的完整结构。此液晶盒采用 P 型染料分子和介电常数各向异性为正的液晶（Np 型液晶），液晶在液晶盒表面的取向为平行取向。当开关被打开，液晶盒为关态时，没有外部的电场作用，染料就会沿着一条平行的方向移动，而偏振片产生的光矢量会与染料的长轴平行，从而使得染料能够很好地吸收光线。所以如果染料为亮绿色，经白色光线照射后会呈现出一种明亮的绿色。当外部电场被施加到液晶盒上时，染料会随着液晶的转动而朝着⊥方向转动，使得光矢量与染料分子的长轴垂直，从而使染料对光的吸收最少。∥方向的入射光通过液晶盒，而液晶盒可被视为无色。

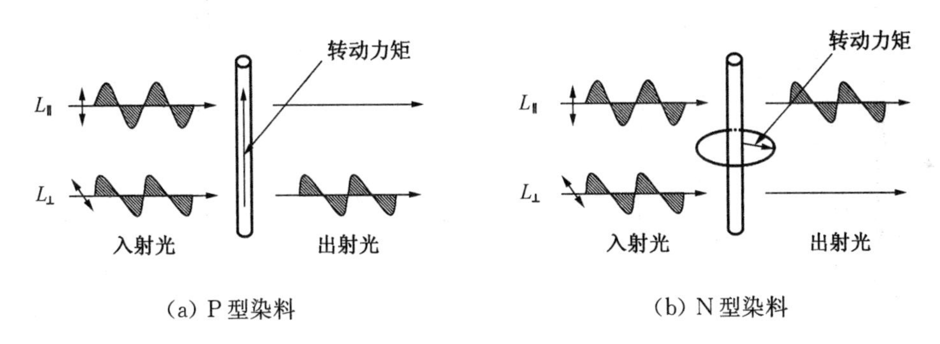

（a）P 型染料　　（b）N 型染料

图 3.9　P 型染料和 N 型染料的吸收特性

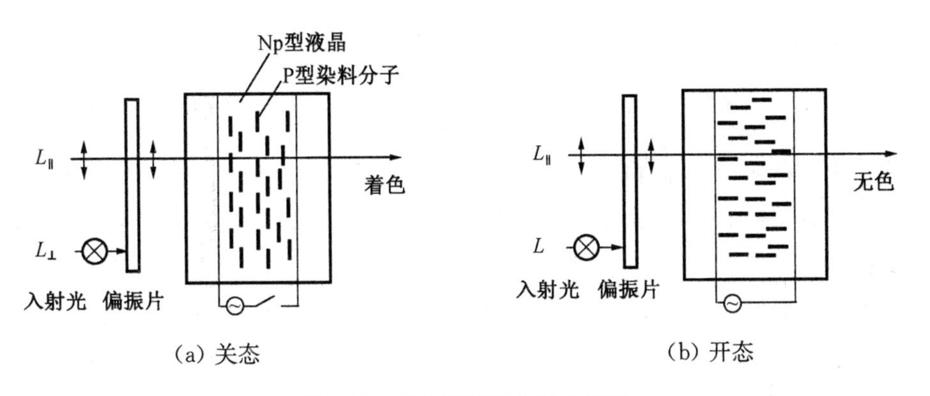

（a）关态　　（b）开态

图 3.10　宾主型液晶盒基本结构

2) 理论原理

溶入液晶的棒状双色染料分子有着与液晶分子一样的取向性质，如图 3.11 所示，我们可以计算出有序参数 S 以获得其取向程度：

$$S=\frac{1}{2}<3\cos^2\alpha-1 \tag{3.2.1}$$

通过分子光谱学的测量可以得到染料分子的吸收率(A)。分子光谱学是通过使用分光光度计或光谱仪来测量染料溶液的吸收光谱，以分析染料分子在不同波长下的吸收行为。经过实验测得，染料分子吸收率满足以下关系：

$$A=Kd\left[\frac{S}{2\sin^2\beta}+\frac{1-S}{3}+\frac{S(2-3\sin^2\beta)\cos^2\varphi}{2}\right] \tag{3.2.2}$$

式中，K 为介电常数；d 为液晶层厚度。

而通过 P 型染料和 N 型染料的定义，可得

$$\text{P 型染料：}\quad \beta=0,\ A_{\parallel}=Kd\,\frac{(1+2S)}{3},\quad A_{\perp}=Kd\,\frac{(1-S)}{3}$$

$$\text{N 型染料：}\quad \beta=\frac{\pi}{2},\ A_{\parallel}=Kd\,\frac{(1-S)}{3},\quad A_{\perp}=Kd\,\frac{(2+S)}{6} \tag{3.2.3}$$

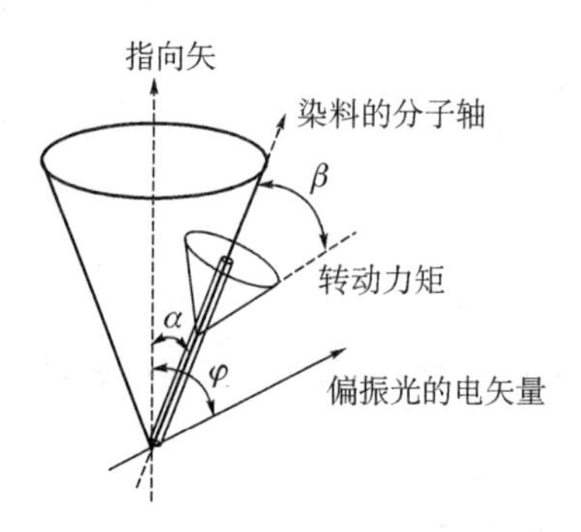

图 3.11 液晶分子指向矢、染料分子轴、转动力矩与偏振光振动方向的关系

如上例所述，利用介电力的作用，宾主效应通过改变液晶分子的取向，从而影响染料分子的取向，进而改变光的吸收状态。在零场时，液晶处于平行排列取向，而染料分子以其长轴平行于线偏振光的电矢量。染料分子会对可见光产生吸收作用。当超过阈值电压时，具有介电常数各向异性的液晶会旋转至长轴垂直于光矢量。这极大降低了染料分子对可见光的吸收作用，处于非吸收状态。因此，在这两种状态间能观察到色彩变化。两种状态的二向色比 D 表示了显示

对比度的强弱：

$$D=\frac{A_{吸收}}{A_{非吸收}}$$

而根据前面 P 型与 N 型两种染料的吸收率，容易得到

P 型染料：
$$D_{P}=\frac{1+2S}{1-S} \tag{3.2.4}$$

N 型染料：
$$D_{N}=\frac{2+S}{2-2S}=\frac{D_{p}+1}{2} \tag{3.2.5}$$

由此可以看出，N 型染料二向色比大约只是 P 型的一半，导致其在显示对比度上逊色于 P 型，所以目前的 GH-LCD 主要使用对比率更高的 P 型染料，而不是 N 型。同时，通过以上公式，我们可以得出 GH-LCD 中所使用的二向色性染料要具备的一项条件是在主体液晶中应有较高的有序参数 S。另外，从液晶显示器应用层面考虑，还需要满足较高热光稳定性、较高消光系数、在主体液晶中有较高溶解度以及较高电阻率（一般为 $10^{10}\,\Omega$ 以上）等条件。

3）器件案例

GH-LCD 器件可以根据其显示方式分为正向和负向两种：正向指的是在没有颜色的背景中，它能够清晰地展现出有颜色的图案；负向则指的是在有颜色的背景中，它能够清晰地展现出无颜色的图案。根据液晶分子的排列形态，GH-LCD 器件可以被划分为两大类：向列相类和胆甾相类。详细的分类信息和相应的显示特征请参考表 3.2.1。

表 3.2.1 常用不同结构 GH-LCD 器件的性能参数比较

液晶显示模式	液晶分子排列方式		显示方式	亮度	反射型视角	偏振片	吸光度开关比	驱动电压/V
GH	向列相液晶	沿面排列	P 型染料，Np 型液晶——负性显示	较差	较差	有	～10	～3
			N 型染料，Np 型液晶——正性显示	较差	较差	有	～5	～3
			1/4 波片式（P 型染料、Np 型液晶）——负性显示	优良	较差	无	～5	～3
		垂面排列	P 型染料，Nn 型液晶——正性显示	较差	较差	有	～10	～3
		扭曲排列	P 型染料，Np 型液晶——负性显示	较差	较差	有	～10	～3
		双 GH 盒（DGH）	P 型染料，Nn 型液晶——正性显示	优良	优良	无	～5	～3
			P 型染料，Np 型液晶——负性显示	优良	优良	无	～5	～3
	胆甾相液晶	胆甾相（焦锥结构）-向列相相变方式	负性显示	优良	优良	无	～5	～15
		胆甾相（平面结构）-向列相相变方式	负性显示	优良	优良	无	～5	～15
		向列相-胆甾相（平面结构）相变方式	负性显示	优良	优良	无	～5	～15

不同结构的GH-LCD器件各有优缺点，应用于不同的场合(图3.12)。例如，带有偏振片沿面排列的液晶盒可以得到高吸光度的开关比，但亮度不够；N型染料GH液晶盒虽然可以容易实现正性显示，但在亮度、吸光度的开关比上都不够理想；而相变型GH液晶盒虽然有较高的驱动电压，但是亮度和开关比特性都比较好。

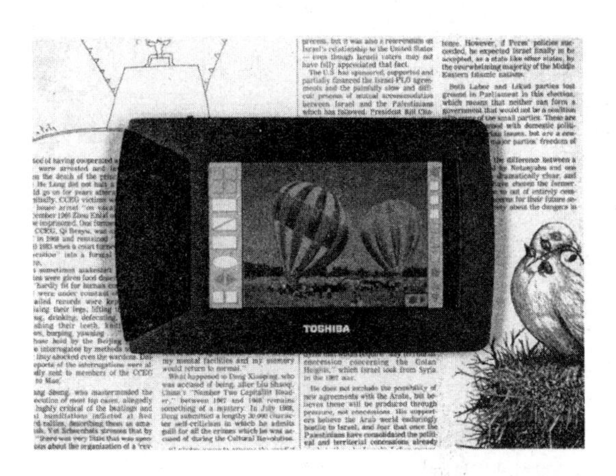

图3.12　TOSHIBA公司利用GH-LCD开发的反射式三层彩色液晶屏

3.2.2　TN-LCD

TN-LCD，也称为扭曲向列相液晶显示，它是较早开发的一种液晶显示技术，早期广泛应用于计算机显示器、手持设备和低成本的液晶电视等产品中。它的显示原理为后来的液晶显示技术开发奠定了基础，起到了极大的启发作用，具有重要的学习意义。

1) 器件结构

通过在氧化铟锡(Indium-Tin Oxide，ITO)透明导电膜玻璃的表面上刻出精确的电极图案，并在两片玻璃之间夹入一层具有正介电各向异性的向列相液晶材料，再加上外围的密封措施，最终制作出一个厚度仅有数微米的扁平液晶盒，这一过程可以通过图3.13来实现。通过在玻璃内部覆盖一层特殊的定向层膜，使得液晶分子能够沿着玻璃表面呈现出一种精确的平行排列。由于两片玻璃的内部表面上的定向层相互垂直，使得液体分子能够以90°的角度被扭曲，从而形成了一种特殊的扭曲向列液晶显示器，它的名字也因此而来。

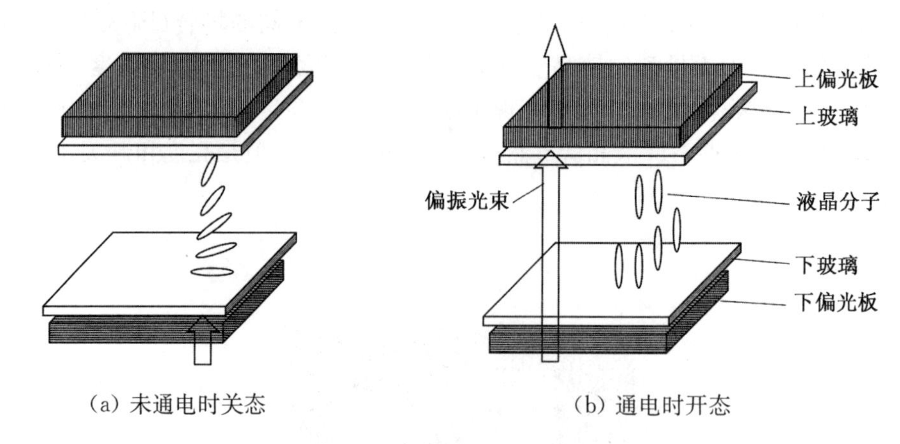

图 3.13 扭曲向列型液晶显示器结构示意图

2）理论原理

（1）显示条件与显示模式

当液晶盒处于关态时，其底部发出的光是一束线性偏振光，而当它被扭曲成旋转的形式时，就会满足以下特定的条件：

$$\Delta\bar{n}d \gg (\varphi\lambda)/\pi \tag{3.2.6}$$

$$\Delta\bar{n} = \Delta n\cos\bar{\theta} \tag{3.2.7}$$

式中，$\Delta\bar{n}$表示液晶材料折射率各向异性值；$\bar{\theta}$ 是液晶分子倾角平均值；d 则是液晶层厚度；φ 为扭曲角。

液晶 TN 盒对应的扭曲角 $\varphi=90°$，$\bar{\theta}$ 在 1°到 2°之间，则上式可以变成

$$\Delta\bar{n}d \gg \frac{\lambda}{2} \tag{3.2.8}$$

该式称为摩根(Mouguin)条件。在摩根条件及扭曲的螺距 P 与液晶材料折射率各向异性 $\Delta\bar{n}$ 的乘积远远大于可见光波长 λ（$P\Delta\bar{n} \geqslant \lambda$）时，关态 TN 液晶盒中的液晶分子就会出现 90°的扭曲结构，使垂直投射的线偏振光的偏振面随之旋转，从而产生 90°的旋光效果。当电场施加在液晶盒内时，液晶分子会沿着垂直的基板方向排列，从而使得它们的扭曲结构被抹去，旋光效应也随之消失。然而，一旦断开电压信号，液晶分子就会被定向层表面的锚定力所吸引，重新回归原有的扭曲状态。TN-LCD 器件就是基于这个原理控制液晶盒的开启与关闭。将两块正交的偏振片安装在液晶盒的两端，在没有电源的情况下，液晶盒表现为明亮的状态(透过)，但一旦受到电源的作用，它便变成了一个黑色的背景，也就是所谓

的白底黑字。相反,如果将两块平行的偏振片安装在液晶盒的两端,那么它将表现为负性黑底白字的常黑型 TN-LCD 器件。另外,如果选用一些特殊的液晶材料,在特定电压下,不仅能够实现暗、亮两种状态,还能够实现中间色调,即在亮和暗之间形成一个连续的灰度分布。

TN 型液晶显示器件的工作阈值电压 V_{th} 可由前一节的公式导出,用介电常数各向异性 $\Delta\varepsilon$ 和弹性系数 K_{11}、K_{22}、K_{33} 表示为

$$V_{th}=\pi\sqrt{\frac{K_{11}+(K_{33}-2K_{22})/4}{\Delta\varepsilon}} \tag{3.2.9}$$

从公式中可以看出,V_{th} 与液晶盒厚度没有直接联系,但是如果选择正确的大介电常数各向异性和小弹性系数的材料可以使阈值电压变小。实际使用中 TN 型液晶盒的 V_{th} 约为 2～3 V,有时小于 1 V。

(2) 视角特性

TN 模式液晶显示器的显示原理本质上是利用液晶分子的各向异性,使得它能够以更加精确的方式展现出图像。然而,同样由于其各向异性性质,TN 模式液晶显示器的可视角度受限。当使用者从不同角度观看时,液晶分子的长轴和玻璃基板的角度会发生不同的变化。这种结构特点让 TN 模式液晶显示器呈现出了一种视角依赖性,从不同的显示角度表现出不一样的亮度。如图 3.14 所示,在 B 处正视屏幕看到的是正常的中灰阶画面,在 A 处或 C 处看到的却是高灰阶和低灰阶画面,这样所看到的画面的灰阶也随观看角度的不同而渐变。

此外,由于液晶分子扭转角度受不同电场作用的影响,在较高电场下,电场作用可能使液晶分子逆转并直接排列,导致扭转角度从大角度变为小角度,从而使低灰阶的图像变成了高灰阶的图像,这种扭转角随电场增大而减小或完全消除的现象被称为 TN 模式液晶显示器的灰阶逆转。

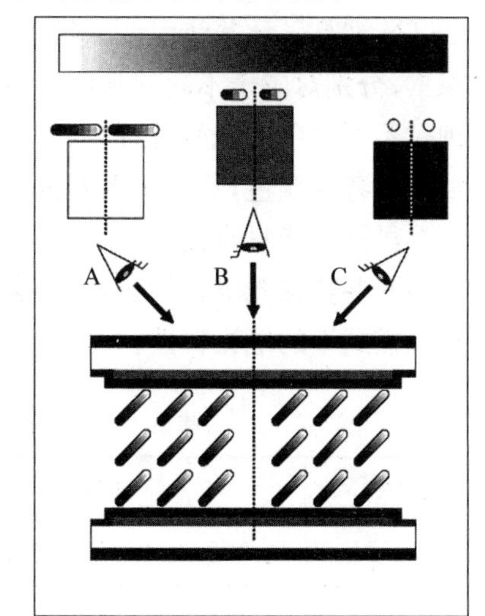

图 3.14 不同视角下 TN 模式液晶显示器灰阶的变化

为了改善液晶显示器的视角依赖性,必须采取有效的技术措施来减少或消除由于液晶分子本身的光学特性带来的不利影响。通过采用一些简单的技术,如安装两块棱镜玻璃板,将面光源转换为线光源,并将其聚焦成点光源,最终照射到液晶盒上,可以大大提升视角,同时也能够有效地增强对比度。

(3) TN 的衍生显示模式

TN 作为早期液晶显示最基础的显示模式，经过技术的迭代发展，其结构与原理成为现有诸多显示模式的出发点。在实际器件应用中，与 TN 模式的结构、显示原理类似的显示模式有 HTN(High Twisted Nematic，高扭曲向列相)、STN(Super Twisted Nematic，超扭曲向列相)、FSTN(Film + Super Twisted Nematic，薄膜超扭曲向列相)、DSTN(Double Super Twisted Nematic，双超扭曲向列相)和 CSTN(Color Super Twisted Nematic，彩色超扭曲向列相)。这些显示模式的主要区别在于液晶分子的扭转角度不同、底偏振片不同或者在结构上添加了一些辅助部分。根据前文的介绍，TN 模式的扭转角度一般为 90°。而 HTN 模式的最大扭转角度在 90°～120°之间，STN 模式的旋转角度最大可达到 270°。HTN 模式旋转角度的提升意味着液晶分子的向量矢沿方向角分布变宽，从而引起视角的拓宽；STN 模式则更进一步，牺牲掉一部分响应速度来继续增大视角，还极大改善了电光曲线的陡峭性，使得该模式下有更丰富的显示变化。DSTH 模式则是基于 STN 模式扭转角度很高的特殊性质开发的。STN 的线偏振光并不能完全分离成两束普通的和非普通的光。当它们通过液晶分子层时，它们之间就可能会发生双折射，导致 STN 的背景颜色变得杂乱无章，影响了整体的显示效果。所以研究者们开发出 DSTN 模式与 FSTN 模式，前者利用双层 STN 液晶盒来补偿干涉效果，后者则使用薄膜位相位板来消除干涉效果。CSTN 模式则是结合了色彩滤光片和 TN 液晶分子的扭转结构来实现彩色显示。CSTN 液晶显示器使用红、绿、蓝三种基色的滤光片，在每个像素上包含三个子像素，分别对应于不同的基色。液晶分子通过扭转结构控制光的透过与阻挡，实现对不同基色的光的选择性透过。通过调控各子像素的透过状态和亮度，可以混合出各种颜色，从而实现彩色显示效果。

虽然可能只是偏转角度、结构上微小的改变，但是这些显示模式也都有着自己的一些特殊光电特性、应用场景。感兴趣的同学们可以课后进一步学习不同显示模式下的电光特性。表 3.2.2 列举这几种显示模式主要的优缺点。

表 3.2.2 几种 TN 衍生液晶显示模式的优缺点

显示模式	优点	缺点
HTN	视角宽，生产简单，成本低	显示效果一般，不适合高驱动液晶屏
STN	视角极宽，适用范围广，可以适用多路驱动，功耗低	背景底色有杂质，原材料要求高，工艺要求高

续表

显示模式	优点	缺点
DSTN	STN模式的优点均有，结构简单，底色纯净	成本高，且不适用于TFT液晶屏
FSTN	STN模式的优点均有，底色更好	成本较STN模式高
CSTN	STN模式的优点均有，拥有彩色显示	多一层彩色滤波片

3）器件案例

现有液晶显示屏市场已经进入高分辨率、真彩色显示的全新阶段，现有TN液晶显示屏产品实际上已经结合有源矩阵技术，突破了传统无源TN液晶显示屏的对比度、清晰度限制。液晶显示屏市场中，TN型液晶显示屏广义上包括了TN及其衍生显示模式液晶显示屏，是现在较为常见的液晶显示屏。首要原因是TN型液晶显示屏是所有液晶显示屏中生产成本最低的，长期以来都是液晶显示设备厂商青睐的产品。第二个原因就是TN液晶显示屏的响应时间极快。这是因为TN液晶显示屏的显示原理是调整液晶分子的偏转角度，而由于输出灰阶级数较少，液晶分子偏转速度快，响应时间容易提高，现存响应时间低于6 ms的液晶显示器基本采用TN显示模式，有的显示器的响应时间甚至可以达到低于1 ms。TN液晶显示屏的快速响应可以很好地改善显示残影，所以非常适合应用在电竞显示设备上，2017年以来电竞产业的蓬勃发展以及对显示需求的增加进一步带动了TN液晶显示屏的技术迭代与更新。在2022年国际信息显示学会(The Society for Information Display，SID)展示周上，友达光电公司展示了正在走向量产化的台式机与笔记本电脑Esports TN液晶显示屏新品。其刷新率可达到480 Hz，响应时间低于1 ms。在2023年，该公司与华硕合作推出ROG Swift Pro PG248QP电竞显示器(图3.16)，刷新率达到540 Hz，再次突破TN液晶显示屏的刷新率记录。虽然TN屏显示器在视角、对比度、色域上有一定瓶颈，但是由于其独特的成本、响应时间等优势，仍有诸多公司在这个方向上推陈出新，如Zowie gear显示器、AOC显示器、三星S/U系列显示器、华硕电竞显示器系列。

图 3.16　2023 年华硕新品 540 Hz 超高刷新率 TN 液晶显示屏

3.2.3　其他显示模式

除了上述两种显示模式之外，液晶显示模式发展到今天已经出现多样的模式，有着各自的优缺点。在进行器件设计时，要考虑全面，包括显示效果、制造成本等多种因素，根据表 3.2.3 的总结，希望同学们在课后根据该表格进行补充学习。

表 3.2.3　主要液晶显示模式的原理和性能比较

分类	工作模式	液晶材料	分子排列变化	偏振片	显示特性
GH 型	电控二色性染料	Np+D Ch+D	沿面→垂面 垂面→沿面 焦锥→垂面 垂面→焦锥	1 片或无	某些类型有存储 可彩色化
TN 型	电控旋光	Np	沿面扭曲 →垂面排列	2 片	无存储 可彩色化 可有源化
DS 型	紊流散射	Nn 离子	沿面(垂面) →紊流态畴	无	单色显示
ECB 型 (HAN 型)	电控双折射的光干涉	Nn Np	沿面→焦锥 焦锥→沿面 混合排列→垂面	2 片	电控多色显示
PC 型	光散射	Np+Ch Nn+Ch	沿面(垂面)→焦锥 焦锥→垂面	无	有存储

续表

分类	工作模式	液晶材料	分子排列变化	偏振片	显示特性
STN型（SBE型）	光干涉	Np	沿面扭曲180°～270°→垂面	2片	黄蓝及黑白模式 多路性好
FLC型（SSFLC型）	光干涉	N+S_mC	沿面平行→沿面平行	2片	高速响应 有存储
PDLC型（NCAP型）	光散射	Np+聚合物	液晶各自异向→垂面	无	高速无阈值
热光型	光散射	SmA、Ch、Nn聚合物	垂面→焦锥 沿面→焦锥	无	有存储 能激光写入

3.3 薄膜晶体管液晶显示

按照传统的分类模式，薄膜晶体管液晶显示（Thin Film Transistor Liquid Crystal Display，TFT-LCD）其实并不算一种单独的液晶显示模式，它的液晶层显示模式其实是TN或者GH等模式中的一种。TFT液晶显示屏是一种应用最为广泛的有源矩阵液晶显示器（Active Matrix Liquid Crystal Display，AM-LCD）。AM-LCD和传统的无源矩阵液晶显示器存在明显的差异，前者采用了一个非线性开关元件，将扫描的行电极连接起来，以维持电压的稳定，这样就可以实现准静态驱动，从而获得更加清晰、细腻的视觉效果。在AM-LCD中，晶体管就相当于一个开关管。薄膜晶体管（TFT）是当今有源晶体管的主流实现方式，它具有的结构简单、制作工艺简单、开/关态电流比大、可靠性高等多种优势，使得它在众多有源晶体管器件中脱颖而出，得到广泛应用。液晶显示中常用的TFT是一种高性能的端部元件，它将半导体材料层放置在玻璃基板上，工艺上通过栅极绝缘膜将它们固定成栅极，并将其与源极和漏极相连，利用栅极电压实现对源极、漏极之间的电流的控制。

3.3.1 TFT液晶显示屏的结构与原理

如图3.17所示，TFT液晶显示屏主要由前板模块、中间层和后板模块三部分组成。在这种三明治结构中，前端液晶显示面板主要包含上偏振片与彩色滤光片，中间液晶层使用前文所述的不同液晶材料，后端TFT面板包含薄膜晶体管与下偏振片。当电压施加到晶体管上时，液晶会发生转向，光线穿过液晶后会在前端面板上产生图像。

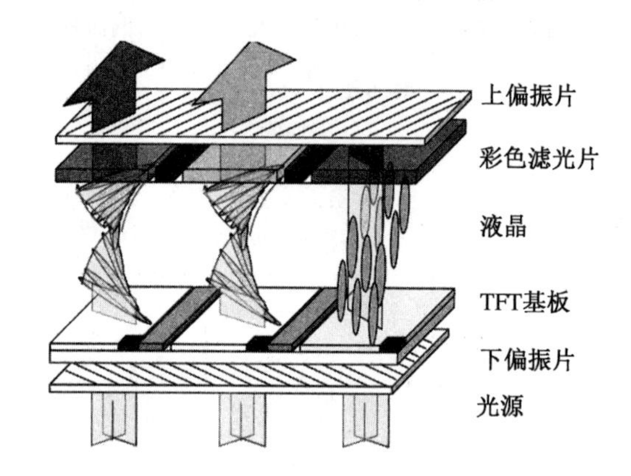

图 3.17 TFT 液晶显示屏中单像素点的基本结构

1) 前板模块——彩色滤光片原理

TFT 液晶显示屏的前板模块包括一个偏振镜、一个透明的玻璃板和一个彩色滤光片。滤光片是整个系统的核心部分,它包含了一个黑矩阵(BM)、一个彩色层、一个保护层和一个 ITO 导电膜,如图 3.18 所示。在前面的玻璃板表面,我们可以看到许多小的空间。这些空间都与后面的一个像素电极相连,但不同之处在于,它们并不包含单个的电极,而是由一层由红、蓝、绿三种颜色组成的透明薄膜组成,这种薄膜被称为彩色滤光膜,可以将图像恢复到正常的颜色。彩色滤光片常用加法显色原理,红色、蓝色以及绿色三基色利用加法显色来显示出色彩,其使用条件是不同色光应并行进入人眼。这里我们回顾一下混色原理。颜色加法实际上是颜色矢量相加,例如,红+绿=黄,可用矢量写成

$$(0,0,1)+(0,1,0)=(0,1,1)$$

而假设有两种颜色(B1,G1,R1)和(B2,G2,R2),则两种颜色相加就等于

$$(B1+B2,\ G1+G2,\ R1+R2)$$

将 R、G、B 三种颜色划分为三个独立的 R、G、B 单元,每个单元都具有不同的灰度值,将它们相连接,构建出一个像素点,从而实现多种色彩的变换,即每个图像像素点应包含三个子像素点。因此一个分辨率为 $n\times m$ 的 TFT 液晶显示屏,即具有 n 行、m 列显示像素的 TFT 液晶显示屏实际上包含 $n\times 3m$ 个像素。例如,对于 600×800 的 SVGA 显示,TFT 液晶显示屏上包含的像素数为 600×800×3=600×2 400。如图 3.19 所示,TFT 液晶显示屏具有多重混色排列方法,其中直条式结构最为简单、易于设计、制备和驱动,但是显示效果较差;马赛

克式结构彩色质量好，但是由于在同一条信号线上对应于不同的显示行将循环传送 R、G、B 三种不同的图像信号，所以驱动电路较为复杂，滤色膜的制备也较为复杂。

在图 3.19 中，每一个 R、G、B 点之间的黑色部分，叫做黑矩阵，它们用于挡住那些无法被照亮的元素，比如像素电极走线、TFT 管等。

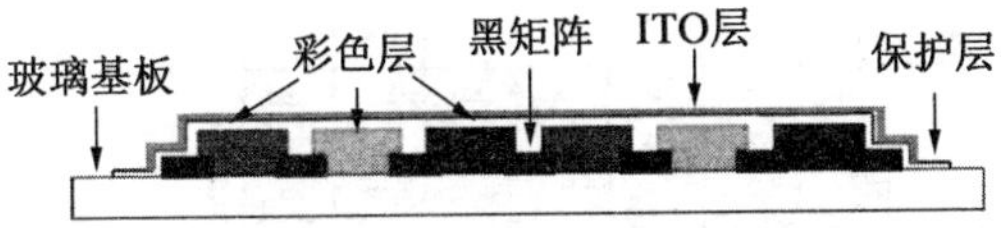

玻璃基板　彩色层　黑矩阵　ITO层　保护层

图 3.18　彩色滤光片层剖面结构

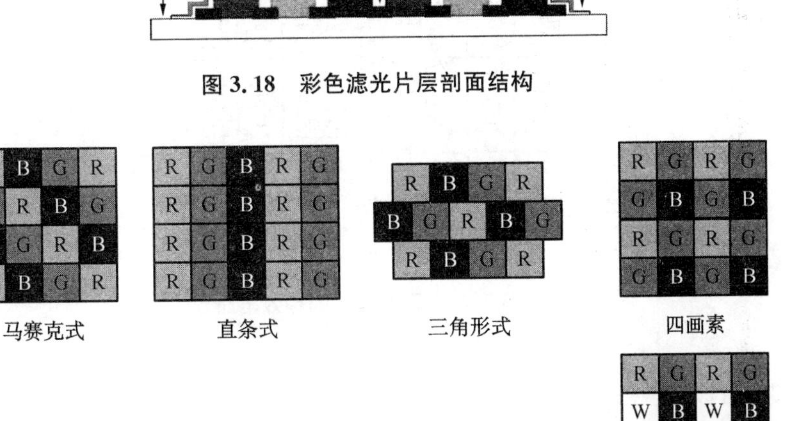

图 3.19　常见彩色滤光片混色排列方法

2）中间层——液晶控制原理

液晶层可等效为一个液晶电容，它的大小约为 0.1 pF。这个电容大小难以维持稳定的控制电压，从而无法保持显示画面准确的灰阶度。例如，以 60 Hz 的频率进行画面更新，需要维持约 16 ms。所以，在实际应用中，我们需要添加一个储存电容 C_S，如图 3.20 所示。C_S 电容可以确保充电后的电压能够保持稳定并持续到下一次更新画面时。C_S 一般由像素电极与公共电极走线形成，其值约为 0.5 pF。这样当像素电极被充满电后，即使断开电源，电容内的电荷仍会保持不变，并在电极之间形成一种持久的电压场，保证液晶的显示状态。通过将 TFT 液晶显示屏的所有行电极连接到栅极驱动器，并将所有列电极连接到源极驱动器，可以构建一个完整的驱动阵列，其相关电路如图 3.20 所示。数据传感器用于检测和调节信号，它们可以将输入的电压转换为输出，从而实现对开关的导通或断开。

这个技术将液晶层上的显示电压存储到每一个像素的存储电容，大大提升了液晶层的稳定性和可靠性。同时随着TFT技术的发展，可以在较短的时间内重复写入，从而保证了液晶显示屏的高清晰度和良好的图像质量。

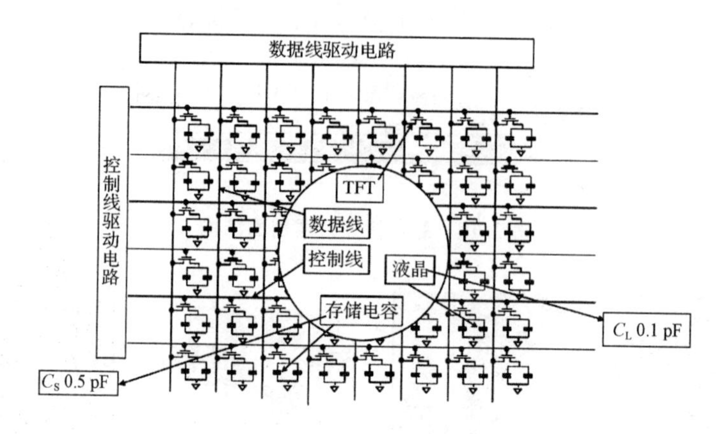

图3.20 驱动阵列的等效电路

3）后板模块——TFT驱动原理

后板模块主要由下偏振片、后玻璃板、像素单元(像素电极、TFT)、后定向膜等组成。其中像素单元广泛采用的是底栅结构，这是因为液晶显示屏是被动发光器件，即显示屏背面需要一个背光源，在底栅结构中不透光的栅电极金属层能很好地把来自背光源的光遮挡住，避免光线照射到硅岛上产生光生载流子而影响薄膜晶体管的关态电流特性。

显示图像的关键还在于液晶在电场作用下的分子取向。采用特定的取向技术，可以改变液晶分子的排列，从而实现出多种不同的显示效果。当电场施加于液晶分子时，它们会发生取向变化，并且通过与偏振片的协同作用，使得入射光线穿过液晶层后，其强度也会发生显著的变化，从而改变物体的结构和性能，呈现显示内容。TFT液晶显示屏与传统的TN液晶显示屏和STN液晶显示屏有着显著的不同，它采用了薄膜晶体管，能够有效抑制非选通时的干扰，使得液晶屏的静态特性更加稳定，并且能够更好地满足扫描线的需求，从而显著提高图像质量。TFT开关单元的特性要求其通态电阻极低，而闭态电阻极高，以满足特定的应用需求。

TFT液晶面板由液晶盒和上下两片玻璃组成，其中一片主要由彩色滤光片和一层晶体管组成。当电流穿过晶体管层时，液晶分子会发生偏转，从而改变光的极性,最终由偏振片来控制像素的亮度和阴影,实现对图像的精确控制。除此之外,由于上层玻璃与多种颜色的滤镜紧密结合,使得每一个像素都具有红、蓝、绿三种不同的颜色,从而在屏幕上呈现出丰富多彩的视觉效果。

3.3.2 TFT 液晶显示屏的显示模式

TFT 显示器件中间液晶层的液晶排列模式非常多样。除了前文所介绍的 TN 显示模式可以应用到 TFT 液晶显示屏中间层,TFT 还衍生了很多种其他显示模式,这里具体介绍两种在产业界应用比较广泛的显示模式:VA 显示模式和 IPS 显示模式。

1) VA 显示模式

(1) 显示原理

VA 液晶(Vertical Alignment Liquid Crystal,垂直排列液晶)是一种垂直排列的液晶显示层,具有比 TN 更高的对比度和更广阔的可视角度,使得 VA 液晶技术成为当今大屏幕液晶电视的主流技术。

VA 液晶已经被广泛应用于各行各业的众多公司,包括夏普、东芝、三星、索尼、群创、友达等。例如,索尼的 PSP 游戏机和夏普的 AQUOS Phone 均采用了夏普的增强型 VA 液晶(ASV 液晶),为消费者带来更加便捷的体验。

当 VA 液晶处于初始状态时,其分子会沿着偏光片的平面垂直排列,这样就会使得光线不可以穿越,从而使得屏幕变成一片漆黑。当给予导电板一定的电压时,液晶会出现倒伏的情况,这样就可以使得双折射的光线穿越液晶,令屏幕变亮。通过改变电压,可以调整液晶分子的倾斜程度,从而改变其颜色和亮度。由于初始时的垂直结构可以很好地展现黑色,所以 VA 显示模式下的液晶显示屏往往有极高的黑白对比度。研究起初,液晶分子仅能朝一个方向倾斜,因此存在一定的视觉偏差。但是,随着多域技术的发展,将液晶分子划分成上、下、左、右、前、后六个区域,从而完全消除了这一偏差。VA 显示模式示意见图 3.21 所示。

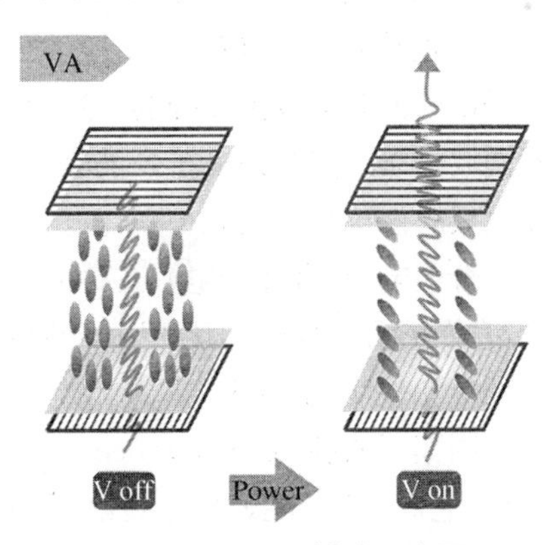

图 3.21 VA 显示模式示意图

(2) 优缺点

VA 液晶面板在当今的高端液晶显示器市场中占据着重要的地位,它具有极佳的黑白对比度,画质更加清晰,而且可以提供更加精细的图像,但是它的屏幕均匀度仍需要提升以避免颜色漂移的问题(表 3.3.1)。由于现有 TN 液晶面板多是改良型的 TN+Film(Film 即补偿膜),该类经过改进的 TN 液晶面板已经具有极佳的可视角度、较快的响应速度。VA 显示模式相比 TN 显示模式,其最大优势在于色彩效果优秀,对比度高,漏光程度低。

表 3.3.1 VA 显示模式的优点与缺点

优点	缺点
• 对比度较高,漏光程度较低 • 改善了 TN 面板失色的问题	• 虽然有跟 IPS 一样的 178°可视角,但左右看屏幕会有偏白的情况 • 色彩还原度较 IPS 低

(3) 器件案例

VA 液晶面板以其更宽的视野、极广的色彩覆盖率,打下了在高端应用市场中的基础,然而,与 TN 液晶面板相比,VA 液晶面板的价格更加昂贵。VA 液晶面板可以被划分为 MVA 型和 PVA 型,前者源自富士通,而后者则是富士通的延续与改进。

① 富士通的 MVA 技术

多域垂直排列(Multi-domain Vertical Alignment, MVA)是一种革命性的液晶面板技术。MVA 技术使用多个电场域(也称为子像素域),每个域内的液晶分子排列方向可以独立控制。这使得 MVA 液晶显示器具有极大的拓展性,能够在不同域内以不同的角度排列液晶分子,从而实现更好的灰阶和色彩表现。MVA 液晶面板的视角可以达到 170°,为消费者带来了全新的体验,满足了他们多样化的需求。奇美电子(奇晶光电)、友达光电等公司已获得技术授权,开发出 P-MVA 类面板,它们的可视角度高达 178°,同时具有极快的灰阶响应速率,只需 8 ms。

② 三星电子的 PVA 技术

图案垂直排列(Patterned Vertical Alignment, PVA)同样属于 VA 技术的范畴,它是 MVA 技术的继承者和发展者。S-PVA 类面板的性能已经远超 P-MVA 类面板,它拥有更宽的视野和更快的响应速度,引入了特殊的光栅结构,这些光栅可以帮助控制光的传播,从而改善图像质量。而且采用透明 ITO 电极取代 MVA 中的液晶层凸起物,这样可以显著提升开口率,从而大大减少背光源的消耗,使得整体性能更加优越。此外,由于强大的生产能力和严格的质量控制体系,PVA 技术也被日本和美国的制造商广泛采用,为液晶电视的发展提供了强有力的支持。PVA 技术已经被广泛应用于各种高端液晶显示器和 TV,PVA 液晶面板的表面可以精细地勾勒出细腻的水纹纹理。

2）IPS 显示模式

IPS(In-Plane Switching,平面转换)显示模式于 1995 年由日立公司发明,其利用横向电场效应技术改善 TN 模式下视角窄、有色差的显示问题。

(1) 显示原理

IPS 液晶面板和 TN 液晶面板均采用向列相液晶技术,但它们的电极设计有所差异:TN 液晶面板的电极设计为垂直于基板的电场,从而使得液晶分子可以朝两个方向移动;相比之下,IPS 液晶面板的电极设计为水平电场,从而使得液晶分子可以朝一个方向扭转,并且可以朝另一个方向移动,这样就可以实现上下偏振片的交叉配置,从而达到垂直的效果。当光照射到底部的偏振片时,它的偏振轴和液晶分子的形状保持一致。当光穿过平行排列的液晶层时,它的运动方向保持不变,因此它的颜色为暗淡的。但如果施加了电场,液晶分子就会发生扭曲,导致双折射,使得它的运动方向发生了改变,从而使它的颜色从暗淡的状态变为透明的。当没有外力干扰时,液晶分子以平行的方式排列,而不受倾斜角度的影响,它的视野就会显著扩展,从而使得明暗对比的范围更为宽泛。

IPS 技术不仅可以将液晶分子定向到不透光的状态,还可以通过调节电压来改变液晶分子的定向方向,使其能够更加精确地控制光线的分布,从而达到更好的显示效果。IPS 液晶面板的偏转角度可以通过调节电压来调节,这样就可以轻松地控制面板的层次结构。为了提高可视角,液晶分子的形状采用"V"字形,并且与面板保持平行,这样就可以让光线更容易地照射到面板内部。通过使用运动技术,可以提高画面的对比度,从而达到更佳的显示效果。IPS 显示模式示意见图 3.22 所示。

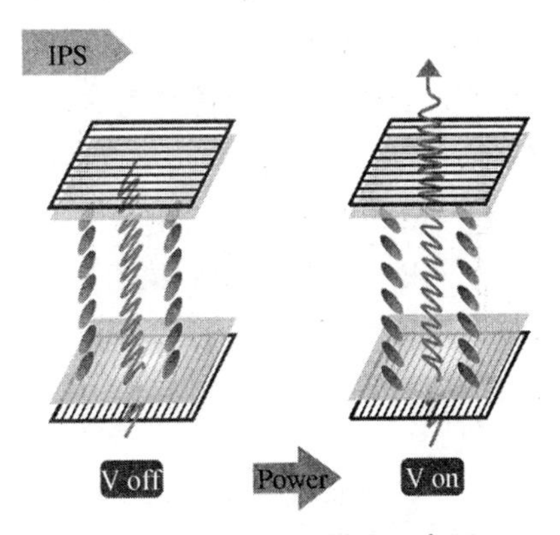

图 3.22　IPS 显示模式示意图

(2) 优缺点

IPS 液晶显示屏的最大特点在于它的电极不再是上下两面,而是采用水平排列,这样可以有效地减少外界压力对液晶分子结构的影响,使得整体分子仍然保持水平状态。当受到外力影响时,硬屏液晶分子结构的坚固性和稳定性远远超过软屏,因此可以有效地防止画面失真和色彩变化,从而最大限度地保护用户的视觉体验。IPS 技术还有多种改良型,如 H-IPS、S-IPS、E-IPS。

采用IPS硬屏技术的液晶面板具有出色的耐久性、便携性和卓越的功能，远超VA软屏，它的出现极大地提升了液晶电视的反应速度，从而有效地防止拖尾现象的发生。此外，IPS液晶显示屏的快速响应特性，还能够在动态图像中提供更加清晰、逼真的视觉体验。IPS液晶显示屏在色彩和对比度方面表现出色，甚至超过VA液晶显示屏。

(3) 器件案例

随着IPS技术的不断发展，它已经成为主流液晶面板厂商竞相研究和发展的一种新型技术，基于IPS技术原理，IPS大家族不断改进光源种类、镀膜材料、响应速度和色彩覆盖等性能，以满足市场需求，并在显示器市场中占据主导地位。例如，LG公司推出了Nano-IPS、AH-IPS、IPS Black，三星公司推出了PLS，友达光电推出了AHVA、Fast-IPS，京东方推出了ADS，群创推出了AAS，这些技术都能够在性能与成本之间取得良好的平衡，并有着自己的特点。

① Fast-IPS：专注于快。经过精心设计的工艺，Fast-IPS的面板变得极其轻巧，并且采用先进的电压控制技术，将超频的性能提升四倍，大大加快了系统的反应速度。

② AHVA：专注于广。AHVA(Advanced Hyper Viewing Angle，超视角高清晰)是一种新兴的IPS技术，采用这种技术的面板具有出色的视野和更广阔的可见度，而且穿透率比传统IPS面板更高，显示效果更加清晰。AHVA面板的颜色鲜艳、灰度控制出众，远超过传统IPS面板。

③ Nano IPS：专注于色彩。Nano IPS与普通IPS相比，最显著的改变在于采用了GB-r-LED光源效果，这种技术比一般IPS面板采用的WLED技术更具有色域覆盖性，使得面板的颜色表现更加精准、丰富，并且能够支持更高级别的HDR显示，如图3.23所示。

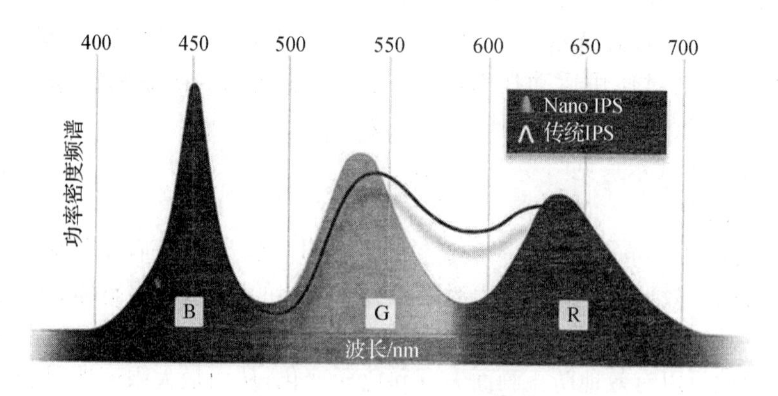

图3.23 Nano IPS显示光谱

④ IPS-Black：LG 推出的 IPS Black 技术专注于 HDR（High Dynamic Range，高动态范围）领域的突破。IPS Black 面板在 2022 年的 CES（国际消费类电子产品展览会）上正式发布，其 HDR 显示效果大大优于 OLED，深黑程度提升了 35%，对比度更是翻倍，达到 2000∶1，令人惊叹不已。在未来，这项技术或将迭代形成更加逼真的图像效果和更精确的颜色。

⑤ ADS Pro：面向 8K 高刷时代，ADS（Advanced Super Dimension Switch，高级超维场转换）面板不仅可以实现触摸式无水波纹，拥有广阔的视角，而且在大视角下 Gamma 精度更高，色偏更小，这些都是其独特的优势。ADS 面板技术的核心在于其独特的像素成型方法，这使得它能够更加高效地完成任务。

3.3.3　TFT-LCD 的器件与工艺

1）TFT-LCD 制备工序与关键工艺

TFT-LCD 器件的生产过程包括四大部分：① 将 TFT 材料压缩到一个小型 TFT 阵列；② 将彩色滤光片放置在一块基板上，并用 ITO 导电层覆盖；③ 将两块基板拼接起来，构建出一个液晶盒；④ 将外围电路和背光源等模块进行组装。下面将从这四大部分展开介绍 TFT-LCD 生产过程。

（1）TFT 阵列制备

现在常用的 TFT 材料包括 a-Si（非晶硅）、c-Si（单晶硅）和 p-Si（多晶硅）等，并且这些材料已经被成功地应用于制备 TFT 阵列。其中最常用的是 a-Si，下面我们重点探讨 a-Si TFT 阵列的制备流程。

① 在硼硅玻璃基板上溅射栅极、源极、漏极、ITO 透明膜等材料膜，并采用步进曝光机进行掩膜曝光，最后经过显影和干法蚀刻处理，制作出布线图案。

② 利用等离子体增强化学气相沉积法（Plasma Enhanced Chemical Vapor Deposition，PECVD），使固体材料在气相态下，通过化学反应沉积到被加热的基材表面，制备出 SiN_x、无掺杂 a-Si 和掺有 n+a-Si 的膜，随后，通过掩膜曝光和干法蚀刻，制备出 TFT 阵列。

TFT 阵列制备工艺对于有效控制显示阵列有着至关重要的作用，它需要大量的设备投入，并且必须满足极其严格的洁净标准。

（2）彩色滤光片制备

彩色滤光片着色部分的形成方法有染料法、颜料分散法、印刷法、电解沉积法、喷墨法。目前以颜料分散法为主。

通过颜料分散法，可以将 R、G、B 三色的微小颜料（平均粒径小于 0.1 μm）

均匀地分散在透明感光树脂中，并通过涂敷、曝光和显影等工艺方法，形成 R、G、B 三色图案，从而实现对物体的精确分析。光蚀刻技术被广泛应用于制造过程，其中包括涂层、曝光和显影等设备。

为了防止漏光，通常会在 R、G、B 交叉点上添加黑矩阵(BM)。过去，人们通常使用溅射方式制作单层金属铬膜，但现有工艺也会使用将金属铬与氧化铬结合在一起的方式制作 BM 膜，或者使用树脂与碳的混合物制作 BM 膜。

之后，在 BM 表面制作一层保护膜和 ITO 电极，同时为了确保液晶屏的正确安装，还需要将彩色滤光片的各个单元与 TFT 基板的每个像素精确匹配，从而实现与液晶盒的完美结合。

(3) 液晶盒制备

首先，在上下基板表面分别涂敷聚酰亚胺膜，并通过摩擦工艺形成可诱导分子按要求排列的取向膜。然后，在 TFT 阵列基板的表面涂抹上密封胶，并且在其表面撒上衬垫，以确保其完全覆盖。接着，还要在彩色滤光片基板的透明电极末端涂抹银浆，以确保彩色滤光片图案和 TFT 像素图案完美地对齐。最后，通过热处理，使得这些密封材料牢牢固定。为了确保印刷的质量，应该保留一个注射孔，用于将液晶从真空中灌满。

近年来，由于技术的飞速发展和基板尺寸的显著扩大，液晶盒的制备工艺也发生了翻天覆地的变化，其中最显著的是灌晶方式的改变，从传统的成盒后灌注转变为液晶滴下式注入(One Drop Filling, ODF)，这样一来，灌晶和成盒就可以同时完成，大大提升了生产效率。除了传统的喷洒技术，现代的垫衬方式已经开始采用光刻技术，以更高效、更精确的方式在阵列上实现。

(4) 外围电路、背光源等模块的组装

完成液晶盒的制造之后，为了使器件能够正常运行，必须先将外部驱动电路安装到面板上，然后将两块基板表面覆盖上偏振片，若采用透射型 LCD，则必须配备背光源。

TFT-LCD 器件的性能受到材料和工艺的双重影响，因此，在上述工艺中，往往都有很高的制备环境要求。经过上述四道复杂的制程，我们才能够看到最终的产品。

2) TFT-LCD 产业发展情况

随着液晶显示技术的飞速发展，薄膜晶体管液晶显示器因其大容量、高清晰度和完美的彩色效果而受到了消费者的极大青睐。液晶显示薄膜晶体管的性能是决定其显示质量和整体表现的关键因素。相较于单晶硅、多晶硅等材料，非晶硅的制造工艺成熟、成本较低，因此非晶硅成为液晶显示薄膜晶体管制造商使用的主要材料，但它的低迁移率、低电导率以及其他缺陷仍然阻碍着薄膜晶体管液晶显示器的进步。因此，研究者们正在努力寻找更加优质的替代品，以提升它的迁移率和电导率，从而满足消费者的需求，并为薄膜晶体管液晶显示器的未来发展提供可靠的支持。近年来，随着纳米技术的飞速发展，纳米硅薄膜晶体管液晶显示器因其出色的电导率、迁移率等特性，受到了广泛关注。此外，新型材料、先进的制造工艺、精确的设备配置、先进的软件系统，也大大加快了薄膜晶体管液晶显示器的更新换代。2.4 in 彩屏 TFT 液晶显示屏示例见图 3.24 所示。

图 3.24 2.4 in 彩屏 TFT 液晶显示屏示例

3.4 液晶显示技术发展趋势

近年来，平面显示器产业发展迅猛，显示技术不断进步，液晶显示器以其大规模量产而稳居主流地位，但是等离子、有机 LED 等其他显示技术也在不断发展，它们具有自发光、快速响应、高对比度、高色彩饱和度、可挠性等优点，给液晶显示产业带来了巨大的挑战，使其面临着前所未有的威胁。自 2020 年以来，手机细分市场上各大主流厂商的旗舰产品大多选择 AMOLED 显示屏，如苹果 iPhone 12 系列、三星 S20 系列、华为 P40 系列、小米 10 系列、OPPO Find X2 系列。为了保持液晶显示技术的竞争优势，各厂商正在投入大量资源，以提升传统液晶显示屏的性能和质量。尽管在显示效率、对比度、色域、响应时间、轻薄度和柔性等方面存在一定差距，但随着去彩色滤光片技术、量子点技术、叠屏技术和 Mini-LED 技术的不断发展，液晶显示屏在逐渐弥补自身短板，以满足消费者的需求。

3.4.1 液晶显示效果革新趋势

1) 器件结构

(1) 去彩色滤光片技术(Color Filterless)/场序式色彩技术(Field Sequential Color, FSC)

传统的有源矩阵 LC-TV 液晶显示系统通常使用由传统冷阴极荧光灯(CCFL)组成的恒定全开背光照明，产生的光通过由两组偏振器、滤色器和漫射器组成的光学堆栈等组件时,大部分光被散射和吸收。采用场序式色彩技术,能够有效地消除液晶显示器中的杂质,进而极大地改善电光转换效率,这不仅能够极大地拓宽系统的色域范围,增强饱和度,还能够节省原材料的消耗,因此,场序式色彩技术已经成为液晶显示技术发展的最新趋势。

传统的彩色滤光片通常由三个像素组成,每个像素都由一个场效晶体管控制电场强度。这些电场强度决定了光的强度,并通过滤光片的调整来获得各个像素所需的原色光强度。最后,人眼通过视觉系统来感知光的强度。传统混色方法通过将 R、G、B 三个子像素的原色混合在一起,创造出一种不同于人眼视角的颜色,这种混合基于空间轴上的原色,可以在一定范围内实现。

场序式色彩技术可以大大提高混色效果,它将原本基于空间轴的混色改为基于时间轴混色,使得 R、G、B 三种颜色可以快速切换,而且转换时间比人眼视觉所能分辨的时间更短,从而充分利用人眼的视觉暂留效应,达到更好的混色效果(图 3.25)。此外,每个像素不需要再分割出子像素,而是通过背光模块中的三种原色光源按照时序切换,并同步控制液晶像素的穿透率来调节各种原色的相对光量,从而实现混色的目的。最终,通过视觉系统的暂留效应,我们可以感知到这种颜色。

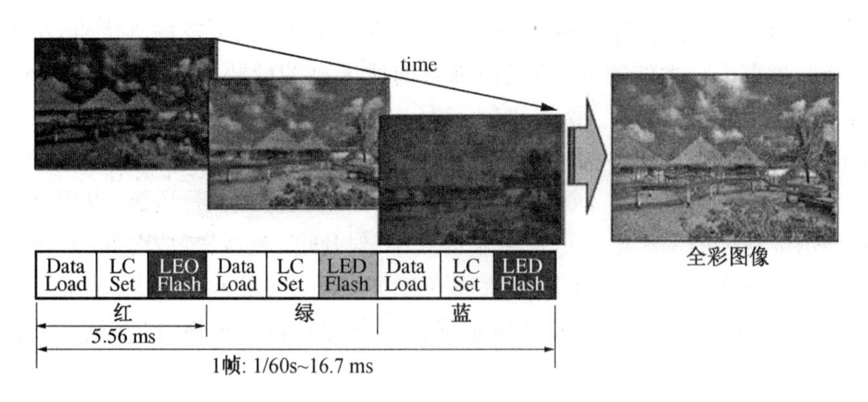

图 3.25 场序法混色示意图

不过,场序式色彩技术在液晶显示领域的应用仍存在几大难题,第一是液晶响应速度仍需要提升,如果原本的画面频率为 60 Hz,那么使用场序法就必须将其调整到 180 Hz,才不会让人感觉到在进行颜色的变换。第二是技术上需要解决场序法产生的色分离现象。场序法是将三种颜色的光投射到视网膜上的不同位置,从而使视觉系统能够察知。但是当这些像素被投射到不同位置时,观察者会看到色场分离错位的影像,这种现象被称为色分离现象。解决色分离现象可以提高观看质量,并减轻使用者长时间观看色序型显示器后出现的眩晕感。为此，许多算法正在努力优化这一问题，以提升显示效果。第三，脉冲式光源是场序法最佳的光源，而 LED 则具有更宽的频谱特性，可以提供更丰富、更多样的色彩，从而大大拓展系统的色域范围，但是 RGB LED 背光源导入量产仍存在功耗、成本方面的压力。

(2) 叠屏技术与 Mini-LED 技术

对于背光源的改善，除了从材料方面改进，在结构方面也有不少优化前景。随着技术的不断发展，叠屏和 Mini-LED 两种技术方案已经成功地被应用到了实际的产品中，它们均以精确控制液晶背光为核心。如图 3.26 的海信 U9 是一款革新性叠屏 TV，它拥有上下两块面板，上层彩色屏能够清晰地呈现出色彩，而下层控光层则能够精确调节背光亮度，使得画面更加鲜明、细腻，更能体现出极致的对比度。通过叠屏控制算法，将背光、控制和图像三个层面有机结合起来，能够显著改善液晶电视的静态对比度。然而，由于复杂的输入信号的计算延迟，这一技术的性能仍有待进一步提升。

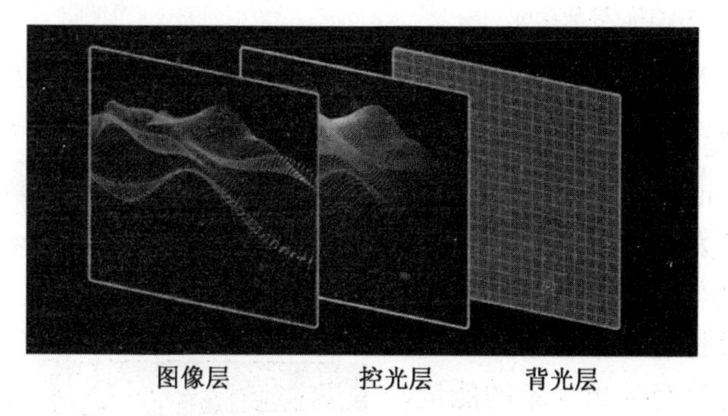

图 3.26　海信叠屏电视的结构示意图(图片来源于网络)

Mini-LED 技术是指在背光源上采用 Mini-LED 灯珠从而改进显示效果的技术。它使用大小介于 50～200 μm 之间的 LED 器件，其组成的像素阵列更小，像素中心间距更细密，可以在背光分区上实现更好的显示效果。Mini-LED 器件由驱动电路和 LED 像素组成，可以实现更高的显示精度和清晰度。Mini-LED 灯珠的大小是传统灯珠的 1/40，可以实现精确控制光线的分区，将灯珠亮度调节成上千种不同的亮度等级，从而达到千级调光水准。通过液晶分子旋转和点光源，Mini-LED 灯珠可以实现几何倍数增长，从而实现更加精确的控光效果，这种控光技术可以与 OLED TV 相媲美。近年来，TCL、苹果、三星、索尼、LG、海信、创维、长虹、飞利浦等主要电视厂商在 Mini-LED 领域频频发力，推出自己的产品。

2) 液晶材料

如图 3.27 所示,近年来,为了提升液晶显示器的色域,研究者们不断探索新的材料,其中量子液晶材料的表现尤为突出,它可以有效地改善背光源,从而达到更好的性能。

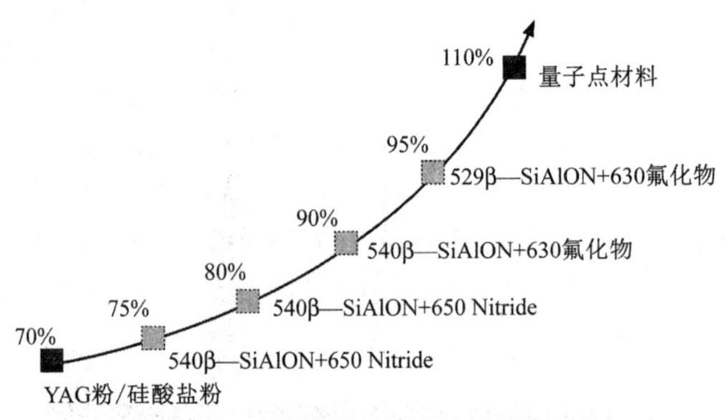

图 3.27　不同液晶材料的显示色域提升比

量子点发光二极管(Quantum Dots Light Emitting Diode, QLED)是一种革命性发光器件,其发光机制与 OLED 极为类似,即当载流子从外界获取能量时将进入激发态,而当其回归到基态时将释放出大量的能量,并以光的形式传播开来。量子点材料可用于显示出多种不同的光学特性,其中包括电致发光和光致发光。这两者中,人们对量子点光致发光可能较为陌生,其实它也叫做量子点背光技术,是一种新兴发光方式,已经发展出了三种不同的产品形态,结构如图 3.28 所示:一种是封装在 LED 中,另一种是放在玻璃管旁边,还有一种是将量子点薄膜放入背光模组中。近年来,量子点材料因其发光线宽窄、发射波长可调等优势,已经被广泛应用于 LCD 背光源领域,使得液晶屏色域提升到 100%以上。尽管 OLED 可以通

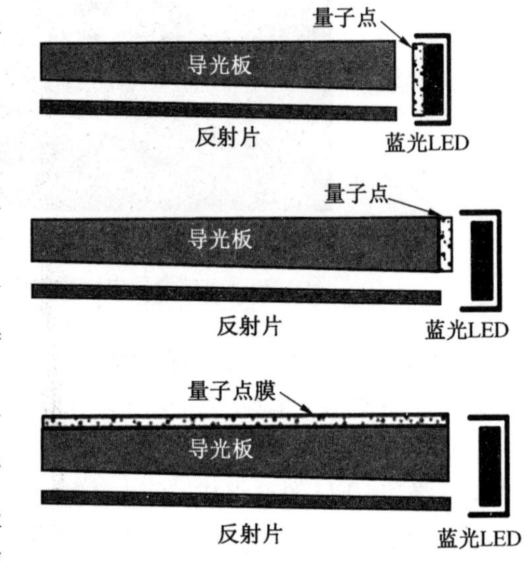

图 3.28　量子点光致发光应用的三种形式(从上至下:On—Chip、On—Edge 及 On—Surface)

过真空蒸镀工艺制作发光层，但由于量子点是无机纳米晶体，因此必须采用湿法制程，如喷墨打印和黄光工艺，以获得更高的发光效率。QLED技术目前仍处于探索阶段，但我们坚信它会在不久的将来成为一种重要的商业化技术。

除了显示领域，液晶显示技术还可以应用于智能玻璃、光栅、透镜和相控阵等前沿领域，具有巨大的发展潜力。

3.4.2　其他液晶显示技术创新趋势

1）液晶智能玻璃

利用液晶原理制造的调光玻璃，如聚合物分散液晶(Polymer Dispersed Liquid Crystal, PDLC)(图3.29)，当液晶分子处于不加电状态时，它们会自由取向，从而使光线被随机散射，形成毛玻璃般的不透明状态。然而，在施加电压的情况下，液晶分子的方向发生了巨大的变化，最终导致它们完全透明。利用液晶这种独特的特性，可以设计出一款具有灵活调光功能的玻璃，使得玻璃既可透明又可不透明。随着科技的飞速进步，调光玻璃技术已经成为商业办公、汽车智能化领域的一个重要研究方向，吸引了众多知名企业，如大陆、福耀、京东方等，在这一领域取得了长足的进步。

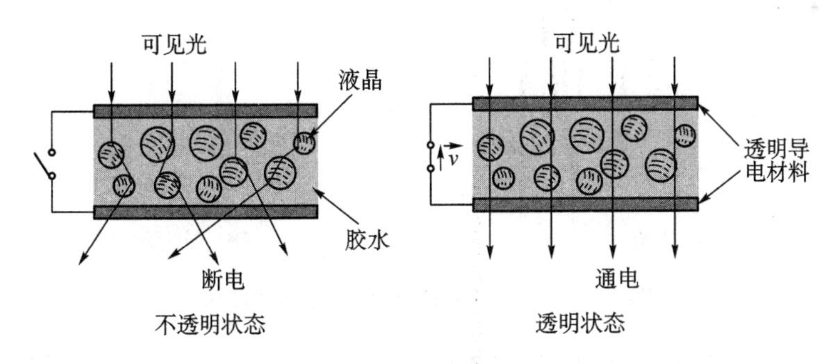

图3.29　液晶透明玻璃基本原理图

2）液晶光栅

光栅作为一种具有独特的干涉和衍射功能的元件，可以根据需要进行多种调整，从而达到色散、分束、偏振、相位调制等效果，在许多领域得到了广泛的应用，例如显示传感器、裸眼3D显示器等。由于具有可调制的特性，液晶光栅在各种应用场景中具有独特的优势，远超传统光栅。通过使用液晶光栅，裸眼3D应用可以实现 2D/3D 的切换，从而克服了观众受到视角限制的困难。如图 3.30 所示，当光栅未被充电时，它处于一个完全透明的状态，可以显示 2D 图像；而当给予相应电极一定的电场，液晶分子就会按照一定的规律排列，从而产生 3D 图像。通过应用眼球跟踪技术，我们能够实现对人类目标的精确跟踪，并通过调整液晶光栅电场来实现 3D 视角的自主调节。

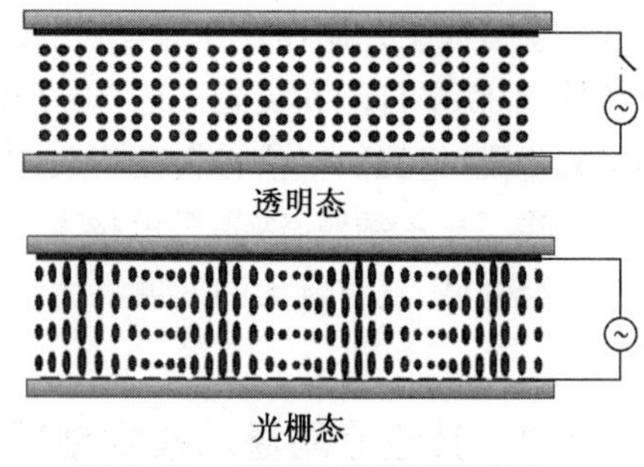

图 3.30 液晶光栅显示原理图

3) 液晶透镜

菲涅尔透镜是一种革命性技术，它可以将传统的球面镜变得更加轻薄，可以将坍陷连续表面部分精确地移动到一个平面上，如图 3.31 所示。通过观察表面的锯齿状凹槽，可以将光线聚焦在一个特定的位置，从而改变传统的球形镜的结构，使得镜片的厚度可以随着镜片的增加而增大。液晶透镜则是在此基础上，利用环形电极来控制液晶的偏转，形成一个等效的、可以调整的菲涅尔透镜。

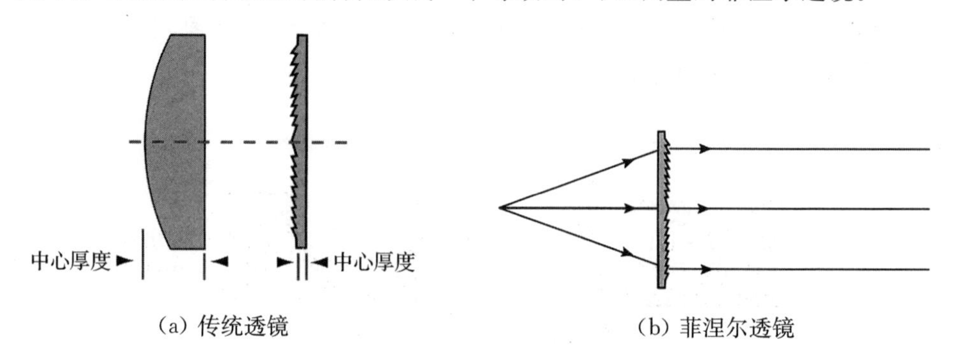

(a) 传统透镜 (b) 菲涅尔透镜

图 3.31 传统透镜和菲涅尔透镜结构对比

如图 3.32 所示，当电极的精细度提高时，可以产生更多的折射率台阶，从而使菲涅尔透镜的效果更加出色，光效也会有显著提升。尽管液晶菲涅尔透镜的光学聚焦度仍未达到传统光学器件的水平，但它的可调制特性使它具有变焦的能力，从而极大地拓展了它的应用范围。随着 VR 虚拟现实技术的发展，液晶单透镜已

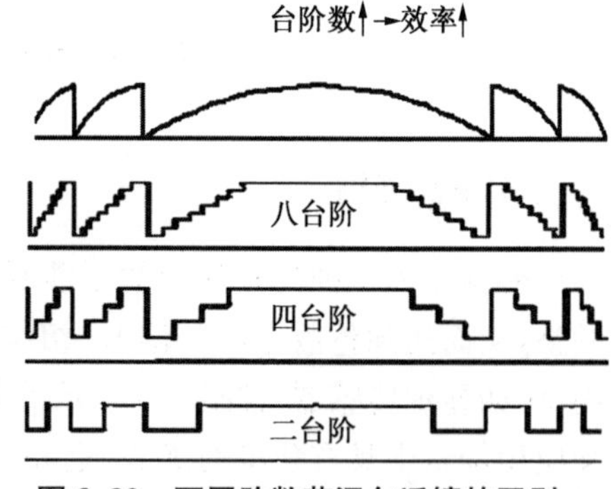

图 3.32 不同阶数菲涅尔透镜的区别

经成为一种理想的解决方案，可以替代传统的物理变焦光学系统，使得设备的尺寸变得更小，精度也得到了极大的提升。

4）液晶相控阵

相控阵雷达是一种先进的、高精度的、可以实现多种目标跟踪的雷达，它在军事领域被广泛使用。如图3.33所示，采用大规模的小型天线阵列，并配备独立的移相开关，可以显著改善传统机械扫描雷达在体积、可靠性等方面的不足，进而极大地提高它们的扫描精度和电子对抗能力。液晶材料由于其自身的各向异性且更易形成驱动阵列的优点，可以很好地替换普通相控雷达中繁多的天线单元。液晶相控阵具有体积小、重量轻、功耗低的优势，特别适用于需要低功耗、高集成度的微波或光学相控阵雷达。

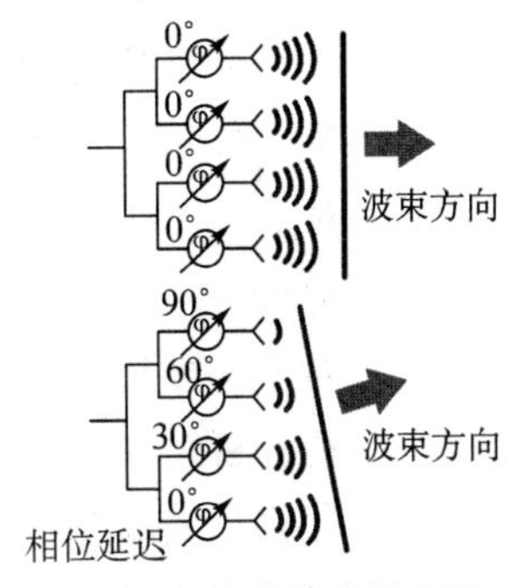

图3.33　相控阵雷达原理图

如图3.34所示，可以将电磁波信号耦合到移相单元，并将其传输至微带线。随后，这些电磁波会被固定在液晶层内，通过调整电压，可以改变液晶的介电常数，从而影响电磁波的相速度，进而影响它的相位。最终，这些电磁波会经由耦合缝隙和天线贴片，朝着远处发出。通过使用可编程的液晶移相器阵列，能够更加准确地控制电磁波的传播方向。

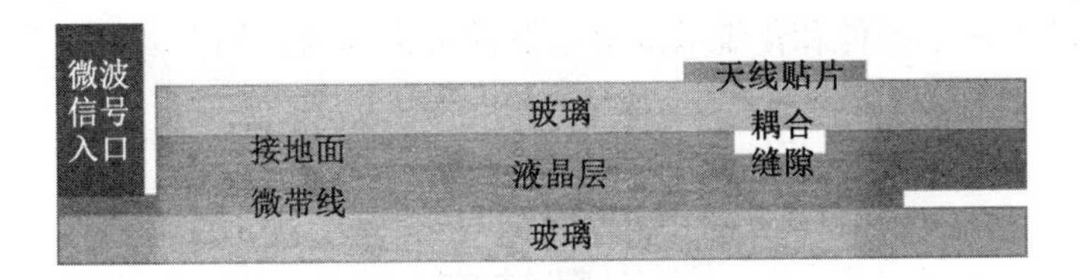

图3.34　液晶移相器结构横截图

液晶材料的多方位性质和流动性使得它们能够产生出强烈的电光效应，这种效应能够通过改变电场来控制光线和电磁场，进而产生出多种光学现象，如干涉、散射、衍射、旋转和吸收。因此，液晶技术在电子信息领域的应用非常广泛，它仍将长期占据主导地位，为电子信息技术的发展做出重要贡献。

习　题

1. 在某液晶盒中，定向层液晶分子短轴与指向矢 $\vec{n}$ 的夹角为 87°，试计算定向层的有序参数 S。
2. 某 TN-LCD 器件使用的液晶材料的参数为 $K_{11}=10$ pN，$K_{22}=5.4$ pN，$K_{33}=19.9$ pN，试计算该材料的弹性系数 K_{ii}；若该材料的介电常数各向异性 $\Delta\varepsilon=3.2$，试计算其工作阈值电压 V_{th}。
3. 对于 TN-LCD 器件，负介电各向异性的液晶材料是否合适？请给出具体的分析。
4. 什么是液晶相？主要分为哪几类？
5. 显示用液晶材料有哪些重要的物理参数？这些物理参数对液晶显示器件的影响是什么？
6. 作图描述扭曲向列相液晶显示器件的透光和遮光过程。
7. 液晶显示器件的基本结构有哪几部分？每个部分的作用是什么？可以作图分析。
8. 液晶材料的分类和液晶分子的排列情况各有哪些？
9. TN 型液晶显示器件光电效应的原理是什么？TN 型液晶盒的两种工作模式是什么？
10. TFT 显示器件和传统液晶显示器件最根本的区别在哪里？为什么 TFT 显示模式可以给液晶显示效果带来质的飞跃？

习题答案

1. $S=0.29$。
2. $K_{ii}=12.3$，$V_{th}=6.16$ V。
3. 不合适。请结合 3.2.2 节的内容分析，答案略。
4. 详情请参考 3.1.2 节，答案略。
5. 主要物理参数为温度、黏度、介电常数各向异性 $\Delta\varepsilon$ 与折射率各向异性 Δn。详情请参考 3.1.2 节。
6. 略。
7. 详情请参考 3.2 节，答案略。

8. 三种类型:近晶相、向列相、胆甾相。分别为丝状、层状、螺旋状。
9. 详情请参考3.2.2节,答案略。
10. 根本区别在于TFT-LCD器件为有源矩阵类型液晶显示器,而传统TN-LCD器件为无源液晶显示器。略。

参考文献

[1] 高鸿锦,董友梅,等.新型显示技术:上册[M].北京:北京邮电大学出版社,2014.

[2] 谢毓章.液晶物理学[M].2版.北京:科学出版社,1998.

[3] 玻恩,沃耳夫.光学原理[M].杨葭荪,等译.北京:科学出版社,1978.

[4] 刘永智,杨开愚,等.液晶显示技术[M].成都:电子科技大学出版社,2000.

[5] 应根裕,胡文波,邱勇,等.平板显示技术[M].北京:人民邮电出版社,2002.

[6] 张兴,黄如,刘晓彦.微电子学概论[M].2版.北京:北京大学出版社,2005.

[7] 关旭东.硅集成电路工艺基础[M].北京:北京大学出版社,2003.

[8] 陈志强.低温多晶硅(LTPS)显示技术[M].北京:科学出版社,2006.

[9] 堀浩雄,铃木幸治.彩色液晶显示[M].金轸裕,译.北京:科学出版社,2003.

[10] 小林骏介.下一代液晶显示[M].乔双,高岩,译.北京:科学出版社,2003.

[11] 大石严,畑田丰彦,田村彻.显示技术基础[M].白玉林,王毓仁,译.北京:科学出版社,2003.

[12] 谷千束.先进显示器技术[M].金轸裕,译.北京:科学出版社,2002.

[13] 谭玉东.TFT-LCD液晶材料的研究现状及应用[J].智库时代,2018(49):182.

[14] 王红光,陈瑶.TFT-LCD技术新趋势下彩色滤光片行业发展研究[J].电子世界,2019(23):22-24.

[15] 宋延林,徐文涛,郭志杰.量子点显示:让“视界”更精彩[J].新材料产业,2020(2):42-46.

[16] 姜明宵，胡伟频，王纯，等. 液晶显示的竞争前景以及液晶材料的未来应用[J]. 光电子技术，2021，41(2)：94－98.

[17] Jia H P. Who will win the future of display technologies? [J]. National Science Review，2018，5(3)：427－431.

第 4 章　OLED 显示技术

OLED(Organic Light Emitting Diode)，中文名称为有机电致发光二极管，它使用多层有机薄膜结构作为发光层，这种结构具有可印刷、易制作、低驱动电压的特性，因此 OLED 在显示器应用方面的优势十分突出。相比于传统的 LCD 屏，OLED 结构薄、功耗低、亮度高、响应快、清晰度高、柔性好，极大满足了消费者对于显示质量的需求。因此，OLED 迅速地实现了产业化、商用化，并在近几年逐步取代 LCD。

4.1　OLED 基础知识

4.1.1　OLED 基础理论

OLED 显示的研究基础是有机半导体材料，本节将简要介绍与 OLED 相关的有机半导体学部分基本理论，包括有机半导体能级、基态与激发态等几方面的内容。

与无机半导体材料相比，有机半导体材料的原子排列不具有长程有序性，分子之间由键能很弱的范德华力吸引。这种结构使得电荷在有机半导体材料中的传输相比在无机半导体中要复杂得多。所以，在研究有机材料中的电致发光现象时，需要同时考虑材料的发光属性和电荷传输特性。

有机半导体的能级结构是每个分子由多个原子能级相近的原子轨道线性组合而成的。两个能级相近的原子轨道组合成分子轨道时，总要产生一个能级低于原子轨道的成键轨道(π)和一个能级高于原子轨道的反键轨道(π^*)，多个成键轨道或反键轨道之间简并、交叠，形成了能带。在分子轨道理论中，一般称最高的占有电子的 π 键成键轨道为最高占有分子轨道(Highest Occupied Molecular Orbital, HOMO, 下文简称 HOMO 能级)，最低的未占有电子的 π^* 键反键轨道为最低未占有分子轨道(Lowest Unoccupied Molecular Orbital，LUMO,下文简称 LUMO 能级)。我们可以将 HOMO 能级和 LUMO 能级分别看成能带理论中的价带顶与导带底。电子从 LUMO 能级跃迁到 HOMO 能级时会产生光。

在有机半导体学中,如果一个分子处于基态,则需要满足能量最低原则、泡利(Pauli)不相容原理和洪德(Hund)定则这三个基本原则。其中,能量最低原则是指电子在分子中排布时总是先占据那些能量较低的轨道;泡利不相容原理是指电子排布时每个轨道最多容纳 2 个电子;洪德定则指在每个轨道上运动电子自旋相反。

当处于基态的分子受到其他作用并使得能量升高时,便不再遵从上述规则,此时该分子被称为激发态。激发态的多重态由化合物受磁场环境影响下在原子吸收和发射光谱中谱线的数目所决定。一般而言,激发态分为单重态和三重态。当一个分子中所有电子自旋都配对时,我们称其处于单重态,可以用符号 S 表示;当电子在跃迁过程中自旋方向发生改变,则该分子存在两个自旋不配对的电子,即平行自旋,我们称这种激发态为三重态,可以用符号 T 表示。三重态能级比单重态能级略低,这是因为处于分立轨道上的非成对电子,平行自旋要比自旋更加稳定。

有机半导体材料电致发光会涉及振动弛豫、内转换、荧光、磷光等物理过程,如图 4.1 所示。当分子吸收光辐射后,可能会从基态的最低振动能级跃迁到激发单重电子态的较高振动能级上;然后分子可能与周围环境碰撞,并产生能量转移,使分子失去振动激发能。这样的过程被称为振动弛豫。内转换则是指多重性相同的不同激发态之间的一种非辐射跃迁,其不需要耗散能量,转换速率非常快。

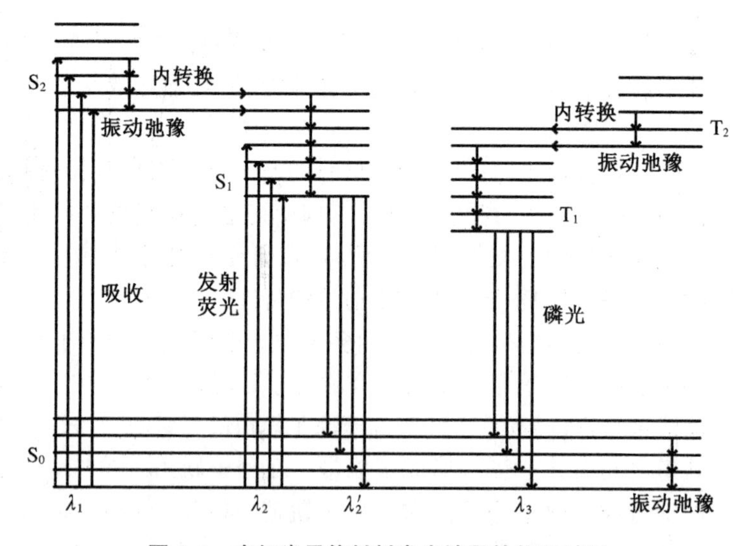

图 4.1　有机半导体材料发光涉及的物理过程

荧光和磷光是两种常见的光致发光现象，它们的共同点是两者均为以基态为终态的辐射跃迁过程所发生的现象。它们的不同点在于荧光的跃迁始态为激发单重态，且受激发射弛豫时间极短，撤除激发光源后荧光立即消失，寿命在飞秒至纳秒量级；而磷光的跃迁始态为激发三重态，在激发光停止照射后，由于磷光产生伴随自旋状态的改变，辐射速度远小于荧光，仍会持续一段时间，寿命在毫秒甚至十秒量级。

4.1.2 OLED结构

OLED最初的结构可以用“三明治夹层”来形容，即发光层被夹在阳极与阴极之间，阳极表面有一层玻璃基底，这种简单的结构被称为单层结构。随着OLED显示技术的发展，出现了双层、三层乃至多层结构。如今常见的OLED结构自底向上主要包括：基板、阳极、空穴注入层、空穴传输层、发光层、电子传输层、电子注入层、阴极，如图4.2所示，总体来说OLED的结构远远比传统的LCD显示屏简单。下面简要介绍OLED各层的材料和作用。

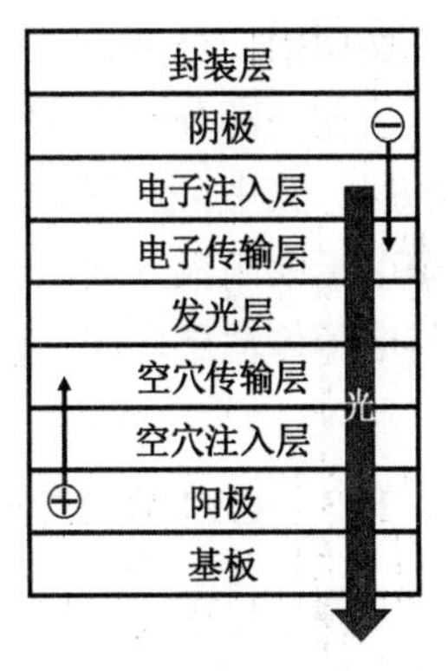

图4.2 OLED结构示意图

(1) 基板(substrate)：常用玻璃、金属箔或有机玻璃板制成，其作用是支撑整个OLED，它也是限制OLED屏厚度的主要因素。

(2) 阳极(anode)：使用透光度好，具有高功函数和低电阻特性的氧化铟锡(ITO)制成，它的作用是在电流流过设备时消除电子，增加空穴注入效率。在本书后续内容中，我们使用ITO来指代阳极。

(3) 空穴注入层(Hole Inject Layer, HIL)：使用与阳极功函数匹配，且与阳极和空穴传输层附着性良好的材料制成。常见的材料包括酞青类化合物，例如CuPc、TiOPc、导电高分子材料等。

(4) 空穴传输层(Hole Transport Layer, HTL)：由功函数与发光层和注入层匹配的有机材料分子构成，这些分子形成的异质结传输由阳极来的空穴，从而限制电子的移动。常用空穴传输层材料为芳香胺类化合物，例如NPB、TPD、PVK等。

(5) 发光层/发射层(Emitting Material Layer, EML)：OLED的核心，该层使用的有机材料分子需要具有高发光效率，两种载流子兼优的传输性能，蒸镀均匀，成膜性好，且功函数与传输层匹配的特性。小分子发光材料中，Alq_3可单独作为发光层材料，其作为主体发光材料掺杂其他荧光物质即可实现特定颜色的输出。

(6) 电子传输层(Electron Transport Layer, ETL):与空穴传输层类似,其作用是传输由阴极来的电子,从而阻止空穴通过。常见材料有 $Almq_3$、DVPBi 等。

(7) 电子注入层(Electron Inject Layer, EIL):使用与阴极功函数匹配,且与阴极和电子传输层附着性良好的材料制成。不同于前面各层,该层不使用有机分子,而通常使用铝或氟化锂制备。

(8) 阴极(cathode):可以是透明的,也可以不透明,视 OLED 类型而定。阴极使用铝锂合金、铝镁合金制成,通电后阴极金属中的自由电子会注入电路。

在一部分 OLED 中,发光层的两个表面还分别有一层空穴阻挡层与电子阻挡层。其中,电子阻挡层被夹在发光层与空穴传输层之间,其作用是阻止发光层中电子朝阳极方向迁移,使得复合率和发光效率降低;空穴阻挡层则位于发光层与电子传输层之间,其作用与电子阻挡层相同。

4.1.3 OLED 工作原理

OLED 中发光层的工作原理主要分为五个步骤,即载流子注入、载流子迁移、载流子复合、激子迁移和激子辐射发光,如图 4.3 所示。

第一步是载流子注入。OLED 在设备电源或电池施加电压形成的外加电场下,载流子从电极克服界面势垒,并分别注入空穴传输层的 HOMO 能级和电子传输层的 LUMO 能级。

第二步是载流子迁移。载流子在外部电场驱动下,穿过空穴与电子传输层,朝发光层迁移。

第三步是载流子复合。在发光层中,电子与空穴受到库伦力后产生束缚,形成了一组电子空穴对,这种束缚系统被称为激子。

第四步是激子迁移。激子由于电子与空穴传输不平衡性,在发光层内不会均匀分布,因此在发光层中产生了浓度梯度。激子在浓度梯度的作用下发生了迁移。

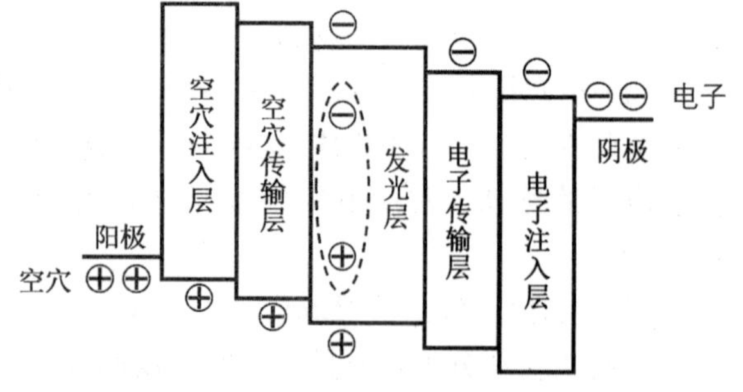

图 4.3 OLED 发光原理示意图

最后一步是激子辐射发光。激子具有一定的寿命,如果它在其寿命内不被缺陷能级或其他猝灭中心俘获，能量一般通过辐射跃迁的形式消耗而回到基态，产生电致发光。理论上这些激子中有 25%处于单重激发态，它们以荧光辐射的方式回到基态，其余 75%的三重态激子则将以磷光辐射或者热的形式回到基态。

4.1.4 OLED 彩色化

为了实际应用，OLED 还需要实现彩色化。目前实现 OLED 彩色化有三种方式，分别为三原色发光法、滤光片法以及色转换法。

1) 三原色发光法

三原色发光法的原理很简单，就是使用红、绿、蓝三种有机发光材料对 OLED 的发光层上色。这种彩色化方式的优势在于能够突出三色发光材料的性能。早在 1991 年，柯达公司就提出了采用像素并置法的 OLED 面板制备方式。具体制作方法是在蒸镀 R、G、B 三原色中的一组有机材料时，利用掩模板将另外两个像素遮蔽，然后利用高精度的对位系统移动掩模板或基板，继续下一个颜色像素的蒸镀。

三原色发光法也存在很多缺陷，例如三色发光材料的寿命不同，器件的耐久性将取决于寿命最短颜色的寿命。经过长时间的使用，显示器件的发光效率降低，显示图像还会出现色差现象。此外，在制作高精度显示屏时，掩模板会受热膨胀，膨胀程度难以控制，从而影响三原色像素点均匀排布。

2) 滤光片法

滤光片法可以解决上述问题，它在发光层中使用的是白色发光材料，所以该方法也被称为白色法。滤光片法的原理是利用滤光片将白色光分成三原色的三色光，从而实现全彩显示。使用这种方法，需要在基板与 ITO 电极之间制作三原色并置的滤色板层，发光层出射的白色光通过彩色滤光片后，形成了三原色的光。

滤光片法的优势在于构造简单，不需要考虑掩模板受热膨胀的问题，还能减少背景光的干扰。然而，使用彩色滤光片会吸收发光层发出的白色光，只允许一部分光透过，降低了 OLED 的发光效率。

3) 色转换法

色转换法与滤光片法类似，不同之处在于它将发光层中的白色发光材料换成蓝色发光材料，彩色滤光片改成荧光膜。之所以选用蓝色发光材料，是因为比起红色光与绿色光,蓝色光的能量最高,它可以利用激发态能量产生大部分的颜色。红色光和绿色光都可以由让蓝色光分别通过激发红色与绿色的荧光膜得到,所以只需要蓝色发光材料就可以产生三原色光,并实现全彩化。不过,外光激发荧光膜会导致对比度下降,可以通过在基板与荧光膜之间插入彩色滤光片来解决这一问题。

色转换法的优势很明显,只需要蓝色发光材料,且不需要使用掩模板来制备,降低了生产成本。但是,荧光膜会导致出射光没有方向性,在水平于器件的方向产生光流失,色转换效率也会降低。

4.1.5 OLED 性能参数

OLED 有着明确的使用目标和使用场景,一款成熟的 OLED 产品或技术有着几项关键性能指标,包括发光亮度、开启电压、工作寿命以及发光效率等。

与其他显示器件一样,OLED 的发光亮度指的是显示器件单位面积在其垂直方向的发光强度;开启电压是指器件所需施加的驱动电压,使其发光亮度为 1 cd/m^2;工作寿命是指器件从初始发光亮度下降到一半时所用的时间;发光效率指的是器件将电能转化为光能的能力,其中发光效率又分为量子效率、流明效率和功率效率。

1) 量子效率

量子效率是描述光电器件光电转化能力的重要参数,分为内量子效率和外量子效率。内量子效率定义为产生光子与注入电子数目之比,外量子效率定义为观测方向上射出器件表面的光子与注入电子数目之比。内量子效率与外量子效率可由式(4.1.1)和式(4.1.2)表示:

$$\eta_{\text{int}}=\frac{N_{\text{int}}}{N_{\text{c}}} \tag{4.1.1}$$

$$\eta_{\text{ext}}=\frac{N_{\text{ext}}}{N_{\text{c}}} \tag{4.1.2}$$

外量子效率和内量子效率存在近似关系,如式(4.1.3)所示:

$$\eta_{\text{ext}}=\eta_{\text{int}}\left(1-\sqrt{1-\frac{1}{n^2}}\right)\simeq\frac{\eta_{\text{int}}}{2n^2} \tag{4.1.3}$$

式中,n 表示发光材料的折射率,通常取值为 1.5~2.0,故内量子效率是外量子效率的 4~8 倍。这说明,器件本身所发出的光绝大部分未能发射至器件外。这是因为 OLED 是多层结构,每层结构的折射率差异较大,大部分光能被全反射回去并被器件材料吸收，只有部分光经过器件边缘透出。

2）流明效率

流明效率也称为电流效率，定义为发光亮度与电流密度之比，单位为 cd/A，其计算公式如式(4.1.4)所示：

$$\eta=\frac{B}{J} \tag{4.1.4}$$

3）功率效率

功率效率主要衡量电能的能量转化效率，定义为器件向外部发射的光功率与器件工作时所消耗的电功率之比，单位为 lm/W，其计算公式如式(4.1.5)所示：

$$\eta=\frac{P_{\mathrm{ext}}}{P_{\mathrm{i}}} \tag{4.1.5}$$

4.2　OLED发光材料

OLED的有机发光材料可以分为小分子发光材料和高分子发光材料两类。其中，由于对小分子发光材料的研究进行得较早，因此OLED的小分子器件目前已达到商业化。高分子OLED又可称为PLED(Polymer LED，高分子发光二极管)，具有成本低和制备简单的优势，但相比小分子发光材料，高分子发光材料研究起步较晚，因此该技术仍有很大发展空间。

4.2.1　小分子发光材料

OLED的小分子发光材料可分为有机小分子化合物和金属配合物两类。其中，有机小分子化合物具有化学修饰性强、荧光量子效率高和可以产生三原色光的优势，常见的有机小分子化合物材料有罗丹明类染料、香豆素染料、喹吖啶酮等；金属配合物由金属离子与有机配体组成，具有电中性并配位数饱和，因此它在拥有有机物高荧光量子效率的同时，也具备无机物的稳定性，常见的金属离子有 Zn^{2+}、Al^{3+}、In^{3+}、Ir^{3+}、Tb^{3+} 等，有机配体则包括8-羟基喹啉类、10-羟基苯并喹啉类等。小分子发光材料根据发光颜色的不同，可分为绿光小分子材料、蓝光小分子材料和红光小分子材料。

1）绿光小分子材料

在OLED发光材料中，绿光小分子材料的发展与研究最早，并具有非常优异的发光特性。最早应用的绿光金属配合物材料为8-羟基喹啉类铝(又称 Alq_3),其化学结构式如图4.4所示。与其他金属配合物一样,Alq_3 具有荧光量子效率高、稳定性高和成膜性好的特性,此外 Alq_3 的发射峰位于530 nm处,这说明它有非常强的绿光输出能力。在OLED显示器件中,Alq_3 材料不仅可以作为发光层材料,还可以在电子传输层中使用。在 Alq_3 中掺杂绿色有机染料分子,例如香豆素类染料或喹吖啶酮,可以提高器件的荧光效率。

在 Alq_3 的基础上,科学界和产业界也研发出了许多其他的绿光材料,例如结构与 Alq_3 类似的AlOq,其结构式如图4.5所示。与 Alq_3 相比,以AlOq作为发光材料的OLED中绿光发光亮度可达1000 cd/m^2 以上,发光效率则是以 Alq_3 作为发光材料的将近4倍。

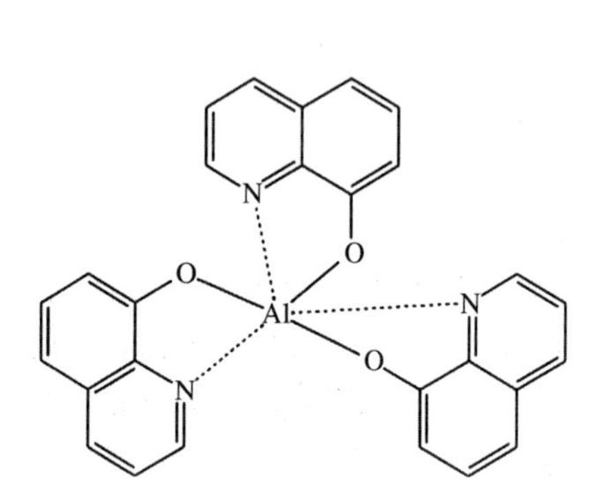

图4.4 Alq_3 的结构式

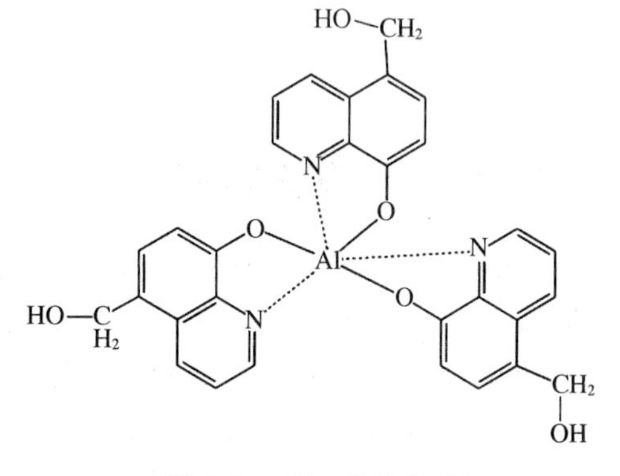

图4.5 AlOq的结构式

此外,科学家还发现了电致磷光现象,研发出了磷光发光材料。随着磷光材料的出现,量子效率突破了25%的限制。最早发现的绿色磷光材料为 $Ir(ppy)_3$,其结构式如图4.6所示,其光谱半峰宽仅有20 nm,色纯度比 Alq_3 更高。

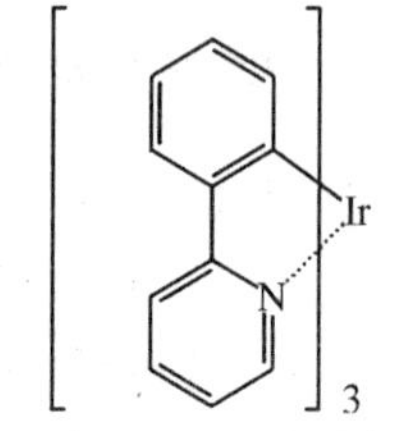

图4.6 $Ir(ppy)_3$ 结构式

2) 蓝光小分子材料

与绿光器件相比,蓝光器件的发展水平相对落后。在荧光发光材料中,通常使用蒽类和芴类化合物作为器件的发光层,其中蒽与芴的结构式如图4.7所示。蒽类化合物的荧光效率高,但其分子平面度高,

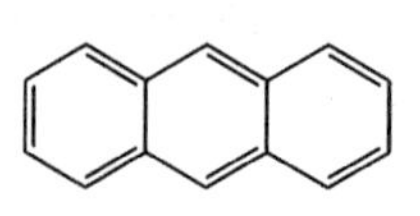

图4.7 蒽与芴的结构式

从而影响了器件的寿命，因此通常使用蒽类衍生物作为发光材料。芴类化合物结构稳定，具有良好的刚性共面性和热稳定性，可用于制作大尺寸器件，并在制作成本和仪器设备方面有较大优势。因此芴类化合物用作蓝色发光材料，具有非常好的发展前景。

在蓝光小分子材料中也有金属配合物的磷光材料，例如铱的配合物 FIrpic，其结构式如图 4.8 所示。蓝色磷光器件的效率高低与主体发光材料的三重激发态能量有很大关系，当主体发光材料的三重激发态能量比蓝光磷光材料低时，能量会从掺杂物回到主发光体，使器件效率下降。因此对于蓝光磷光器件，主体发光材料的选择十分重要。

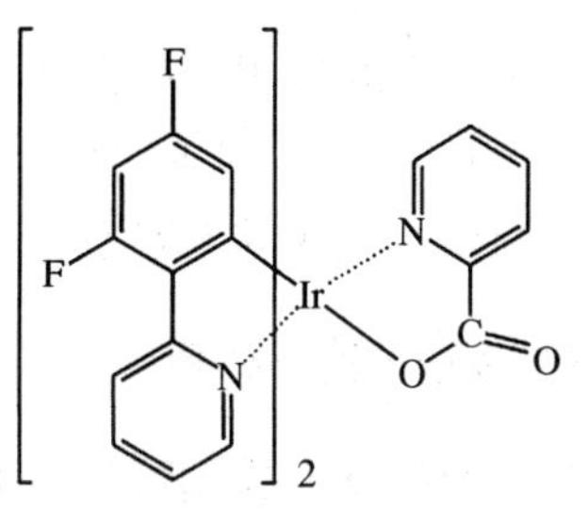

图 4.8 配合物 FIrpic 的结构式

3）红光小分子材料

与蓝光器件和绿光器件相比，红光器件的发展由于自身材料的性能问题而受到限制。人眼对于红光最不敏感，因此对红光的色纯度要求比绿光和蓝光要高。然而，红光染料因为最低激发态与基态能级差较小，量子效率较低，所产生的能量不高；而且红光染料的 HOMO 与 LUMO 能级差较小，致使红光材料同载流子传输层之间的功函数匹配困难，发光层内电子空穴的复合率降低。这些因素都阻碍了红光材料的发展。

为了提高 OLED 红光器件的效率，通常采用红色染料掺杂法。常用的红光染料有 DCM 及其衍生物，DCM 的结构式如图 4.9 所示，其具有发光效率高的优势。为了提高器件的发光亮度，一般是将 DCM 的衍生物掺杂至 Alq_3 中。这种方式既可以保证红光的色纯度，也可以屏蔽 Alq_3 材料的发射峰，保证掺杂条件下的器件效率。此外，红光小分子材料中也存在磷光发光材料，一般会使用 Ir、Pt 等金属作为配合物来用作红色发光材料。

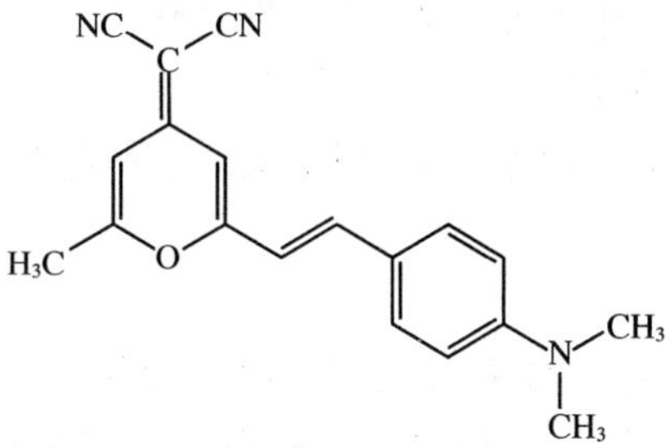

图 4.9 DCM 的结构式

4.2.2 高分子发光材料

有机高分子材料具有光谱易调节的优势，用作OLED的发光材料可以得到整个可见光谱范围内的输出。此外，在制作大尺寸和柔性器件时，有机高分子材料也得到广泛的应用。高分子发光材料根据发光机制可分为高分子荧光材料、高分子磷光材料和基于热活化延迟荧光（Thermally Activated Delayed Fluorescence，TADF）效应的有机发光材料（简称高分子热活化延迟荧光材料）。

1）高分子荧光材料

常见的高分子荧光材料有聚亚苯基亚乙烯（PPV）衍生物、聚对亚苯基（PPP）衍生物、聚芴（PF）、聚噻吩（PT）衍生物和聚螺芴（PSF）衍生物，部分材料的结构式如图4.10所示。PF与PSF衍生物由于具有量子效率高和成膜性好的优势，成为业界看好并有广泛应用背景的高分子荧光材料。

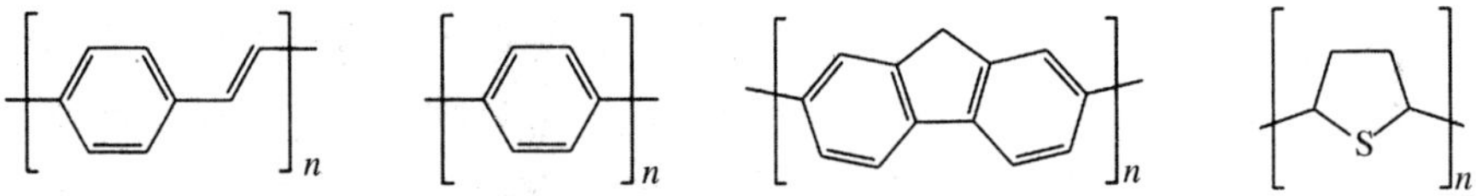

PPV PPP PF PT

图4.10 常见高分子荧光材料的结构式

在全彩显示OLED中，高分子荧光材料也需要发出三原色光，其光色与分子的带隙大小有关。而拥有共轭结构的高分子的带隙与其π电子的离域程度有关。离域程度越大，则发射光谱越靠近红色；离域程度越小，则发射光谱越靠近蓝色。目前，调节材料发射光谱的方案主要有三种：第一种是通过设计聚合物单体空间构型，调控主链共轭程度，从而精细调控发射光谱；第二种是引入窄带隙共聚物单元转移宽带隙聚合物主链的部分能量，以实现发射光谱红移；第三种是采用掺杂剂，将荧光染料通过化学键固定在聚合物主链或支链上，通过调控掺杂含量使聚合物主链的能量转移给荧光染料发光，不同于小分子材料中物理混合掺杂会出现的簇集效应，化学键连接可以避免掺杂剂与聚合物主体发生相分离。

2）高分子磷光材料

高分子磷光材料是通过磷光金属配合物用化学键与高分子相连接所形成的。与荧光材料不同的是，磷光材料在金属配合物中的三重态激子可发生辐射跃迁，使得其理论内量子效率可达100%。

高分子磷光材料的发光特性取决于其高分子主体和磷光掺杂剂。为保证发光效率，高分子主体材料需要具备良好的电子与空穴传输能力，磷光掺杂剂的量子效率也需尽量提高。此外，这两种材料还应满足能级匹配。能量传输需要保持主体材料流向掺杂剂，这需要主体材料的三重态能量要比掺杂剂高。为防止发生载流子散射或陷阱效应，两种材料的 HOMO 能级和 LUMO 能级需要尽可能达到一致。高分子磷光材料的发光特性还与其拓扑结构相关。例如，使用星状或者树形高分子结构链，可以减少发光核之间的相互作用，并能有效防止浓度淬灭效应的发生，从而提高器件的性能。

3）高分子热活化延迟荧光（TADF）材料

TADF 材料的发光原理是通过热活化的反向系间窜越过程，将三重态转化为单重态，从而发出荧光。TADF 材料的优势在于其不需要通过贵金属有机配合物即可利用电致发光过程中产生的三重态激子参与发光，内量子效率理论上可达 100% 。TADF 材料的结构是通过电子施主与受主用特定方式连接，增强热活化反向系间窜越过程。TADF 材料由于综合了高分子荧光材料和高分子磷光材料的优点，被认为是能够取代前两者的新一代发光材料。

4.3　OLED 工艺概述

OLED 的构造与 LCD 相比较为简单，因此生产工艺也不复杂。制备 OLED 有机小分子器件的工艺包括 ITO 玻璃清洗、光刻、蒸镀、封装、测试、产品检验及老化实验等。而对于有机高分子器件，聚合物分子在加热时易分解，所以用喷涂、旋涂或喷墨印刷的方式代替蒸镀。本章将介绍其中三种主要工艺：蒸镀、喷墨印刷和封装。

4.3.1　蒸镀

蒸镀的原理是在真空环境下，通过电流、激光或电子束等加热方式，令待蒸镀材料蒸发至气相。被蒸发的有机小分子材料在真空中的平均自由程较大，因此可被看作在空间内沿直线运动，并迅速被发射至基板上。到达基板的粒子被分成两类，一类是直接被基板反射回去，另一类则被基板吸附。吸附在基板上的有机小分子在表面发生扩散，分子在运动过程中发生二维碰撞，被碰撞的分子形成了粒子簇团。较小的粒子簇团并不稳定，可能会再次蒸发。簇团可以通过碰撞将新的分子添加至簇团中，当簇团的粒子数达到某一阈值时，便形成了稳定的核。这些稳定核通过互相接触与合并的方式，在基板上生成了一层有机薄膜。与其他物理气相沉积方法相比，蒸镀技术虽然所需环境要求较高，但是成膜速度与纯度要好许多。

OLED蒸镀设备简图如图4.11所示。上方待蒸镀的玻璃基板被磁铁吸附至基台上，高精细掩模板覆盖着玻璃基板。下方为蒸发源，待蒸发的有机小分子材料被放置在蒸发源中。在蒸镀时，蒸发源受热，使得小分子材料被蒸发，蒸气通过高精细掩模板沉积到基板上。在常见蒸镀设备中，蒸发源与高精细掩模板之间的距离一般为400～800 mm。接下来将详细介绍蒸镀设备中的蒸发源和掩模板。

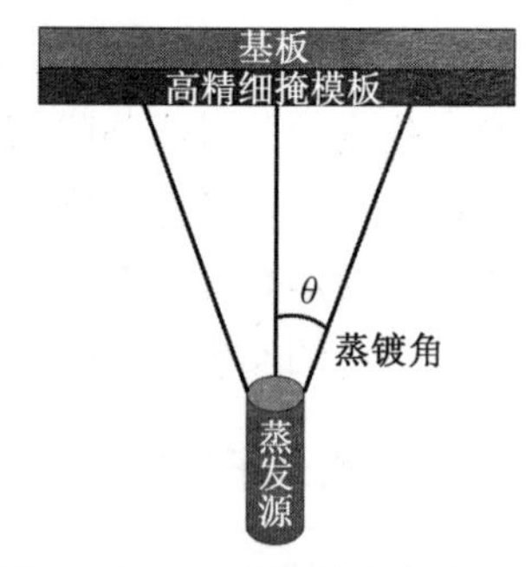

图4.11 OLED蒸镀设备简图

1) 蒸发源

蒸发源是蒸镀工艺的核心部件，蒸发材料被存储在蒸发源中。蒸发材料可根据蒸发时物质变化相态的不同分为熔化型材料和升华型材料。熔化型材料多为金属，蒸发时首先会由固态经液态转化为气态，而升华型材料则是直接变为气体形态。有机小分子材料属于升华型材料，其在蒸发过程中变为气态，穿过掩模板沉积在基板上。常见的蒸发源有自由蒸发源、克努森蒸发源和坩埚蒸发源，这三种蒸发源的工作示意图如图4.12所示。其中，自由蒸发源顶部完全开放，蒸发速率高，但是材料的蒸发方向不易控制，浪费率高；而克努森蒸发源的顶部基本封闭，只留一个直径很小的圆孔。在蒸发源内部，物质蒸气压等于其平衡蒸气压，而在外部仍然保持很高的真空度。虽然克努森蒸发源的蒸发速率较低，但是其束流性较好，温度和速率易于精确控制，材料使用率高；坩埚蒸发源的结构、蒸发速率以及束流性介于自由蒸发源和克努森蒸发源之间，多应用于实验室研究。

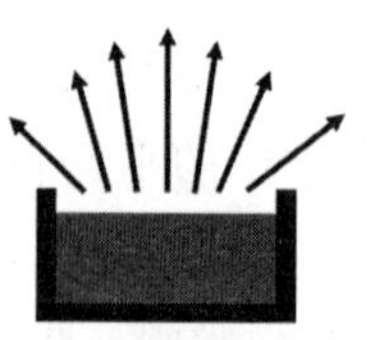

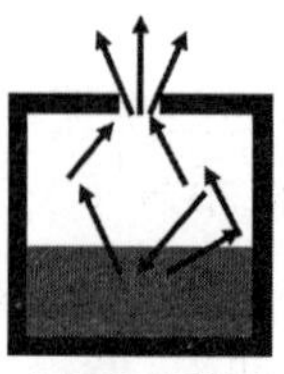

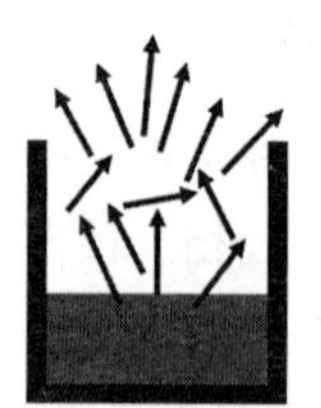

图4.12 三种蒸发源工作示意图

2）掩模板

掩模板也是蒸镀工艺的核心部件。掩模板位于基板与蒸发源之间，其作用为遮盖不需要蒸镀的部分，使基板上形成所需的图案。掩模板一般可由蚀刻、电铸和多材料复合的方式制备。掩模板在使用过程中会受到磁力、压力等多方面力的作用，并发生形变。此外，掩模板也会因为蒸镀过程中释放的热量而发生热膨胀。生产大尺寸器件时，掩模板的形变会造成精度降低，严重时甚至会发生R、G、B三色像素点的串色。

蒸发源和掩模板只是蒸镀工艺中的两个关键部件，实际中的蒸镀设备远不止这两个部件，表4.3.1列举了实验室常用的真空蒸镀系统的部分设备与功能。

表4.3.1　实验室常用的真空蒸镀系统的部分设备与功能

设备名称	功　能
仪器控制台	在制备过程中显示和调控蒸发速度、蒸发温度等参数
离子轰击室	对ITO玻璃基片进行氧离子轰击，完成预处理
有机薄膜蒸镀腔	在高真空条件下将有机小分子材料蒸镀到ITO玻璃基片上
金属薄膜蒸镀腔	将金属蒸镀到有机功能层上，形成金属或合金电极
器件封装室	在充满高纯氮气的环境下对器件进行封装

由于蒸镀机的精度要求非常高，所以想要研发出好的蒸镀机并不容易。在国际市场上，日本由于掌握了关键技术，占有率达到了97%，长期在这一方面处于全球领先的位置。中国的企业或公司想要蒸镀机，必须从日本高价进口，这大幅提高了OLED显示屏的成本。而在2022年，合肥的欣奕华智能机器股份有限公司历经三年时间，掌握了OLED制备环节的核心技术，实现了蒸镀机在国内零的突破。

和集成电路行业一样，中国当今真正被“卡脖子”的技术并不在于如何设计电路，而在于无法造出光刻机这种能够生产芯片的设备，也缺少这方面的人才。同样，在OLED领域，制造产品的设备也是至关重要的。无论是蒸镀还是喷墨印刷，生产设备领域一直缺乏人才。希望对这方面感兴趣的同学以后能开展对设备仪器方面的研究，为祖国出一份力。

4.3.2 喷墨印刷

与喷墨打印机的工作原理类似，喷墨印刷制备OLED是将各种有机功能层材料以墨水的形式放置在墨盒中，使用计算机计算墨滴的剂量，并控制喷墨机将墨滴精准投放到指定位置，在基板上形成由三原色组成的所需图案，实现了沉积。喷墨印刷设备工作示意图如图4.13所示。喷墨印刷技术最早被应用于制备PLED，这是因为有机高分子材料在蒸镀时易分解，而通过旋涂或印刷的方式，可以将高分子材料加工成膜。在1998年，Hebner等人第一次使用喷墨印刷技术制备聚合物发光薄膜。在1999年的美国国际显示展览会上，第一块使用喷墨印刷技术制作的全彩PLED屏亮相。喷墨印刷技术也被证明是制备PLED面板的最佳方法。

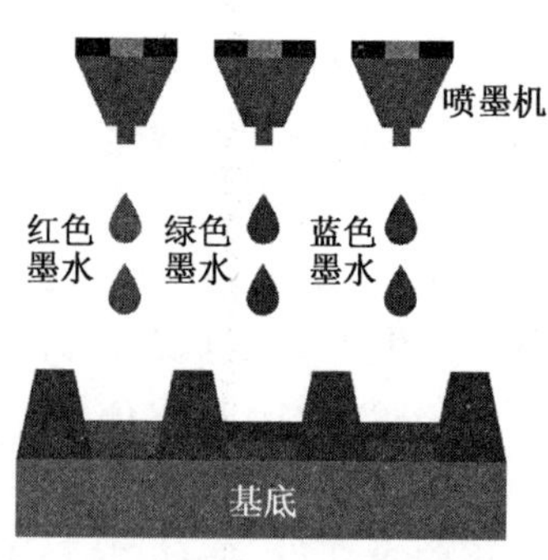

图4.13 喷墨印刷设备工作示意图

近些年来，研究人员在研究喷墨印刷技术制备OLED面板时有了多项技术突破。例如，OLED面板的空穴传输层、阴极材料乃至发光层都可以通过喷墨印刷来制备，这为制备全印刷显示屏打下了坚实的基础。

值得注意的是，喷墨印刷技术不仅可以打印有机高分子薄膜，对于传统的小分子器件依然有效。因此，通过印刷方式制备有机小分子发光显示器件成为OLED工艺的重点研究方向之一。与有机高分子材料不同，小分子材料的成膜性较差，其在成膜过程中会发生因撕裂而形成不连续薄膜的现象。针对小分子材料成膜不均匀的问题有三种解决方案：第一种是增加分子体积和烷基链长，提升分子的溶解性和成膜性；第二种是将小分子材料与聚合物材料混合，这样也能提升成膜性；第三种则是对基板进行处理，对基板表面的微型结构进行改动，调制其亲疏水性，使得小分子能够均匀成膜。

与蒸镀技术相比，喷墨印刷技术有许多优势。通过喷墨印刷制备的OLED屏，其显示质量不差于使用蒸镀方式制备的显示屏。如今，喷墨印刷制备的OLED屏的像素密度单位(ppi)达到了400，理论上ppi还可以提升到500，足以满足中小尺寸显示屏的需求。此外，喷墨印刷技术成本较低，印刷机的价格远远低于蒸镀机。与蒸镀过程相比，印刷过程只需要一个储墨层，不需要大量的掩模板，且材料利用率比蒸镀多将近一倍。因此，对于大尺寸OLED屏，喷墨印刷制备方式依然存在巨大的优势。不过，喷墨印刷技术发展较晚，使用的设备还未成熟，因此未来还有很长的发展道路。

4.3.3 封装

在完成蒸镀、喷墨印刷等步骤之后，最后一步是对OLED进行封装。由于OLED的基本要求是使用寿命达10 000 h，且氧气和水汽的透过率为10^{-3} $cm^3/(m^2 \cdot d)$和10^{-6} $g/(m^2 \cdot d)$。当氧气与水汽(水氧)透过率过高时，电极和有机功能层会发生物理化学反应，器件内部出现气泡，从而使器件寿命降低。而使用封装技术则可以阻挡水氧，提高器件稳定性。如今常用的封装技术有盖板、薄膜以及熔块熔接等。本章将介绍较为传统的盖板封装技术。

盖板封装技术指用环氧树脂紫外固化胶黏接盖板和ITO层，将电极和有机功能层密封，阻隔水氧和灰尘。在盖板内可以添加少许干燥剂，吸收密封环境中的水氧残留。为了减少其他杂质的污染，整个封装过程需要在充满惰性气体的环境中完成。盖板可分为玻璃盖板与金属盖板，金属盖板可以增强器件机械强度，但由于其不透光性，无法用于顶发射结构的器件。盖板式OLED封装示意图如图4.14所示。

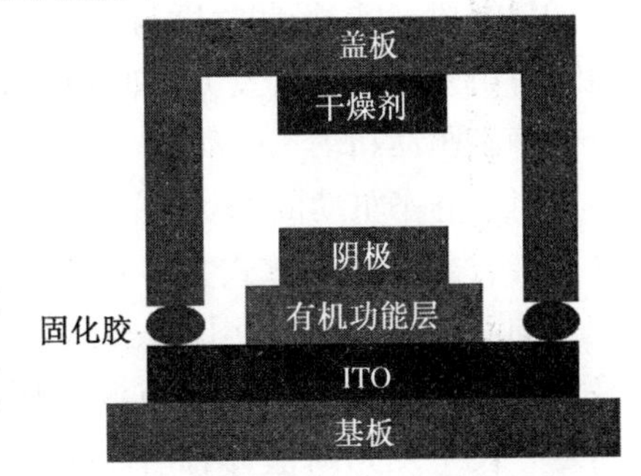

图4.14 盖板式OLED封装示意图

传统盖板封装中使用的是环氧树脂紫外固化胶，其对水氧的低阻隔性使得水氧易从固化胶进入器件。为弥补该缺陷，需要寻找阻隔性能更强的密封胶。真空封蜡是一种水氧阻隔性强的材料，其在温度急剧变化时不产生干裂，且水汽透过率不到环氧树脂紫外固化胶的十分之一。如今，随着激光技术的发展，也可以采用低熔点玻璃代替封蜡，运用激光烧结的方式使盖板与OLED基板紧密结合，大幅提高OLED的使用寿命。

4.4 OLED驱动方式

由OLED的工作原理可知，与电压驱动的LCD不同，OLED为电流驱动器件。其中，发光强度与电流成正比关系，注入器件的每个像素的电流可以单独控制，而这些电流就是由OLED显示驱动器产生的。

与LCD一样，OLED也存在两种驱动类型，分别是无源驱动型(Passive Matrix，PM)和有源驱动型(Active Matrix，AM)。无源驱动的寻址方式为直接寻址，在阳极和阴极上分别施加正负电压，使得其交叉点产生光亮；而有源驱动的寻址方式则为晶体管矩阵寻址，即每个发光单元都由一个驱动单元控制。在显示器件中，无源驱动适用于中小尺寸显示器件，且技术已经非常成熟；而有源驱动则适用于大尺寸显示器件，虽在近几年迅速发展，但仍有很大的提升空间。

4.4.1 驱动原理

在介绍无源驱动方式与有源驱动方式之前，有必要先讲解驱动的原理。OLED屏可以看成像素组成的矩阵，当显示一幅黑白画面时，需要对显示屏进行准确寻址并控制像素的灰度等级。如果是彩色画面，则每个像素由R、G、B三个子像素组成，共同控制色度与亮度。驱动电路的功能就是按照显示的要求，控制每个有机发光二极管发光，即寻址与灰度控制。OLED根据寻址方式的不同可分为静态驱动和动态驱动。

对于静态驱动的OLED，有共阴和共阳两种连接方式。共阴方式为各像素阴极连在一起共同引出，阳极分别引出，共阳方式则反之。像素发光的前提条件是恒流源电压与阴极电压之差大于发光阈值，因此，将阳极与一个负电压相连可以使其处于截止状态，像素点不会发光。值得注意的是，静态驱动可能产生交叉效应。当显示图像迅速变化时，驱动单个像素的漏电流不能及时释放，使得该像素周围的像素点产生正向电压，当电压累积至一定程度时就会发光，从而影响了显示图像的质量。交叉效应的示意图如图4.15所示。

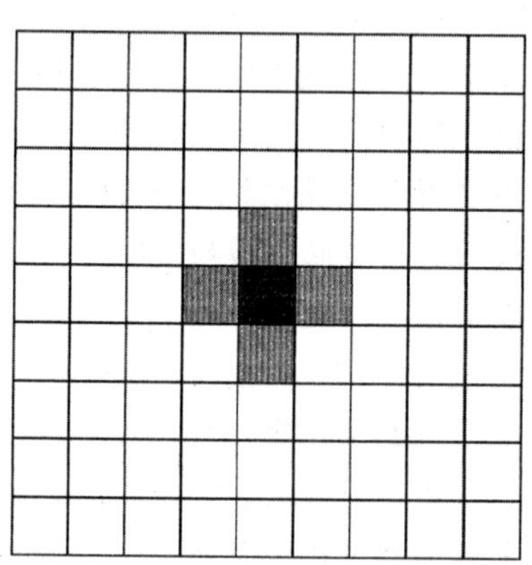

图4.15 交叉效应示意图

交叉效应使得显示的图像发生混乱，主要原因是电极间存在漏电流和单个OLED的等效电容。采用交流电压驱动方式可以有效消除交叉效应。因此，一般在段式显示屏上使用静态驱动。

静态驱动除了需要各像素连接至一共同电极外，还需要另一独立的电极引出。当显示像素较多时，若使用静态驱动，会导致引脚过多并增加驱动电路复杂性。为此，动态驱动可以很好地解决这一问题。动态驱动OLED中各像素的阴极与阳极都为矩阵结构，即横向与纵向显示像素的相同性质的电极分别都是共同使用的。因此，这两个电极也可被称为行电极和列电极。行电极可以作为阳极，也可以作为阴极。动态驱动就是循环给行电极施加选择脉冲，同时给所有列电极施加驱动脉冲，从而实现某行所有像素的显示。

在动态驱动中依然存在交叉效应，通常采用反向截止法消除。通过控制阳极电源电压小于阴极电源电压，使得未被选中的像素被施加反向电压，产生反向截止，从而能够有效消除交叉效应。

4.4.2 无源驱动器件

OLED无源驱动的等效电路如图4.16所示。无源驱动的原理为对逐行选通，即在某一时刻对某行电极施加低电平，令其处于选通状态，而对其他行电极施加高电平，令其处于非选通状态。列电极则施加数据信号，从而实现对该行所有像素的发光控制。等到下一时刻，下一个行电极处于选通状态，其他行电极则未被选通。按照这种方式快速逐行扫描，利用人眼的视觉暂留特性，即可完成画面的显示。由于OLED为电流驱动的，图4.16中电阻 R_S 和 R_D 的能量消耗不能忽略，随着显示像素数量增加，驱动电路消耗的能量也在增加。因此，无源驱动器件多应用于中小尺寸显示器件。

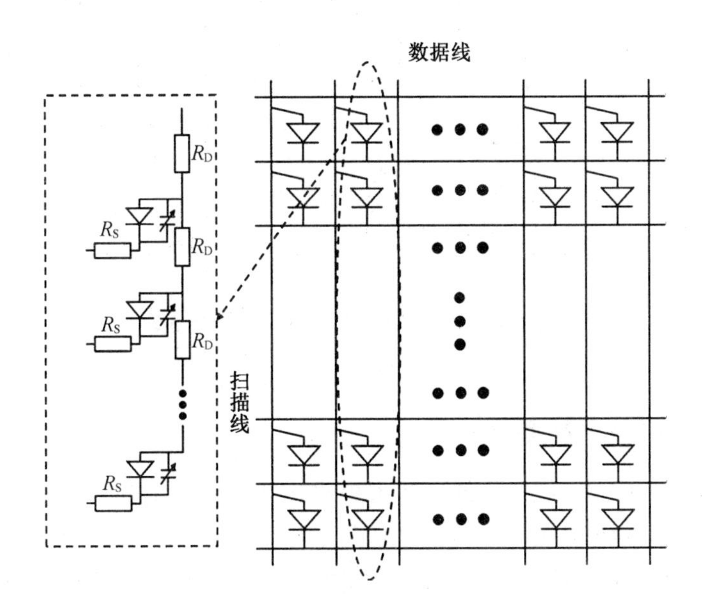

图4.16 PMOLED屏的等效电路图

4.4.3 有源驱动器件

OLED有源驱动的等效电路如图4.17所示，每个像素单元都由两个晶体管和一个电容驱动。其中，一个晶体管用于开关寻址，即扫描线施加选通脉冲时晶体管打开，数据线中的数据被电容存储；另一个晶体管的作用是提供驱动电流，其工作状态由存储电容上的电压所控制；电容的作用则是存储数据和控制驱动晶体管，由于电容具有存储功能，故可以维持该像素点在帧周期内持续发光，直到下一个扫描周期到来。相比无源驱动器件，有源驱动器件对发光材料效率、稳定性要求更低，电能消耗也低。所以，有源驱动器件更适合大尺寸与高分辨率的显示器件。

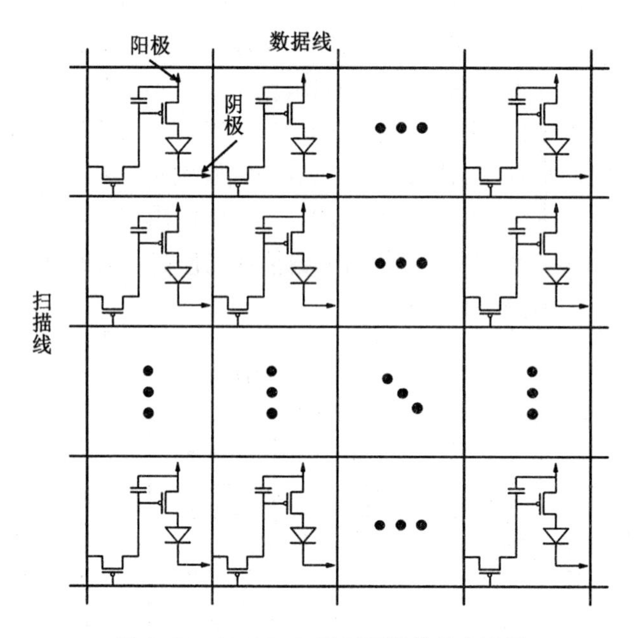

图 4.17 AMOLED 显示屏的等效电路图

4.5 新型 OLED 技术

随着科技的进步与发展，显示技术也产生了许多具有历史意义的革新。对于 OLED 而言，虽然面板的厚度已经达到了几毫米，这在其他显示技术中很难达到，但 OLED 显示技术的发展并不会因此裹足不前。如今，人们期待更薄、更轻、更易于使用的显示产品。近年来，为解决功耗和画面质量等方面的不足，研究人员提出了一些新型 OLED 技术，包括柔性 OLED、透明 OLED 以及 Micro-OLED 等。由于篇幅限制，本章将介绍 Micro-OLED 与柔性 OLED 这两种技术。

4.5.1 Micro-OLED

传统的显示器尺寸大，但是便携性与方便性不足，于是人们开始对微型显示器展开了研究。当今主流的微型显示技术包含 LCoS、硅基 OLED(又称 Micro-OLED)、硅基 LED 等。其中,硅基 LED 显示技术会在第 5 章重点讲解。本节则重点讨论技术较为成熟的硅基 OLED 技术。

2001 年,美国 eMagin 公司发布了世界上最一款硅基 OLED 微显示器,是硅基 OLED 微显示技术发展过程中的重要里程碑。eMagin 公司使用的是硅基有机发光二极管(OLEDoS)技术,该技术的优点在于具有宽视角、高开关速率、低成本和低功耗。OLEDoS 结构示意图如图 4.18 所示,它以硅 IC 基板作为器件的衬底,上方依次为阳极、空穴和电子传输层、阴极等结构;驱动、行扫描以及时序控制等电路被集成在 IC 基板上。

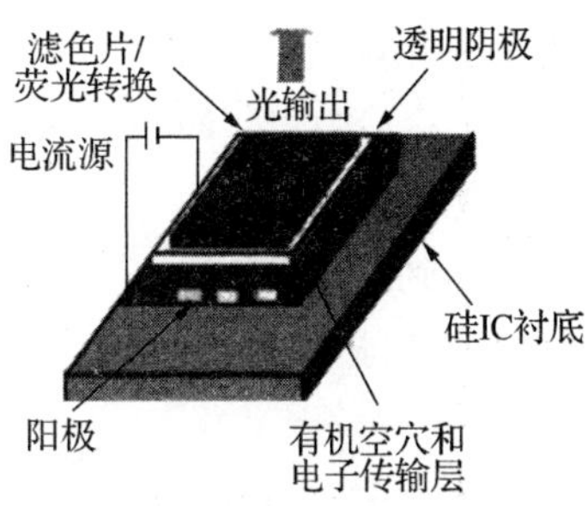

图 4.18　OLEDoS 结构示意图

近二十年来,硅基 OLED 显示技术持续迅速发展,世界各国的众多 OLED 厂商纷纷研发制造并发布自家的硅基 OLED 微显示屏产品,研究人员在制作工艺、有机材料选取、发光效率等方面有许多进展。

例如,在制备 Micro-OLED 时,传统的精细金属掩模在沉积时由于材料的累积而变形,并且随着像素尺寸减小到微米级,存在大面积的位置精度问题;印刷技术则会导致均匀性差;光刻技术虽然被认为是一种理想的材料微图案化方法,但并不能简单地应用于 OLED 图案,因为该过程涉及的紫外光、溶液和有机溶剂会导致分子官能团的损伤和器件性能的退化。为了避免溶剂对有机膜的损害,研究人员发现了正交光刻法,使用超临界二氧化碳或高氟光致抗蚀剂和溶剂,以微米为单位对 OLED 进行图案化。

此外,电极材料对改善光提取效率起着至关重要的作用。传统的方式是使用金作为图案化生长的材料,金广泛用于各种材料,包括无机半导体、碳纳米管和有机功能分子,但其不透明性直接导致 OLED 的光提取效率降低。为了改善通过图案化生长制造的微型 OLED 的光提取效率,理想情况下,成核层应包括高透明和非金属材料,以分别最小化电极吸收和界面等离子体。研究人员发现,使用导电聚合物 PPy(分子结构如图 4.19 所示)作为空穴传输材料图案化生长的成核层来制造蓝色、绿色和红色微 OLED 阵列,与使用金作为成核层的器件相比,这些器件在效率上表现出很大的提高。

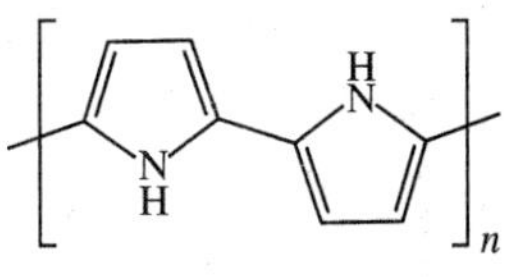

图 4.19　导电聚合物 PPy 分子结构图

目前, Micro-OLED 的应用集中在军事领域,例如在军用瞄准观察系统和头盔系统等装置内使用；在民用方面，主要是应用于 VR/AR 设备和医疗器械设备。但是，民用 VR/AR 领域被视为硅基 OLED 微显示器未来最大的应用市场。基于对 AR/VR 行业未来前景的持续看好，众多科技和显示领域的巨头公司都在积极参与此领域的竞争。

如今，国内的 Micro-OLED 技术在迅速发展，以京东方为例，该公司于 2017 年在昆明开展了 Micro-OLED 的研制项目，定位于 0.5 in 和 0.41 in 等小尺寸器件。而到了 2022 年 5 月，京东方研发出了 0.39 in 的 Micro-OLED 屏幕，PPI 达到目前全球最高。此外，京东方已经基本实现了 Micro-OLED 的量产。

4.5.2 柔性 OLED

柔性显示器件也是当下的重点研究方向之一，包括了柔性 PDP、柔性 LCD 和柔性 OLED 等显示技术。与 Micro-OLED 技术类似，柔性 OLED 技术与其他技术相比，具有主动发光、显示效果优异、功能灵活等优势。柔性 OLED 与传统 OLED 相比，在衬底、透明电极乃至封装方面有许多不同之处，本节将从下列几个方面介绍柔性 OLED。

在柔性 OLED 中，衬底材料至关重要，其决定了 OLED 的性能、可靠性乃至成本。如今常用的衬底材料包括金属箔片、超薄玻璃和聚合物。其中，金属箔片的优点在于水氧渗透率低，且具有良好的耐久性，但存在表面粗糙和不易制备的缺点；超薄玻璃与金属箔片的优点几乎一致，水氧不易透过，但也有许多缺点，例如延展性差、成本高和制作困难等；聚合物衬底虽然具有柔性好和透明度高的优势，但是水氧易于渗透，且承受温度较低。当今主流的柔性 OLED 衬底材料是以聚酰亚胺为主的聚合物材料。

在传统的 OLED 中，ITO 通常被选为透明阳极，因为 ITO 在 250 ℃时具有优异的透明度和导电性。然而，目前在柔性器件应用中，ITO 并不是合适的材料，因为当施加拉伸应变时，塑料衬底上典型厚度为 150 nm 的 ITO 膜非常脆，当拉伸力较大时，ITO 膜会发生断裂。研究人员发现，薄金属膜可以代替 ITO 膜作为阳极，其在拉伸应变下能保持稳定，并且可以通过低温的简单真空沉积工艺来制作。但由于高表面反射，单个薄金属膜基本上不具有高透射率。因此，在薄金属膜两面需要各覆盖一层脆性无机材料组成的电介质，这样其拉伸稳定性依然能满足要求。这种结构被称为 DMD 结构。金属膜两面的电介质应该具有高表面能和高折射率的特性，因为在高表面能的电介质之后沉积的金属膜由于在沉积期间阻碍了金属迁移而更加均匀，可以在较小的厚度下产生较低的薄层电阻。一般采用 ZnS、WO_3 和 MoO_3 等材料来作为无机电介质。此外，DMD 电极不仅可以作为阳极，还可以作为阴极。因此，通过设计适当的DMD电极，可以简单地实现具有高透明度的柔性OLED，一种设计方案如图4.20所示。

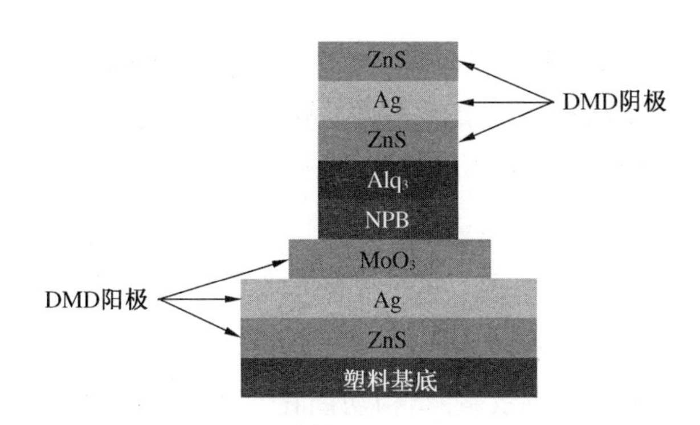

图4.20　一种将DMD同时作为阳极与阴极的柔性OLED结构示意图

目前柔性OLED常用的封装方式为，低温环境下在基板和功能层上制备单层或多层薄膜。低温环境中，形成的薄膜会与OLED基板紧密结合，阻隔外界的水汽和氧气，并且能够减少对功能层的破坏。值得注意的是，如果基板本身就是很好的防水氧材料，封装的时候可以省去安装基板阻挡层这一操作。

柔性显示器件有许多应用，可穿戴显示器就是其中一种，它可以提供实时个人通信功能并且具有很好的便携性。开发可穿戴显示器的直接途径是在织物衬底上形成顶部发射OLED。然而，由于水汽容易通过织物的空间空隙和由组成纤维组装而产生不均匀表面，难以作为基板支撑OLED面板。因此，去除空间空隙并使表面均匀的技术对于制备OLED兼容织物基板至关重要。想要制作这种OLED基板，需要将低黏度的合理延展性聚氨酯(PU)旋涂在组装好的织物基底上，使其表面部分平坦化，然后通过室温层压将玻璃上的高黏度PU膜转移到所得织物基材上，进一步降低表面粗糙度。

我国的柔性OLED显示技术水平正在逐步发展，再以京东方为例，该公司2022年的柔性OLED面板出货量将近8 000万片，其中对苹果公司的出货量有3 000多万片。此外，京东方基本实现了对全球所有知名手机生产厂商的柔性OLED面板导入。

习　题

1. 画出多层OLED的结构图，并说明各结构的功能和OLED发光原理。

2. OLED的三种彩色化方式分别是什么？它们分别有什么优点和缺点？
3. 已知一个OLED的内量子效率为40%，发光材料的折射率为2，试求其外量子效率。
4. 常见的蒸发源有哪些？试画出它们的结构，并说出它们的优缺点。
5. 什么是交叉效应？可以用哪些方法解决交叉效应？
6. 查阅相关资料，说说还有哪些新型OLED。

习题答案

1. 结构图如图4.2所示，各结构功能在4.1.2小节中提及，发光原理在4.1.3小节中提及。
2. 三原色发光法、滤光片法和色转换法，优缺点在4.1.4小节中提及。
3. 由式(4.1.3)可得：$\eta_{\text{ext}}=\eta_{\text{int}}\left(1-\sqrt{1-\frac{1}{n^2}}\right)\simeq\frac{\eta_{\text{int}}}{2n^2}=\frac{40\%}{2\times2^2}=5\%$。
4. 自由蒸发源、克努森蒸发源和坩埚蒸发源，三种蒸发源的结构图如图4.12所示，优缺点在表4.1中提及。
5. 交叉效应：当显示图像迅速变化时，驱动单个像素的漏电流不能及时释放，使得该像素周围的像素点产生正向电压，当电压累积至一定程度时就会发光。在静态驱动中可以使用交流电压驱动法，在动态驱动中可以使用反向截止法。
6. 略。

参考文献

[1] 陈旭中，杨代胜，韩相恩，等. 小分子蓝光OLED材料与器件研究进展[J]. 化工新型材料，2012(5):11-13.

[2] 胡玉才，于学华，吕忆民，等. 小分子有机电致发光材料研究进展[J]. 科技导报，2010(17):100-111.

[3] 段璎宸. 具有AIE及TADF性质的含杂环有机小分子光物理性质的理论研究[D]. 长春:东北师范大学，2019 .

[4] 巩宇玄. 功能性有机小分子发光材料的合成与性能研究[D]. 兰州:兰州交通大学，2020.

[5] 王银果. 一种在真空室内 OLED 掩模板与镀膜基片的自动分离机构[J]. 电子测试，2020(10):94-95.

[6] 杨国波，赵希瑾，肖昂，等. 提高 OLED 蒸镀稳定性的滤波参数及其优化设计[J]. 电子世界，2020(10)：125-126.

[7] 谢炬炫. 喷墨打印成膜机制与电致发光器件研究[D]. 南京:南京邮电大学,2022.

[8] 王小微，彭亚雄. OLED 的无源驱动技术研究[J]. 通信技术，2013(2)：109-111.

[9] 吴春亚，郭斌，杨广华，等. OLEDoS 微型显示[J]. 现代显示，2002(3)：22-27.

[10] 王东. 高亮硅基 OLED 微显示屏的驱动控制电路设计[D]. 西安：西安电子科技大学,2021.

[11] 杨利营，印寿根，华玉林，等. 柔性显示器件的衬底材料及封装技术[J]. 功能材料，2006，37(1):10-13.

[12] Li J P, Hu Y, Liang X H, et al. Micro organic light emitting diode arrays by patterned growth on structured polypyrrole[J]. Advanced Optical Materials, 2020, 8(10): 1902105.1-902105.5.

[13] 夏威. 柔性 OLED 的研究进展与应用现状[J]. 光源与照明，2022(1)：58-60.

[14] Lee S M, Kwon J H, Kwon S, et al. A review of flexible OLEDs toward highly durable unusual displays[J]. IEEE Transactions on Electron Devices, 2017, 64(5): 1922-1931.

第5章　Micro-LED显示技术

进入21世纪以来，显示技术从未停止发展，集成阵列化和微缩化是未来的发展趋势，这在发光二极管(LED)显示领域体现得淋漓尽致，其中Micro-LED的显示性能令人印象深刻，但是其距离批量生产还有一段距离，尤其是在外延生长、巨量转移以及全彩化等方面还有许多未解决的基础科学问题。

5.1　Micro-LED原理

Micro-LED是以pn结结构为核心，能够以发光的形式释放能量的固态器件，通常使用Ⅲ-Ⅴ族化合物半导体(GaAs、GaN等)材料作为衬底材料。

5.1.1　pn结

纯净的半导体电阻很大，不便于直接使用，所以需要对半导体材料进行有效的掺杂来改变其导电性。掺杂半导体可分为p型半导体和n型半导体，以硅为例，p型半导体就是在硅基片中掺杂少量ⅢA族元素(如硼)，硼原子会取代一些硅原子并与周围的硅原子成键，由于硼原子的外层价电子个数为3，与硅原子的4个价电子不匹配，就会产生空穴，所以p型半导体中的多数载流子为空穴；n型半导体则是掺杂少量ⅤA族元素(如磷)，磷原子具有5个外层价电子，多于硅原子的4个，成键过程中会有电子剩余，所以n型半导体中的多数载流子为电子。值得注意的是，pn结不是将两块p型半导体和n型半导体直接拼接在一起，而是在一块半导体基板两端分别掺杂不同杂质以获得p型半导体和n型半导体，两种类型半导体的交界面形成的空间电荷区就被称为pn结。

由于两边载流子的浓度差，电子会从n型半导体通过扩散运动来到p型半导体;同理,空穴也会从 p 型半导体通过扩散运动来到 n 型半导体,如图 5.1 所示。这种扩散运动会在一段时间后达到动态平衡,这是因为两种载流子扩散后在空间电荷区两侧形成了一个 $e\Delta V$ 的内建电场,如图 5.2 所示。

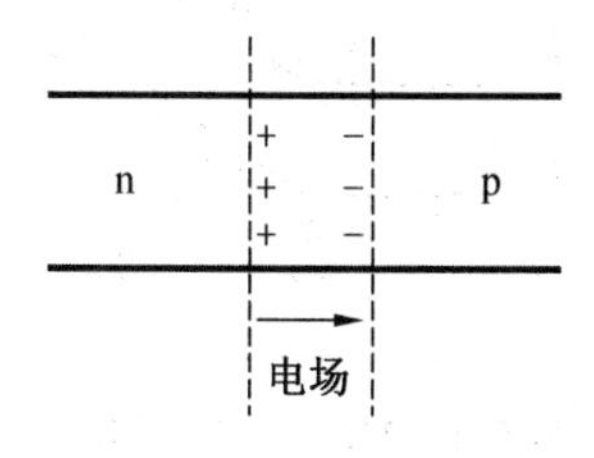

图 5.1 电子与空穴扩散

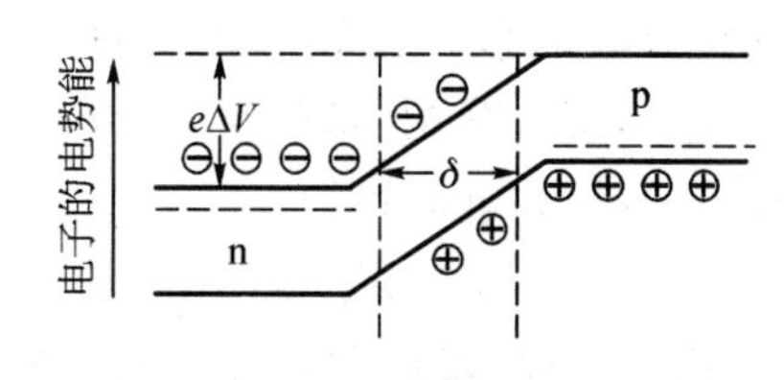

图 5.2 形成势垒

1) pn 结的正向偏置

pn 结处于正向偏置状态代表 p 区与电源正极相连,n 区与电源负极相连,如图 5.3 所示。

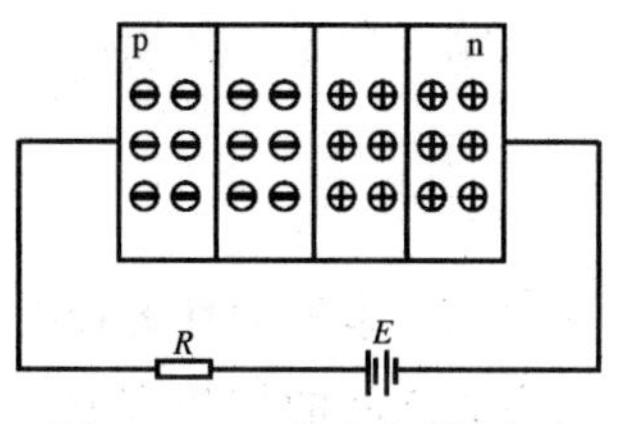

图 5.3 pn 结正向偏置

电源带来的外电场方向是决定正向偏置或反向偏置的关键。在正向偏置中,外电场方向与 pn 结的内建电场方向相反,内建电场被削弱,原有的动态平衡被打破,多数载流子继续扩散从而形成正向的电流,相当于一种导通状态。

pn 结正向偏置具有电阻小、正向的扩散电流大的特点。

2) pn 结的反向偏置

pn 结处于反向偏置状态代表 p 区与电源负极相连,n 区与电源正极相连,如图 5.4 所示。

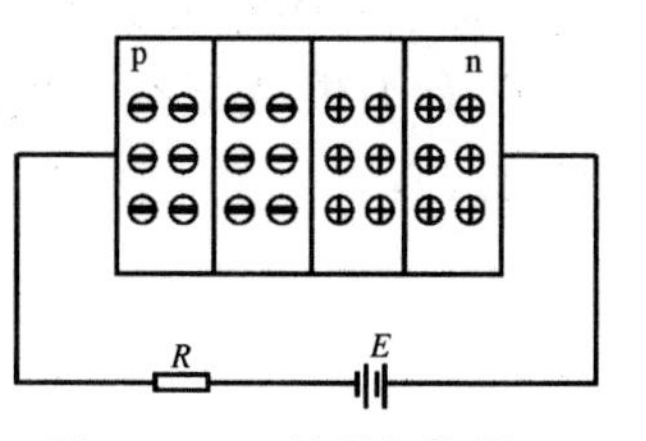

图 5.4 pn 结反向偏置

在反向偏置中,外电场方向与 pn 结的内建电场方向相同,内建电场反而得到了加强,多数载流子不能扩散,相当于一种断开状态,但是少数载流子在外电场的作用下会通过漂移运动产生很小的反向电流。由于少数载流子是通过热激发生成的,所以 pn 结的反向电流与温度有很大关系,除非被击穿,否则反向电流基本不会受反向电压影响。

pn 结反向偏置具有电阻大、反向的漂移电流很小的特点。

5.1.2 Micro-LED 的发光原理

施加正向电压时，Micro-LED 处于正向导通状态，电子和空穴在 pn 结处进行复合，以光子(photon)的形式释放并产生的能量，从而使 Micro-LED 发光，如图 5.5 所示。其复合过程可表示为式(5.1.1)：

$$e+h \rightarrow E_g \tag{5.1.1}$$

式中，e 表示电子；h 表示空穴；E_g 表示禁带宽度。

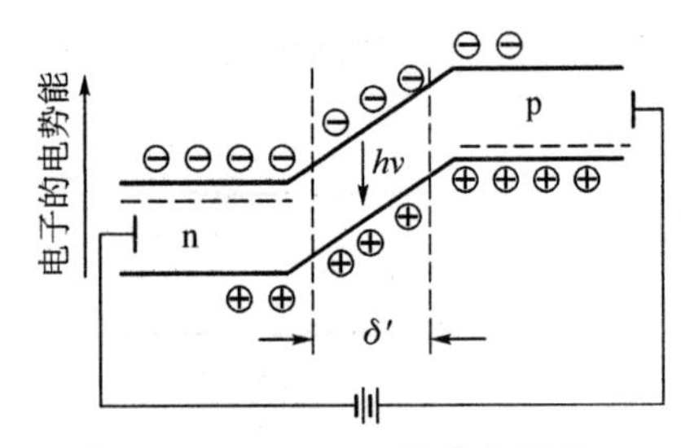

图 5.5 Micro-LED 的发光原理

此外，如果电子被无辐射中心俘获，则会以声子(phonon)的形式释放能量，这会使 Micro-LED 发热，其复合过程分为两类：

第一类是无辐射中心俘获电子而释放声子，即式(5.1.2)和式(5.1.3)：

$$T_0+e \rightarrow T_- + E_{p1} \tag{5.1.2}$$

$$E_{p1}=E_C-E_T \tag{5.1.3}$$

式中，T_0 表示中性无辐射中心；T_- 表示负电性无辐射中心；E_{p1} 表示导带与无辐射中心之间的带隙宽度。

第二类是无辐射中心失去电子而释放声子，即式(5.1.4)和式(5.1.5)：

$$T_- + h \rightarrow T_0 + E_{p2} \tag{5.1.4}$$

$$E_{p2}=E_T-E_V \tag{5.1.5}$$

式中，E_{p2} 表示无辐射中心与价带之间的带隙宽度。

除了上述由无辐射中心引起的无辐射复合外，还有一种复合方式也会产生声子，称为俄歇复合。俄歇复合由三个载流子共同参与，即式(5.1.6)和式(5.1.7)：

$$e+e+h \rightarrow e+E_p \tag{5.1.6}$$

或者

$$e+h+h \rightarrow h+E_p \tag{5.1.7}$$

俄歇复合和无辐射复合会使能量以声子的形式释放，会影响 Micro-LED 的发光效率，要想提高能量利用率就需要减少半导体材料中的晶格缺陷和非掺杂杂质的数量。

所有不同结构 Micro-LED 发光的基本原理都是相似的，产生什么颜色的光取决于材料中电子与空穴所占能级的能级差，如表 5.1.1 所示。

表 5.1.1　常见颜色与波长的关系

颜色	能级/eV	波长/nm
红色	1.8	680
橙色	2.0	600
黄色	2.1	580
蓝色	2.6	480
紫色	3.0	410

波长与能级差的关系满足式(5.1.8)：

$$E=\frac{hc}{\lambda} \tag{5.1.8}$$

式中，h 为普朗克常量 $6.62\,607\,015\times10^{-34}$ J・s；c 为真空中的光速 3×10^{8} m/s。

Micro-LED 的输出光通量、发光波长与载流子浓度、载流子迁移率等息息相关。值得注意的是，如果一部分光线被限制在内部未能释放，被材料重新吸收转换为热量或者电流流过 Micro-LED，引起了电流拥挤效应，会使其结温（即 pn 结的温度）升高。半导体材料对于温度敏感，结温会影响上述微观参数。

Micro-LED 的输出光通量和 pn 结的温度可以表示为式(5.1.9)：

$$F_{\mathrm{V}}(t_{\mathrm{J2}})=F_{\mathrm{V}}(t_{\mathrm{J1}})\mathrm{e}^{-K}(t_{\mathrm{J2}}-t_{\mathrm{J1}}) \tag{5.1.9}$$

式中，$F_{\mathrm{V}}(t_{\mathrm{J1}})$是结温为 t_{J1} 时的输出光通量；$F_{\mathrm{V}}(t_{\mathrm{J2}})$是结温为 t_{J2} 时的输出光通量；K 是温度系数，与材料种类有关。

5.1.3　半导体材料对 Micro-LED 的影响

半导体材料的能带间隙及其材料成分与晶体结构息息相关，在表 5.1.2 中列出了几种常见半导体材料。

表 5.1.2　常见半导体材料

半导体材料	能带间隙/eV	波长/nm	正向电压@20 mA/V	颜色
GaInN	2.8	450	4.0	白
SiC	2.3～2.9	430～505	3.6	蓝
AlGaP	2.2～2.3	550～570	3.5	绿
GaAsP：n	2.1	585～595	2.2	黄
GaAsP	1.9～2.0	630～660	1.8	红
GaAs	1.3～1.4	859～940	1.2	红外

前文提到在复合过程中产生声子，能量会以热能的形式散失，而能量以何种形式释放与半导体材料的能带间隙类型直接相关。所以，对于 Micro-LED 应注意半导体材料的能带间隙类型。半导体可分为间接带隙半导体和直接带隙半导体，以最常见的硅、锗和砷化镓为例，其能带结构如图 5.6 所示。硅和锗的导带底和价带顶在 κ 空间处于不同的 κ 值，称为间接带隙半导体，而砷化镓的导带底和价带顶位于 κ 空间的同一 κ 值，称为直接带隙半导体。其中 κ 为波矢，大小为 $2\pi/\lambda$，方向为波传播的方向。波矢是矢量，矢量的差异意味着方向上有差异，在空穴和电子的复合过程中，如果导带底和价带顶的波矢方向不同，电子的跃迁就需要额外的动量，即会产生声子，声子的产生往往伴随着热量的产生；如果导带底和价带顶的波矢方向相同，电子的跃迁则不需要额外的动量，产生的是光子，光子的产生就会释放光能。所以间接带隙半导体并不适用于发光应用，Micro-LED 的制备应当选用直接带隙半导体材料。

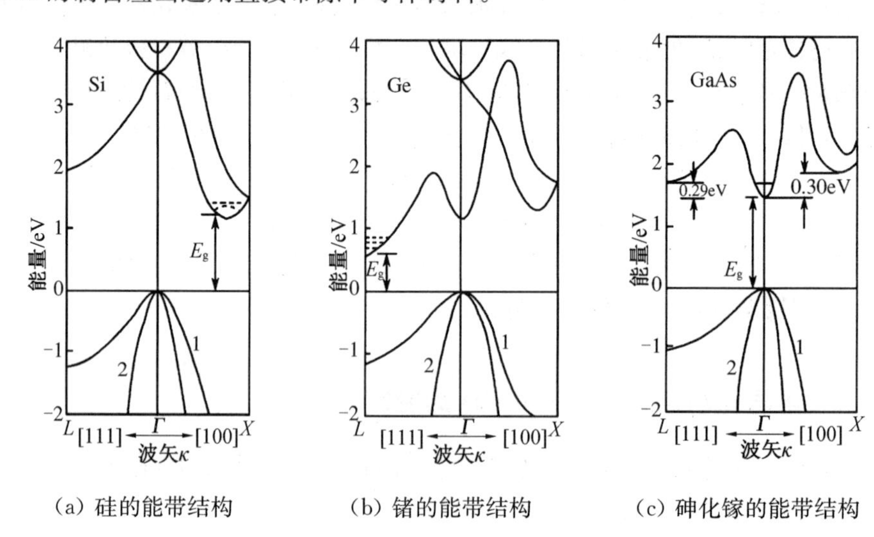

(a) 硅的能带结构　　(b) 锗的能带结构　　(c) 砷化镓的能带结构

图 5.6　硅、锗和砷化镓的能带结构

除了半导体材料的能带间隙类型，其缺陷与掺杂杂质也会影响 Micro-LED 的发光效率。纯净的理想半导体被称为本征半导体，在本征半导体中原子具有周期性排列，晶体没有缺陷且有完整的结构，半导体中也没有任何杂质。但是在实际生产中，原材料和生产工序中难免存在对半导体的污染，会引入杂质和缺陷，后续也会掺杂杂质改性，所以并不存在纯净的半导体，真实的半导体材料中原子会在平衡各点附近不断振动。

缺陷中比较典型的是由温度决定的两种热缺陷，一是肖特基缺陷，指形成空位而没有间隙原子；二是弗伦克耳缺陷，指空位和间隙原子成对出现。这两种缺陷会引起：

（1）缺陷处的晶格产生畸变，致使在禁带中产生新的能级，可能引起非辐射复合过程，影响 Micro-LED 的发光效率，具体可表示为式（5.1.10）、式（5.1.11）和式（5.1.12）：

$$\Delta E_c = E_c - E_{c0} = \varepsilon_c \frac{\Delta V}{V_0} \tag{5.1.10}$$

$$\Delta E_v = E_v - E_{v0} = \varepsilon_v \frac{\Delta V}{V_0} \tag{5.1.11}$$

$$\Delta E_g = (\varepsilon_c - \varepsilon_v) \frac{\Delta V}{V_0} \tag{5.1.12}$$

（2）对材料的导电类型有一定的影响。

（3）缺陷能级成为半导体中的复合中心，导致非平衡载流子的浓度和寿命降低。

（4）载流子经过缺陷处会发生散射，导致载流子的迁移率和寿命降低。

除了上述热缺陷（点缺陷）以外，由于 Micro-LED 采用外延生长的方式在衬底上生长，如果生长材料和衬底材料的晶体结构不同或者晶格不相似，就会出现晶粒位错等缺陷，而位错对半导体材料性能的影响较大，包括：

（5）位错线上的悬挂键不饱和，意味着其既可以作为受主吸收电子，也可以作为施主释放电子，这种双性行为会导致半导体材料的性质偏离预期。

（6）位错线处晶格畸变，导致半导体能带变形。

（7）位错线会影响掺入杂质的均匀分布。

（8）位错线有利于非平衡载流子复合，影响少子的寿命。

所以，在选择生长材料和衬底材料时需要选择相似的材料，以减少位错缺陷带来的影响；同时生长方向都应当沿着紧密排布的方向，以保证生长的有序与完整。闪锌矿晶体结构和纤锌矿晶体结构是 Micro-LED 所用材料中常见的晶体结构，其中，闪锌矿晶体结构由两种不同的原子分别形成面心立方晶格，沿空间的对角线滑移对角线长度的四分之一嵌套而成，如图 5.7 所示；纤锌矿晶体结构则由六角排列的原子面按 AaBbAaBb 次序堆垛而成，如图 5.8 所示。

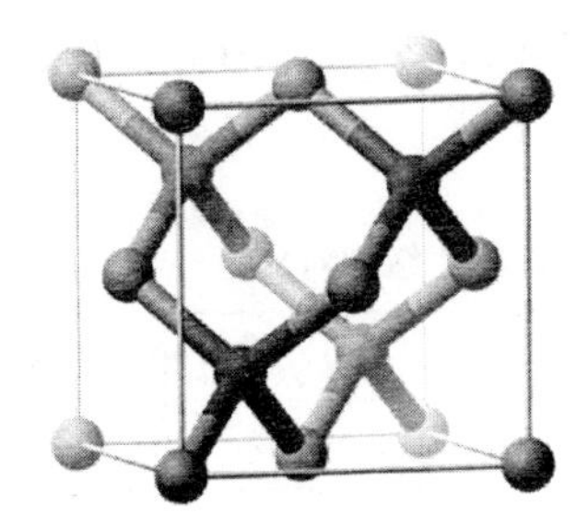

图 5.7 闪锌矿晶体结构

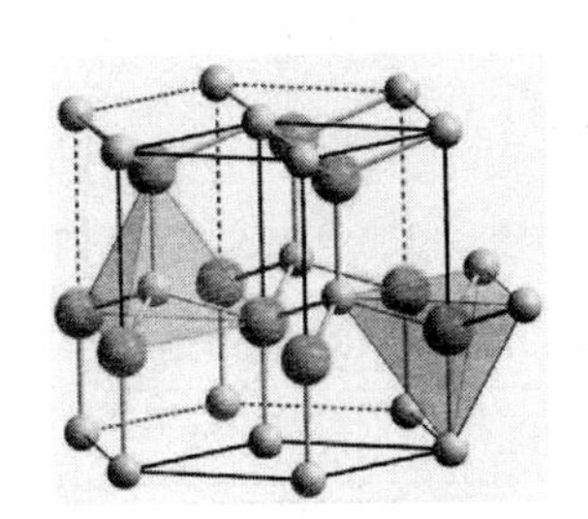

图 5.8 纤锌矿晶体结构

总而言之，对于 Micro-LED 半导体材料的选择需要综合考虑对波长的需求、半导体材料的能带间隙类型以及生长材料和衬底材料的晶体晶格结构。

5.2 Micro-LED 的结构

5.2.1 Micro-LED 的经典制备流程

Micro-LED 的经典制备流程采用了氮化镓 LED 技术，采用外延生长法制备而成，其经典结构如图 5.9 所示，最上层是一层 p 型掺杂的氮化镓，下面是 InGaN/GaN 量子阱层，接着是一层 n 型掺杂的氮化镓，再往下依次是无掺杂氮化镓过渡层、AlGAN 缓冲层以及最下方的蓝宝石衬底。

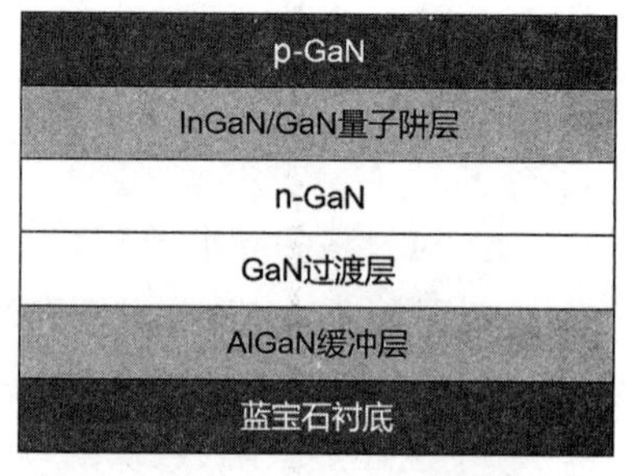

图 5.9 Micro-LED 的经典结构

Micro-LED 的制备流程如下：

(1) 采用等离子体增强化学沉积法在 p-GaN 表面沉积一层 SiO_2 薄膜用作绝缘层。

(2) 通过深紫外光刻将图案转移到光刻胶上，然后使用反应离子刻蚀法将图案转移到 n-GaN 层以形成阵列台面，再使用深紫外光刻将电极图案转移到 n-GaN 表面。

(3) 采用物理气相沉积金属作为 n 电极。

(4) 采用等离子体增强化学沉积法沉积一层 SiO_2 薄膜用作侧壁钝化层。

(5) 通过光刻在 p-GaN 层表面开孔，采用物理气相沉积金属作为 n 电极和 p 电极的引线。

5.2.2 Micro-LED 的芯片结构

Micro-LED 根据芯片结构的不同可以分为正装结构(Face Up Chip)、倒装结构(Flip Chip)、垂直结构(Vertical)和 3D 纳米线(Nanowires)结构，表 5.2.1 对四种结构进行了对比。

表 5.2.1 四种 Micro-LED 芯片结构对比

Micro-LED 芯片结构	正装结构	倒装结构	垂直结构	3D 纳米线结构
导热性能	差	好	好	中
电流分布	一般	一般	均匀	一般

续表

Micro-LED芯片结构	正装结构	倒装结构	垂直结构	3D纳米线结构
出光功率	小	中	大	很大
占用衬底面积	大	中	小	很小
工艺步骤	简单	较简单	较复杂	复杂
应用功率	小	大	大	大

1）正装结构

图5.10展示了正装结构Micro-LED芯片。正装结构是最早出现的一种结构，工艺也最为简单，普遍使用于小功率芯片中。在正装结构芯片中，从上至下依次为：p-GaN层、发光层、n-GaN层、蓝宝石衬底。在正装结构芯片中，正负电极均在上方，分别位于p-GaN层和n-GaN层的台面上。这种结构的问题是电极和出光面位于同一侧，会导致正装结构芯片的电流拥挤，电流均匀性一般，同时电极的遮挡使得出光功率受到影响。除此之外，正装结构芯片的散热性能受到蓝宝石衬底的导热系数不佳的制约。

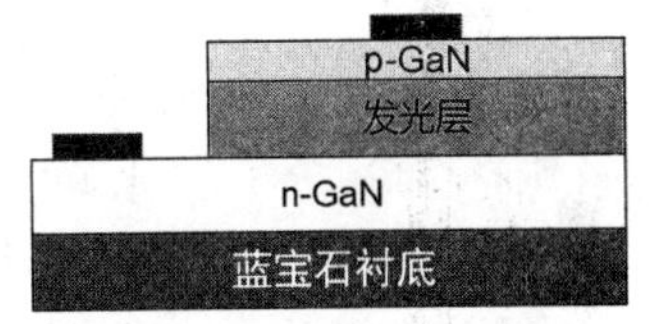

图5.10 Micro-LED芯片正装结构

2）倒装结构

在正装结构芯片中电极会遮挡住出光面而影响出光功率，为了解决这个问题，将正装结构芯片进行倒置，形成如图5.11所示的倒装结构芯片。倒装结构Micro-LED还可以通过剥离蓝宝石衬底来增强器件的导热性能，所以倒装结构的应用场景功率更大。但是倒装结构芯片中电流均匀性问题仍没有得到很好的解决。

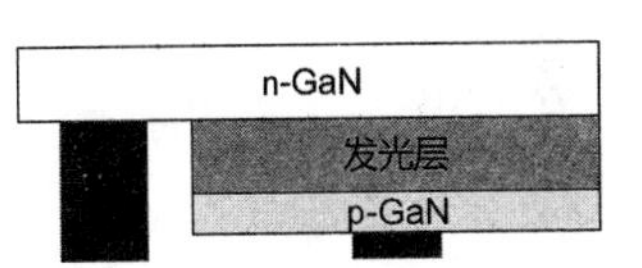

图5.11 Micro-LED芯片倒装结构

3）垂直结构

图5.12展示了Micro-LED芯片的垂直结构，垂直结构中两个电极不再位于同侧，而是分别位于器件的上下两侧，使得Micro-LED的像素尺寸可以更小；此外，为了解决散热问题，还可以将蓝宝石衬底剥离，更换为导热系数更高的衬底以增强器件的导热性能，这样提高了器件的稳定性，但这也使器件的制备工艺更加复杂。同

图5.12 Micro-LED芯片垂直结构

时，正负电极位于两侧可以缓解电流拥挤的问题，使得垂直结构 Micro-LED 的电流分布更均匀，这意味着 Micro-LED 具有更大的电流密度峰值。垂直结构芯片一般在 p 面加装高反射镜层，以提高出光功率。

4) 3D 纳米线结构

3D 纳米线结构与前面的结构有很大的不同，如图 5.13 所示，首先在蓝宝石衬底上生长 n-GaN 层，为了使 n-GaN 沿着特定方向进行生长，会使用 SiO_2 覆盖一定区域，当 n-GaN 层生长到一定规模时，在其表面生长 InGaN 层和 p-GaN 层来形成 pn 结。由于具有独特的 3D 结构，3D 纳米线结构芯片的出光面积更大，可以实现更大的出光功率。在 2020 年，法国新创公司 Aledia 与法国研究单位 CEA-Leti 采用 3D 纳米线结构成功在 12 in 硅晶圆上生产 Micro-LED 芯片，远大于平面 Micro-LED 使用的 4～6 in 晶圆，可以大幅提高产量，并且与标准硅制程衔接。

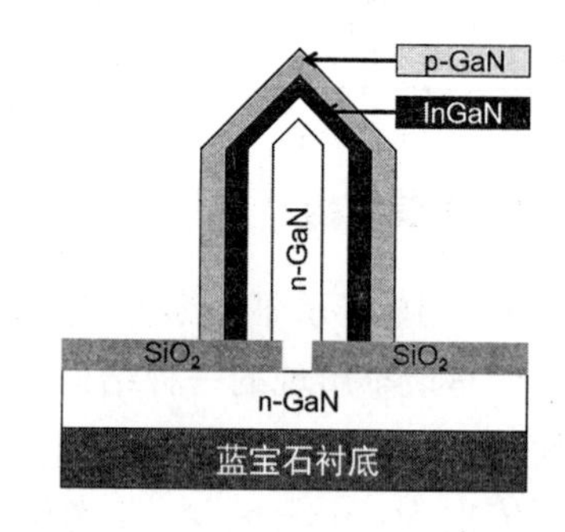

图 5.13 Micro-LED 的 3D 纳米线结构

5.3 Micro-LED 的驱动方式

Micro-LED 的驱动方式分为无源选址驱动、有源选址驱动和半有源选址驱动三种。

5.3.1 无源选址驱动

无源选址（Passive Matrix, PM）驱动又被称为被动驱动，该驱动方式下扫描阵列由许多条行扫描线和列扫描线组成，扫描线的选通是通过对应的驱动芯片进行控制的，要想点亮一个 Micro-LED 单元就需要同时选通其上的行扫描线和列扫描线。人的眼睛具有视觉暂留的特点，无法识别变化太快的画面，利用人眼的这一特点，对整个驱动阵列进行一次快速的扫描就可以实现显示画面的目的，这个过程所用的时间就被称作一帧。选址阵列

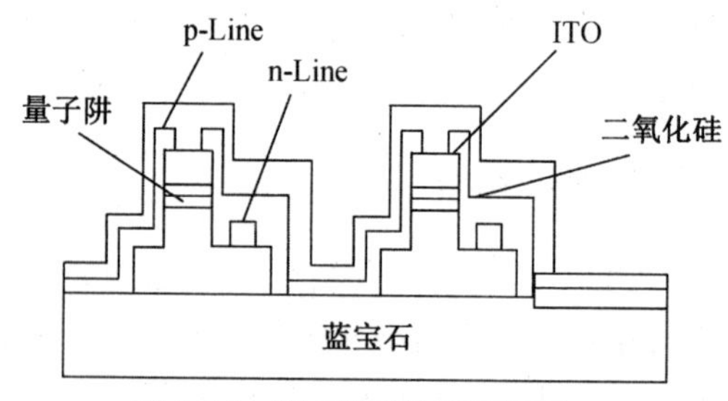

图 5.14 PM 驱动阵列剖面图

的结构如图 5.14 所示。无源选址驱动电路的实现成本较低，原理简单，但是简单的原理往往意味着硬件部分的冗杂。无源选址驱动的扫描线路非常多，需要更高的驱动电压，且各个单元间容易发生串扰。此外，频繁快速的扫描会使一帧中单个 Micro-LED 单元被点亮的时间很短，电路效率低下。这些缺点都会影响显示的亮度、稳定性和分辨率，导致显示效果下降。

由上面的内容可知，同时控制行驱动和列驱动信号对于驱动电路来说是很大的负载，如果能去掉其中一个信号将改善扫描电路的性能，进而提高显示效果。于是出现了在列扫描线上添加锁存器的方法，锁存器中存放的是提前设计好的扫描信号，当选中某一条行扫描线后，所有锁存器会同时释放出列扫描信号。这样做虽然驱动电路的冗杂程度得到了改善，但是串扰问题仍未解决。

5.3.2　有源选址驱动

有源选址(Active Matrix, AM)驱动又被称为主动驱动，该驱动方式下一个单元中含有电容(充放电)和 MOS 管(开关)，电路通常采用双 MOS 管单电容电路，如图 5.15 所示，且每一个 Micro-LED 都具有独立的电路进行驱动。在驱动电路中 M_1 被称为开关管，在电路中起到开关的作用，M_1 的栅极与扫描信号相连，其开关由扫描信号控制，只有当 M_1 开启时，储能电容 C_s 才能被充电。M_2 被称为驱动管，用于点亮 Micro-LED，其栅极与储能电容相连，即储能电容控制着 M_2 的开关，当 C_s 中存在电荷时，M_2 处于打开状态，Micro-LED 被点亮。当扫描信号撤去，M_1 会断开，但是 Micro-LED 仍能维持点亮状态一段时间，这是因为储能电容中的电荷并不能在一瞬间完全释放，所以 M_2 的栅极电压可以维持一会儿，这是有源选址驱动的一大优势。

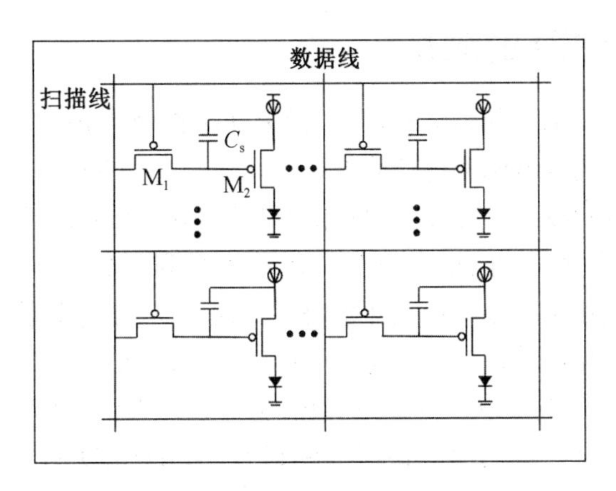

图 5.15　AM 驱动阵列电路图

在有源选址驱动中，Micro-LED在选通信号撤去后仍能保持一段时间的点亮状态，这意味着在相同的驱动信号下，有源选址驱动可以获得比无源选址驱动更高的亮度。除此之外，在此驱动方式下，信号会出现串扰的问题也得到了改善。

5.3.3 半有源选址驱动

半有源选址驱动相较于有源选址驱动去掉了一个晶体管和储能电容，驱动电路通过一个基极二极管来点亮Micro-LED，如图5.16所示，虽然减少了器件数量并且能够减轻串扰的影响，但是需要对扫描信号进行特殊的设计，会增加电路设计的复杂度。

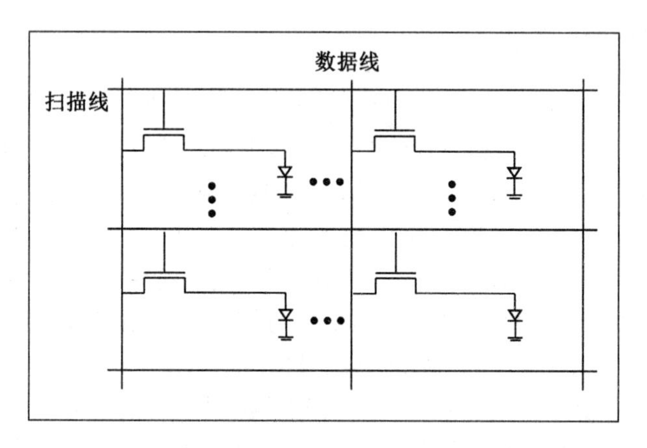

图5.16 半有源选址驱动阵列电路图

5.4 Micro-LED的应用

早期的LED显示屏封装体积较大，像素间距在20 mm左右，而目前一般商用的LED显示屏的像素间距已经降低至3 mm左右。2008年，利亚德公司提出了小间距LED显示技术，通过缩小灯珠的尺寸得到了比传统普通LED显示屏更高的分辨率。在那之后，小间距LED显示技术得到了各大企业的广泛关注，到了2016年，小间距LED显示行业开始快速扩张，显示屏的像素密度不断增大，使得小间距LED芯片尺寸来到200 μm左右，像素间距小于1 mm。再进一步，人们提出了Mini-LED的概念，Mini-LED的芯片尺寸和像素间距只有小间距LED的一半，亮度、稳定性、对比度等性能大幅提升，Mini-LED的市场竞争力提高到了和OLED相同的高度。Micro-LED则更进一步将芯片尺寸降低到了

50 μm 以下，它具有很好的电流饱和密度、发光效率等性能，并且十分稳定，被视为显示技术的未来，是目前大热的研究方向，成为各大机构竞相研究的对象。表 5.4.1 展示了一些显示技术的性能对比。

表 5.4.1　显示技术性能对比

表现	LCD	Micro-LED	Mini-LED
亮度/(cd/m^2)	500	10^7	3 000
发光效率	低	高	高
能耗	中等	低	低
对比度	中等	非常高	非常高
响应延时	ms	ns	ns
透明度	低	高	低
折叠性	很差	好	中等
PPI	≥300	≥1 000	≥40
成本	低	高	高

Micro-LED 显示技术起源于 1992 年美国贝尔实验室提出的微盘激光器技术。近年来，在商业化应用的领域，Micro-LED 显示技术在不断地前进，如表 5.4.2 所示。

表 5.4.2　Micro-LED 技术在应用领域的发展

年份	公司	取得进展
2012	索尼	55 in 的 Micro-LED 显示屏 Crystal LED Display
2018		拼接而成的 780 in 16K 的 Micro-LED 显示屏 CLEDIS
2018	三星	146 in 的 Micro-LED 显示屏 The Wall
2019	雷曼光电	324 in 8K 的 Micro-LED 显示屏
2019	康佳	236 in 8K 的 Micro-LED 显示屏 Smart Wall
2022	深康佳	自研 Micro-LED 芯片完成了小批量和中批量试产
2022	维信诺科技	打造国内首条 Micro-LED 生产线

目前 Micro-LED 显示技术的应用领域主要集中在平板显示领域，但是其十分优良的性能注定其应用场景将十分广泛。Micro-LED 应用将从平板显示扩展到投影显示、三维空间显示、透明显示、AR/VR/MR、智能车灯等诸多领域。

5.4.1　投影显示

光源是投影显示系统的重要组成部分，由于投影系统像源器件是不发光的，要想获得图像光输出就要依靠外部光源，所以光源的大小、形状、发光效率、光谱、寿命等都是非常关键的性能指标。目前常用的光源有超高压汞灯(UHP)、卤素灯、LED、气体放电灯以及激光光源等。然而传统的灯泡光源由于易发热、寿命短和性能问题正逐渐被淘汰，因此 LED 光源和激光光源逐渐成为主流光源。

激光光源具有色彩还原性好、色域大、寿命长、不产生失真和亮度高等特点，传统 LED 光源在色彩、寿命和图像方面能与激光光源有一战之力，但是由于 LED 技术本身的问题，LED 投影仪的亮度普遍不高，一般在几百 ANSI 流明左右，如果外部光照太亮的话投影效果就会非常差。然而 Micro-LED 超高的亮度性能可以很好地解决这一问题，未来投影显示领域必定会有 Micro-LED 光源的一席之地。关于投影显示的内容将在本书第 7 章做详细介绍。

5.4.2 透明显示

透明显示在近年来受到广泛关注，顾名思义，透明显示即在透明面板上进行显示，在商场显示、轨道交通以及智能家居等场景下有广泛的应用空间。如图 5.17 所示，在商场显示方面，富士达公司的自动扶梯上使用的便是韩国厂商 Changsung Sheet 开发的薄膜透明 LED 显示屏，这种薄膜透明屏在室内和露天环境下均可良好工作；在轨道交通方面，北京地铁 6 号线使用了 LGD 公司供应的 55 in 透明 OLED 车窗屏，以集中显示信息，未来可能推广到更多的交通工具上使用。

图 5.17 透明显示的一些应用场景(引用自 Changsung Sheet 官网和国内新闻稿)

目前常用的透明显示技术主要包括非自发光型和自发光型两类。非自发光型显示面板主要包括液晶显示面板。自发光型显示面板主要包括有机发光二极管(OLED)、量子点发光二极管(QLED)、Micro-LED 等类型。

传统 LCD 显示面板之所以能用于透明显示领域是因为 LCD 显示面板中除了背光层，其他大部分层都是可以透明实现的，关键在于移除背光层。如果直接移除背光层，依靠外界光源来实现照明，透明显示的亮度会非常不理想。如果再在侧边加上光源，如图5.18所示，可以改善亮度下降的问题，但是效果有限，同时也会带来多屏幕拼接困难的问题。显然LCD技术并不是实现透明显示的理想技术。

图5.18　LCD透明显示侧边光源

可以自发光的OLED不会存在LCD需要额外光源的问题，将其衬底与电极材料透明化即可实现透明显示的应用，可以说OLED是现阶段透明显示最成熟的技术。OLED具有可视角大、对比度高、一体性好等优点，从正反两面均可看到显示的内容，但是依然存在着易老化、寿命不长、亮度不足等缺点。

QLED技术作为近些年来新兴的技术，最受关注的就是其优秀的色彩表现。但是目前市场上常见的QLED只是在传统LCD的背光源前面加了一层量子点膜，以改善LCD的色域广度，并不是真正的电致发光，无法解决背光源的问题，因而也不适用于透明显示。

Micro-LED具有高像素点密度、高亮度、高动态范围、高对比度、低功耗等优点，在透明显示领域具有非常大的优势。如图5.19所示，加拿大开发商VueReal研发了一种透明Micro-LED显示屏，其透明度高达85%。虽然目前Micro-LED的成本问题和许多技术难题还未解决，不过相信随着技术的成熟，Micro-LED透明显示的前景非常光明。

图5.19　VueReal研发的透明Micro-LED显示屏(引用自VueReal官网)

5.4.3 智能车灯

随着自动驾驶领域的不断发展,车灯的智能化也成为一个未来的发展方向。车灯不再仅仅作为一个照明工具,更是一种可以交流、交互的窗口,如图 5.20 所示。奔驰、奥迪等品牌都在高端车型上配置了 DLP(数字投影技术)车灯,即给每一个车灯组件加装 DMD(数字微镜)芯片,智能车灯不是一个完整的反射面,而是被切割成了许多独立单元,DMD 芯片可以提供一个被切割成许多独立单元的反射界面。但是 DMD 作为像源无法自发光,需要额外的光源与之配套,这就增加了系统的复杂程度。

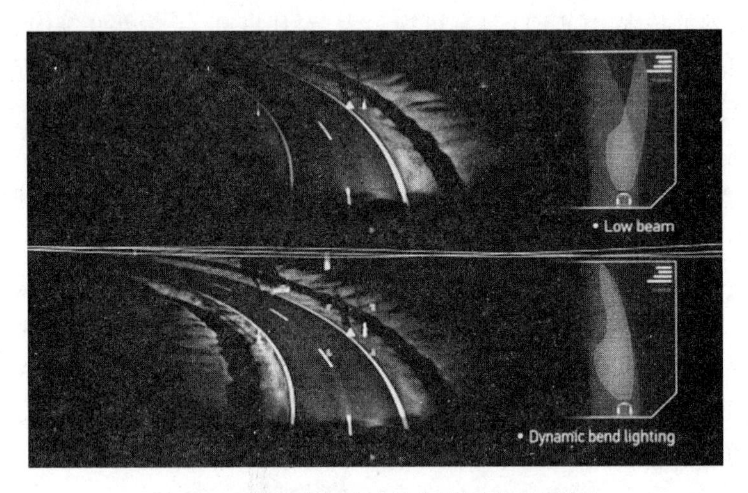

图 5.20 智能车灯的功能(引用自海拉官网)

Micro-LED 无疑是这个问题的一种解决方案,一是它可以作为比现有光源(如激光光源等)体积更小、性能更佳的光源与 DMD 配套,二是它可以直接利用自身高像素点密度、高亮度的特点直接取代“DMD 像源+光源”的方案。应用于智能车灯领域时,Micro-LED 没有分辨率和色彩的要求,只对出光效率有要求,因此智能车灯是 Micro-LED 比较好实现的一个应用领域。

5.5 Micro-LED 技术的挑战和发展趋势

5.5.1 Micro-LED 的制造工艺

1) 外延生长

外延生长是在衬底材料上沉积单晶薄膜,使单晶的晶相与原衬底的晶相相似的一种技术。通过外延生长得到的材料具有高质量、无机械损伤的特点，因此载流子寿命相应提高，器件中的漏电流减小。

（1）外延片材料

Micro-LED 的主要材料是 GaN。Micro-LED 芯片的尺寸要在 50 μm 以下，工作时电流密度较低，外延片表面缺陷的影响被进一步放大，这会导致更大的非辐射复合问题，即能量以热能形式释放。所以 Micro-LED 与传统大尺寸 LED 芯片相比，外延片的晶体质量更加重要。减少外延片中的缺陷有两种思路：一是对表面进行处理，以减少缺陷，即采用侧壁钝化、热退火以及湿法化学处理等处理方法，如图 5.21 所示；二是改变外延过程中的工艺，如替换掉有损的电感耦合等离子刻蚀方法。

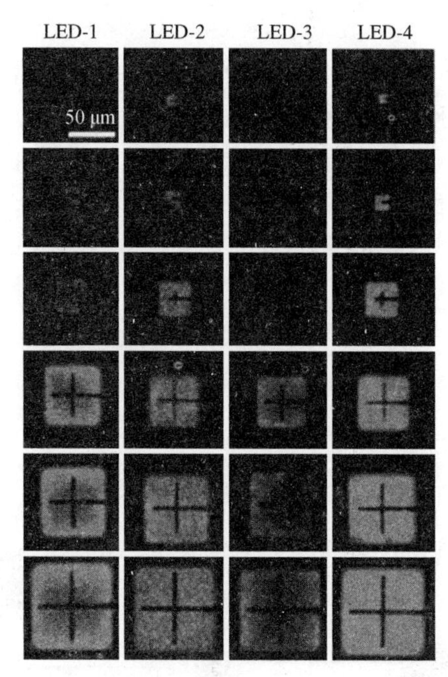

图 5.21　不同钝化处理后的 Micro-LED 发光图

衬底的尺寸越大，单个 Micro-LED 的成本就越低，因此大尺寸衬底是发展的必然趋势，但是随着衬底尺寸的增大，外延片的波长均匀性出现更大的波动，如图 5.22 所示，外延片带来的波长不均匀会大大影响显示图像的色彩准确度。外延过程中的气流和温度均匀性是影响 Micro-LED 波长均匀性的关键因

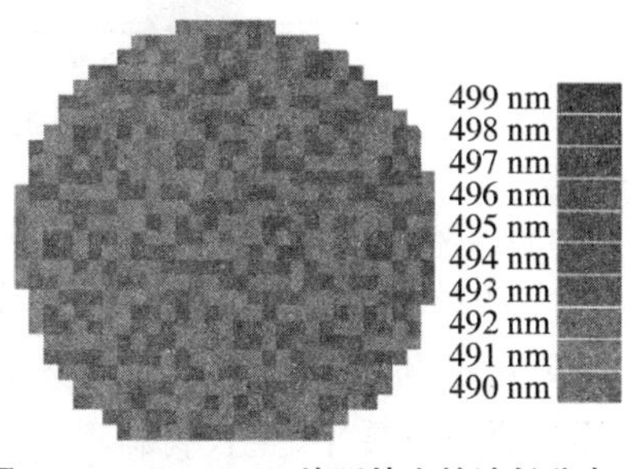

图 5.22　Micro-LED 外延片上的波长分布

素，通过优化气流注入和增大衬底厚度等措施可改善生长过程中的气流和温度均匀性。

(2) 外延生长技术

目前 Micro-LED 主要采用的外延生长技术有金属有机物化学气相沉淀(Metal-Organic Chemical Vapor Deposition，MOCVD)和分子束外延(Molecular Beam Epitaxy，MBE)两种。MOCVD 具有生长速率快、适用范围广、厚度可控性好、易于生长时进行掺杂、产量高、成本适中等优点，但是其缺少原位表征、氮源消耗大并且有些金属有机化合物源有毒。MBE 则是一种更适合实验室的方法，其具有原子级界面、原位表征、生长纯度高的优势，但是相应的，这需要严苛的超高真空环境条件，而且该方法生长速率慢、生长温度低、产量低、成本高。

① MOCVD

MOCVD 于 1968 年问世，GaN 蓝光 LED 的出现使得 MOCVD 技术迅速推广开来，成为目前产业界使用最为广泛的外延生长技术。MOCVD 系统结构如图 5.23 所示。MOCVD 技术将前驱体在对应温度下转化为气态，并随氢气、氦气等载气一起运输到反应腔内，在反应腔内衬底表面已经被加热到了一定温度，输送到反应腔的反应气体就会被衬底捕获并反应，达到外延生长的目的，其他废气则会被排出。

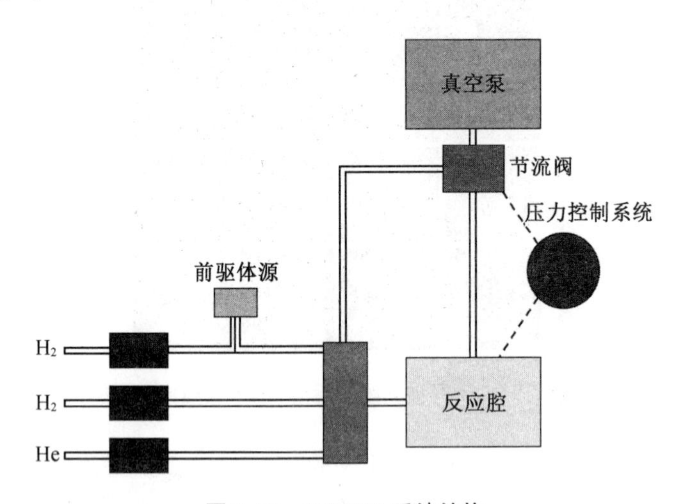

图 5.23　MOCVD 系统结构

② MBE

MBE 相较于 MOCVD 是一种新发展起来的外延生长技术。MBE 系统结构主要包括真空生长腔、控制系统、真空系统和原位检测系统，如图 5.24 所示。在超高真空条件下，生长材料在加热和小孔准直后形成分子束，在控制系统作用下扫描式喷射到加热好的衬底表面进行沉积。值得注意的是，采用 MBE 技术进行外延生长时，衬底材料需要为单晶结构。

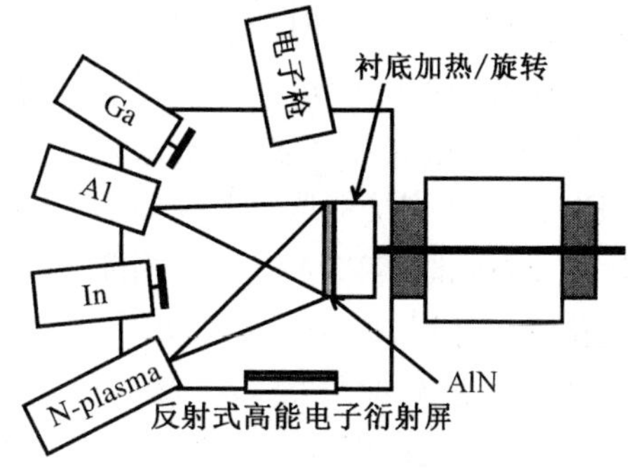

图 5.24　MBE 系统结构

2) 巨量转移

在 Micro-LED 芯片完成外延生长制备后，就需要对其进行转移，由于 Micro-LED 的尺寸非常小，有数以百万计的芯片需要被转移到驱动基板上。依靠现有的转移手段，是难以应付如此大规模的巨量转移的，不仅耗时过长，还难以满足良率需求。Micro-LED 芯片在外延和转移过程中会产生侧壁缺陷等问题，在传统 LED 的生产过程中，2 μm 的缺陷不会造成太大的影响，但是 2 μm 的缺陷和 Micro-LED 芯片的尺寸处于同一量级，这意味着毁灭性的破坏，如图 5.25 所示。

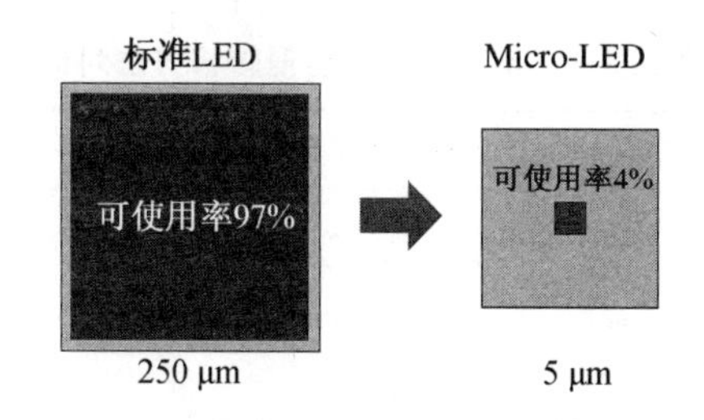

图 5.25　误差缺陷导致芯片使用率大幅度降低

虽然目前对于一些结构较小的应用，如 VR、智能手表，可以采取单片制造的方式，以规避掉巨量转移的过程，但是对于平板显示、透明显示以及智能车灯等更广泛的应用场景，巨量转移过程是无法避免的，所以适用于 Micro-LED 芯片尺寸的巨量转移方法是目前所急需的。

目前的巨量转移方法是，首先使用某种作用力（如超声波、范德华力、静电力和磁力等）将 Micro-LED 芯片与原来的基板分离，然后将分离下来的 Micro-LED 芯片通过特定的转移装置精确地转移到电流驱动基板的目标位置上。

例如，广东工业大学研究人员研发的一种基于超声技术的 Micro-LED 晶粒巨量转移方案是，先将 Micro-LED 晶片黏附在转移基板下表面的弹性膜表面，并将安装有超声换能器的超声发生单元设于转移基板的上表面与目标 Micro-LED 晶粒对齐，在转移基板和目标驱动基板对齐后，启动超声装置使弹性膜发生形变,从而使 Micro-LED 晶粒脱落并下落到电流驱动基板的对应位置上。

还有一种巨量转移方案是基于激光剥离原理,采用激光剥离的方式以避免对 Micro-LED 芯片的直接抓取。首先将 Micro-LED 芯片黏合在临时转移衬底上,利用强紫外光照射氮化镓缓冲层,由于紫外激光的缘故,光子能量会被靠近界面处的 GaN 衬底材料强烈吸收,从而产生高温使黏合剂分解,这时从氮化镓蓝宝石衬底上将 Micro-LED 的外延晶片剥离,就可以将待转移的 Micro-LED 芯片从原衬底上剥离下来,并放置到目标基板上,如图 5.26 所示。

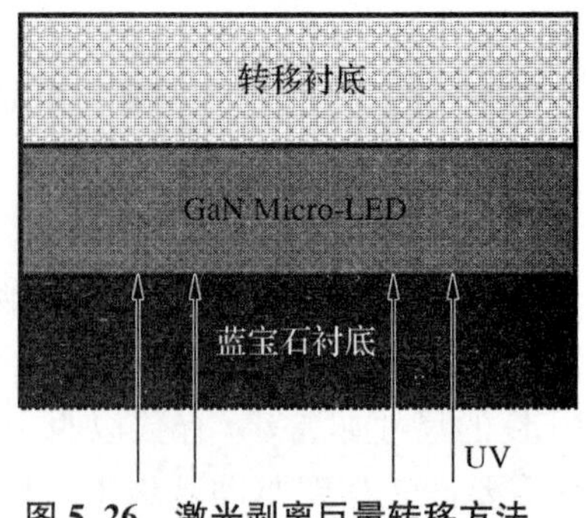

图 5.26 激光剥离巨量转移方法示意图

除了上述两种巨量转移方案外,PDMS 转印、流体转运、自组装等方法也是研究人员和企业研究的重要方法,表 5.5.1 简单对比了上述方法。

表 5.5.1 Micro-LED 巨量转移方法对比

转移技术	静电力	电磁力	弹性印章	滚轮转运	激光剥离	流体转运
成本	高	高	低	高	高	一般
速度	慢	慢	快	快	快	慢
准确度	一般	高	一般	低	一般	低
转移面积	小	小	大	大	一般	大
修复性	好	好	一般	差	一般	差

5.5.2 Micro-LED 的全彩化

Micro-LED 的全彩化工艺是生产中重要的一环,色彩技术的加入让 Micro-LED 所拥有的高分辨率、高亮度、高动态变化以及优秀的色域范围得到了更充分的应用。

Micro-LED 全彩化的一种实现方法是 RGB 三色芯片法,该方法通过分别对红色 Micro-LED、绿色 Micro-LED、蓝色 Micro-LED 进行控制,三者组合叠加从而实现全彩化显示效果。在 RGB 三色芯片法中,每一个像素都包含红、绿、蓝三色的 Micro-LED,其结构如图 5.27 所示。这种方法存在的问题是三种颜色的芯片需要不同的工艺技术,增加了生产上的难度;三种颜色的 Micro-LED 由于生产工艺的不同,光学与电学特性差异较大,大大提高了控制电路的设计复杂度。

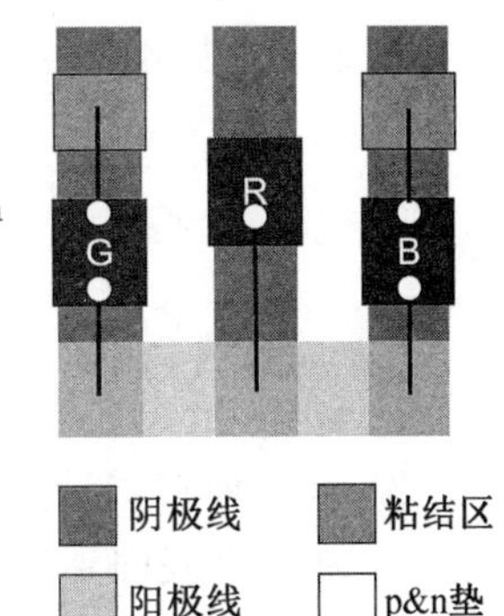

图5.27　RGB三色芯片结构

RGB三色芯片法采用脉冲宽度调制(Pulse Width Modulation, PWM)法来进行驱动,通过设计通电周期和有效占空比来控制灰阶,从而实现数字调光的效果。Micro-LED全彩化显示的电路驱动原理如图5.28所示。

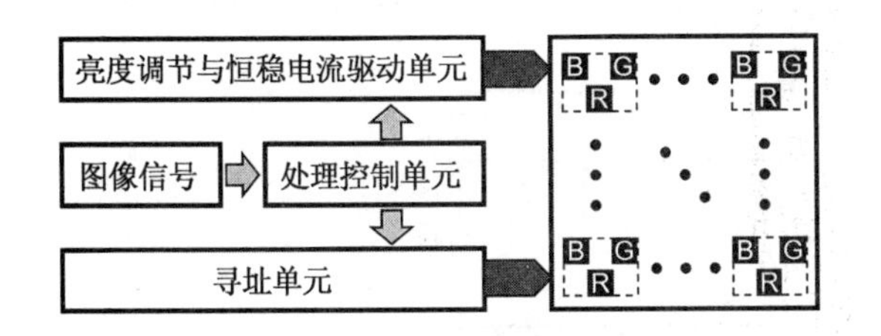

图5.28　Micro-LED全彩化显示电路驱动原理图

除此之外,还可以通过UV/蓝光LED发光来激发发光介质(量子点或荧光粉)的方法实现Micro-LED全彩化,如图5-29所示。这种方法的优势在于其红光和绿光的产生是通过在UV或蓝光Micro-LED阵列上涂覆相应的颜色发光介质实现的,不需要对不同晶圆进行分割和组装。其中,UV光源激发相较于蓝光Micro-LED激发具有更高的效率,但是其成本也相应较高。

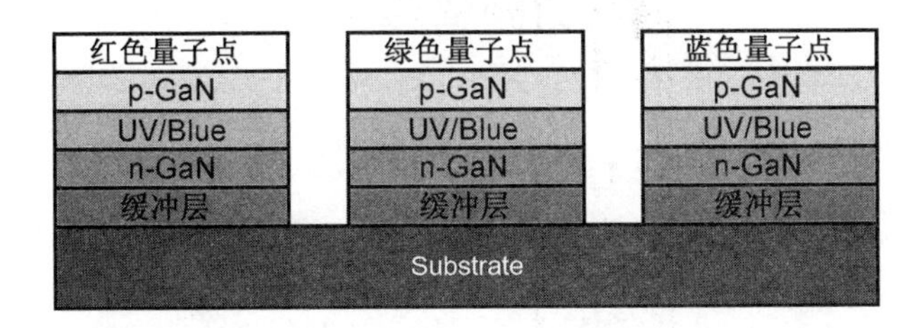

图5.29　UV/蓝光Micro-LED芯片结构

就目前的技术而言,荧光粉发光介质会吸收部分能量且尺寸较大,由于与Micro-LED像素尺寸的不匹配,会导致荧光粉涂覆不均匀,进而影响显示性能,显然对于Micro-LED而言这不是最好的方案。近年来大热的量子点技术则是一个看起来更有前景的技术。量子点发光具有色域广的特点,光波长可以覆盖到整个350～760 nm可见光波段,并且由于其具有量子尺寸效应,获得不同波长的光只需要改变其尺寸与化学组成即可。此外,量子点具有纳米尺度、发光效率高、吸收光谱宽、带隙易设计等特点,在Micro-LED的应用上具有天然优势。但是目前量子点技术的稳定性和散热问题也还有待解决。

习　　题

1. 画出 pn 结在形成动态平衡过程中的载流子转移过程。
2. 有一种直接带隙半导体材料，其禁带宽度为 1.428 eV，当它的自由电子从导带底回到价带顶与空穴结合时会产生光子，求其发出光的波长。

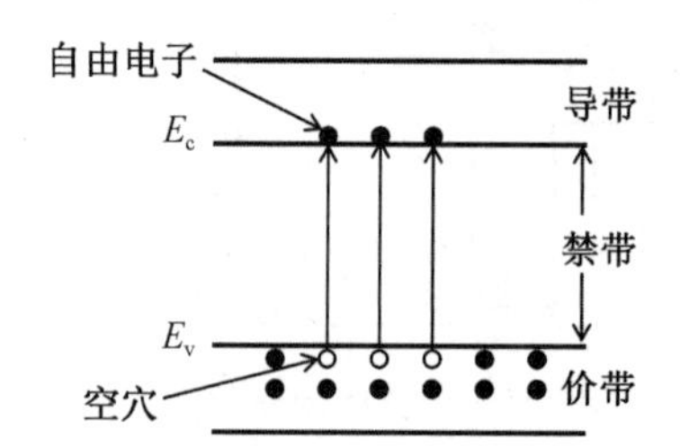

3. 现有一个 Micro-LED，已知其结温为 25 ℃时，输出光通量为 3 000 lm，pn 结 K 值为 10^{-2}，求结温为 60 ℃时，其输出光通量。
4. 你认为 Micro-LED 还能在哪些领域大放异彩？说明原因。

习题答案

1. 略。

2.
$$E=\frac{hc}{\lambda}$$

$$\lambda=\frac{hc}{E}=\frac{4.136\times 10^{-15}\ \mathrm{eV}\cdot \mathrm{s}\times 3\times 10^{8}\ \frac{m}{s}}{1.428\ \mathrm{eV}}=868.9\ \mathrm{nm}$$

3. $$F_{\mathrm{V}}(t_{\mathrm{J2}})=F_{\mathrm{V}}(t_{\mathrm{J1}})\mathrm{e}^{-K(t_{\mathrm{J2}}-t_{\mathrm{J1}})}=3\ 000\times \mathrm{e}^{-10^{-2}(60-25)}=2\ 114\ \mathrm{lm}$$

4. 略。

参考文献

[1] 潘祚坚，陈志忠，焦飞，等. 面向显示应用的微米发光二极管外延和芯

片关键技术综述[J]. 物理学报，2020，69(19)：64－87.

[2] 李乔楚. Ge基InAs/GaAs量子点激光器的MBE制备与表征[D]. 北京：中国科学院大学(中国科学院物理研究所)，2022.

[3] 赵永周. Micro-LED阵列显示器件制备及光电特性研究[D]. 长春：中国科学院大学(中国科学院长春光学精密机械与物理研究所)，2022.

[4] 韦文旺. MOCVD生长的Ⅲ族宽禁带半导体氮化物薄膜的性质表征与分析[D]. 南宁：广西大学，2022.

[5] 沈睿. 衬底N极性GaN薄膜材料的MOCVD生长及机理研究[D]. 北京：中国电子科技集团公司电子科学研究院，2022.

[6] 施根俊. 基于MBE的GaN和InGaN生长机制探究[D]. 南京：南京大学，2021.

[7] 章新宇. 基于氧化锌薄膜晶体管的透明显示应用研究[D]. 杭州：浙江大学，2022.

[8] 宋永远. 基于氮化镓LED的水下蓝光数字传输系统设计与实现[D]. 南京：南京邮电大学，2022.

[9] Nakamura S, Mukai T, Senoh M. Candela-class high-brightness InGaN/AlGaN double-heterostructure blue-light-emitting diodes[J]. Applied Physics Letters, 1994, 64(13): 1687－1689.

[10] Fan Z Y, Lin J Y, Jiang H X. III-nitride micro-emitter arrays: Development and applications[J]. Journal of Physics D: Applied Physics, 2008, 41(9): 94001-1-94001-12-0.

[11] Levi A F J, Slusher R E, McCall S L, et al. Directional light coupling from microdisk lasers[J]. Applied Physics Letters, 1993, 62(6): 561－563.

[12] Jin S X, Li J, Li J Z, et al. GaN microdisk light emitting diodes[J]. Applied Physics Letters, 2000, 76(5): 631－633.

[13] Jiang H X, Jin S X, Li J, et al. III-nitride blue microdisplays[J]. Applied Physics Letters, 2001, 78(9): 1303－1305.

[14] Jeon C W, Choi H W, Gu E, et al. High-density matrix-addressable AlInGaN-based 368-nm microarray light-emitting diodes[J]. IEEE Photonics Technology Letters, 2004, 16(11): 2421－2423.

[15] Liu Z J, Chong W C, Wong K M, et al. 360 ppi flip-chip mounted active matrix addressable light emitting diode on silicon (LEDoS) micro-displays[J]. Journal of Display Technology, 2013, 9(8): 678－682.

[16] Chong W C, Cho W K, Liu Z J, et al. 1700 pixels per inch (PPI) passive-matrix micro-LED display powered by ASIC [C]//2014 IEEE Compound Semiconductor Integrated Circuit Symposium (CSICS). La Jolla, CA, USA. IEEE, 2014: 1-4.

[17] Liu Z J, Zhang K, Liu Y B, et al. Fully multi-functional GaN-based micro-LEDs for 2500 PPI micro-displays, temperature sensing, light energy harvesting, and light detection[C]//2018 IEEE International Electron Devices Meeting (IEDM). San Francisco, CA, USA. IEEE, 2018: 38.1.1-38.1.4.

[18] Han H V, Lin H Y, Lin C C, et al. Resonant-enhanced full-color emission of quantum-dot-based micro LED display technology [J]. Optics Express, 2015, 23(25): 32504-32515.

[19] Templier F, Benaïssa L, Aventurier B, et al. A novel process for fabricating high-resolution and very small pixel-pitch GaN LED microdisplays [J]. SID Symposium Digest of Technical Papers, 2017, 48(1): 268-271.

[20] Bai J, Cai Y F, Feng P, et al. A direct epitaxial approach to achieving ultrasmall and ultrabright InGaN micro light-emitting diodes (μLEDs) [J]. ACS Photonics, 2020, 7(2): 411-415.

[21] Wong M S, Hwang D, Alhassan A I, et al. High efficiency of Ⅲ-nitride micro-light-emitting diodes by sidewall passivation using atomic layer deposition[J]. Optics Express, 2018, 26(16): 21324-21331.

[22] Yang Y, Cao X A. Removing plasma-induced sidewall damage in GaN-based light-emitting diodes by annealing and wet chemical treatments[J]. Journal of Vacuum Science & Technology B: Microelectronics and Nanometer Structures Processing, Measurement, and Phenomena, 2009, 27(6): 2337-2341.

[23] Zhu J, Takahashi T, Ohori D, et al. Near-complete elimination of size-dependent efficiency decrease in GaN micro-light-emitting diodes [J]. Physica Status Solidi (a), 2019, 216(22): 1900380.1-1900380.6.

[24] Lee J, Sundar V C, Heine J R, et al. Full color emission from Ⅱ-Ⅵ semiconductor quantum dot-polymer composites [J]. Advanced Materials, 2000, 12(15): 1102-1105.

[25] Ezhilarasu G, Hanna A, Paranjpe A, et al. High yield precision transfer and assembly of GaN LEDs using laser assisted micro transfer printing [C]//2019 IEEE 69th Electronic Components and Technology Conference

(ECTC). Las Vegas, NV, USA. IEEE, 2019: 1470 - 1474.

[26] 王轩，陶涛，刘斌，等. 基于蓝绿光 Micro-LED 的可见光通信芯片调制带宽研究[J]. 半导体光电，2021，42(4)：469 - 473.

[27] 班章. 微型 AlGaInP-LED 阵列器件及全色集成技术研究[D]. 长春：中国科学院大学(中国科学院长春光学精密机械与物理研究所)，2018.

[28] 魏枫. 基于量子点的 Micro-LED 彩色化研究[D]. 哈尔滨：哈尔滨工业大学，2019.

[29] 广东工业大学. 一种超声释放式 Micro-LED 巨量转移方法与流程：中国，CN201811564324. 2[P]. 2019-04-23.

[30] 陈跃，徐文博，邹军，等. Micro LED 研究进展综述[J]. 中国照明电器，2020(2)：10 - 17.

第6章　电子纸显示技术

所谓电子纸(Electronic Paper)，是一种薄而柔软的纸状可重复使用的新型电子显示设备，它综合了传统显示器件和纸张使用习惯，相比于传统显示器件，它的柔韧性好、对比度高、可视角度大，而且不需背景光源；相比于传统纸张，它可以循环使用，显示内容可以根据需要不断更新。

为满足当今信息社会对于大信息量和高处理速度的要求，小型平面显示形态层出不穷，但是在人们办公生活中纸张仍然作为主要的信息承载工具，打印机的广泛使用更是让纸张消耗量是手写时代的3～5倍。造纸工业作为世界上六大污染工业之一，给全球生态和可持续发展造成了巨大压力。电子纸显示技术将是这种环境污染问题和生态危机的关键解决方案，电子纸有望成为人们办公生活中的新一代信息显示载体。

6.1　电子纸的关键指标

电子纸作为未来纸张的替代显示载体，有着明确的使用目标和使用场景，一款成熟的电子纸产品或技术应当有着以下几个关键指标：

(1) 内容的可重写度：电子纸作为信息化产品，应当具有快速对文字、图像内容进行重写、更新的功能，同时应该拥有比传统纸张更加丰富的显示内容。

(2) 肉眼阅读性：人们的阅读环境有着相当大的亮度跨度，这就要求电子纸有着较高的对比度和较高背光亮度，使阅读者在多变的亮度环境中仍能舒适地阅读内容；同时，电子纸还需要保证高反射率显示和极广的阅读视角以模拟纸张阅读的体验。另外，根据阅读内容的需求，电子纸往往在显示色域和刷新率上也有一定要求以保证人眼的阅读健康，缓解眼睛疲劳。

(3) 便携性：电子纸应当符合纸张的薄、轻量要求，可以随意携带、适度折叠、卷曲。

(4) 双稳态特性:电子纸与其他电子显示器件最主要的不同是,它在断电的情况下仍然能长时间地保持显示内容,同时整个使用过程中应保持低功耗。在显示技术上,称这种在不施加电压的状况下可以拥有亮态和暗态两种不同状态的特性为双稳态特性,所以电子纸又被称为双稳显示器(Bi-stable Display)。

6.2 电子纸显示技术原理

6.2.1 电子纸显示技术的研究历史

电子纸显示技术所涵盖的理论原理包含物理、化学、电子学等学科知识,但形象地说,电子纸显示系统是一张轻薄的内部附带电墨水的“纸”,也可以将其看作内嵌式遥控柔性电子显示屏。技术层面的研究包含柔性材料开发和电子墨水开发,其中电子墨水为关键技术。

电子纸显示技术的研究开发早在20个世纪70年代就已经有所成就。经过50多年的发展,从理论实践到走向市场再到如今商业化逐步成型,电子纸显示技术和相关产业正趋于完善和成熟(表6.2.1)。

表6.2.1　电子纸显示技术发展历史

时间	主要事迹
1970	日本松下公司发表电泳显示技术的多项专利
1974—1975	美国施乐公司帕罗奥多研究中心发明Gyricon电子墨水技术并率先提出电子纸和电子墨水的概念,成为现代电子纸显示技术的基础
1976—1977	美国科学家艾伦·黑格、艾伦·马克迪尔米德和日本科学家白川英树发表关于导电聚合物的重要论文,为实现电子纸显示提供了柔性基材,该成果获得2000年度诺贝尔化学奖
1981	MIT贝尔实验室的贝尼提出电润湿显示的概念
1990	剑桥大学卡文迪许实验室利用聚对苯乙烯制备聚合物电致放光器件成功,有机电致发光显示技术进入人们视野
1993	MIT贝尔实验室的贝格完成基于介电层的电润湿显示模型
1996	MIT贝尔实验室成功制造出基于电泳高分子胶囊技术的电子纸原型
1997—1999	美国E-Ink公司的成立标志着电子纸商业化道路开启,1999年该公司推出名为Immedia的户外广告电子纸

续表

时间	主要事迹
2000	E-Ink 与朗讯科技公司正式宣布成功开发第一款可卷曲的电子纸与电子墨水
2001	E-Ink 推出 Ink-h-Motion 技术，标志着电子纸从显示静止影像发展到显示活动影像
2002	日本索尼公司推出使用电化学原理制造的纸状显示器
2002	日本普利司通公司与千叶大学联合开发出一种新型电子纸实现方式——色粉显示板技术
2007～	美国亚马逊公司与 E-Ink 合作发布了第一代电子阅读器 Kindle，并在之后数十年不断推出新产品，带动电子阅读产业迸发
2007	日本富士施乐公司发布采用光写入型技术的彩色电子纸试制品
2008	日本 Liquavista 公司推出首款采用电润湿技术的显示器平台 Liquavista ColorBright
2018	广州奥翼电子发布近零功耗、高性能、可量产的彩色电子纸显示屏
2018	广州奥翼电子主导制定的电子纸国际标准修订案通过
2020	电子标签在零售业的广泛应用成为电子纸在商业化上取得的又一巨大成功，并辐射到电子纸显示技术在其余领域的应用，如汽车、展板、报纸
2020	华南师范大学周国富团队与深圳市国华光电科技有限公司联合研发，首次实现全彩视频反射式显示
2022	E-Ink 宣布全彩电子纸阅读产品 Gallery 成功实现量产
2022	中国国产电子纸品牌包括华为、汉王、Bigme、印象笔记等公司密集推出新品，类别包括电子纸阅读器、电子纸平板等，电子纸技术发展向功能化产品更进一步

6.2.2 分色颗粒旋转型显示技术——双色球显示技术(Gyricon)

Gyricon 作为第一种柔性电子纸显示技术，一出现就广受关注，其技术思路启发了之后多种新型电子纸显示技术的研发，极其具有代表性。Gyricon 电子纸也被称为旋转球显示器(twisting-ball display)，它包含众多微小光学各向异性球，其基本显示原理是，通过可变倾斜电场控制该球的旋转角度，球的不同面面向观察者显现出不同的色光，从而实现显示。

如图6.1所示，Gyricon电子纸的基本结构包括三层，塑料薄膜L_1以及薄膜上、下电极L_2与L_3，通过孔穴$V_1 \sim V_4$往塑料薄膜层中填充油液P_1与悬浮双色球P_2。其中，油液起到绝缘、润滑和涂层的作用。当在薄膜上、下电极L_2与L_3施加电场时，由于双色球的不均匀表面电势，双色球在电场的扭矩作用下会旋转调整而形成定向排列。电子纸稳态显示原理是，薄膜层中油液的密度和双色球相近，可以维持显示状态而不受电场撤除影响。

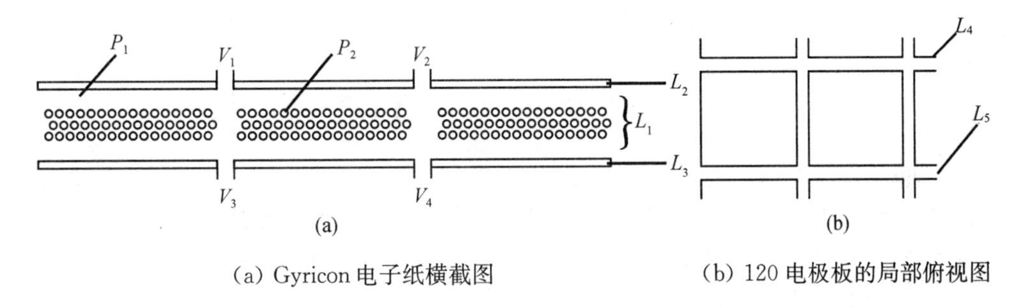

(a) Gyricon电子纸横截图　　(b) 120电极板的局部俯视图

图6.1 Gyricon电子纸基本结构

由图6.1(b)中120电极板的局部俯视图可知，图像像素大小由分成微小矩形区域的电极决定，电极之间通过高电阻材料L_4及L_5进行隔离。

Gyricon技术体现功能性的关键在于不同种类的微小光学各向异性球，它们构成了不同的Gyricon电子纸。一般Gyricon电子纸是由黑白双色球制作，而通过不同工艺对双色球结构进行改进，使得不同部位分别是黑、白、无色透明(类似玻璃或水)或有色透明(红、蓝、绿等)，就能有多彩多样的显示效果，这些电子纸称为多色球Gyricon。

如果将双色球分割成几个部分以发挥不同功能，就可以有效实现透射、高亮度、高对比度等性能。如图6.2所示的经典微球结构由l_1、l_2、l_3、l_4、l_5五层组成。例如，中间层l_3使用宽透明材料，l_2和l_4薄层使用同颜色染料，最外层l_1、l_5使用透明材料。以电子纸纸面为参照平面，当施加平行电场时，小球的l_3层会旋转面向观察者，即呈现电子纸透明效果。而当施加垂直电场时，小球的l_2、l_4层会旋转面向观察者，呈现反射颜色效果。再例如，中间层l_3用白色颜料构成，l_4层使用明暗差别强烈的颜色如红色、蓝色，l_2层由深色材料制作，最外侧l_1与l_5层由高透射材料制作(如折射率接近于悬浮油液和薄膜介质的透明树脂)，则可以实现黑白色及另一种高亮度色彩的显示。将微型球分成多层结构来使用不同颜色、材料以实现功能效果的方法，启发了许多相关的微球结构设计研究，如七层彩色微球、低饱和度微球、四色彩色微球等。感兴趣的同学可以在这个思路的基础上多加探讨和创新，这里不再赘述。

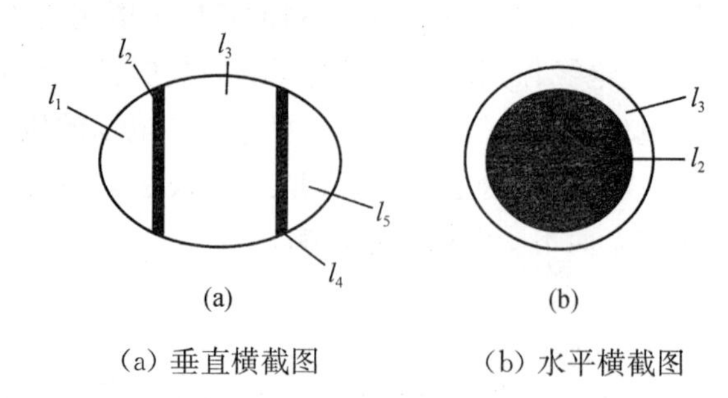

（a）垂直横截图　　（b）水平横截图

图 6.2　Gyricon 功能性彩色微球

除了在微型球结构上做出改变，还可以利用空间混色效应，在 Gyricon 薄膜上对微型球排列进行设计以达到彩色显示的目的。这里以加法混色法为例，启发同学们的思考。如图 6.3 所示，这是一个加色法全色(RGB)Gyricon 微球和显示器结构图。旋转球由三部分组成：两个宽透明外层 l_1 和 l_3，一个薄中间层 l_2。其中中间层涂有红、绿或蓝色颜料，中间层两侧呈现正负电势。微球在适当电场的作用下向所需方向旋转。如图 6.3(b)的截面图所示，RGB 显示器显示层 L_1 由多个像素 L_2 组成，每个像素根据 RGB 加法混色原理包含红、绿、蓝色亚像素各 1 个，每个亚像素又会包含 1 个或多个彩色球。通过对每个像素或亚像素分别寻址来调节倾斜电场电极，则可以控制这些小球的旋转方向。

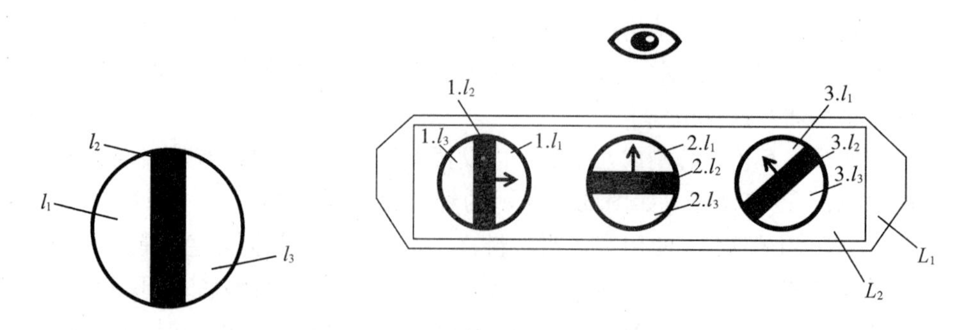

（a）加色法全色 Gyricon 微球结构图　　（b）加色法全色 Gyricon 显示器截面图

图 6.3　加色法全色 Gyricon 微球和显示器结构图

6.2.3　电泳显示技术

电泳显示(Electrophoretic Display，EPD)技术是现有电子纸显示技术中应用最广泛，商业化最成熟的一项，其产品与传统纸张的形态最为接近。电泳显示技术的基本原理简单来说就是通过外电场作用将不同颜色带电粒子移动到特定位置，呈现显示效果。EPD技术被广泛地应用于电子阅读器、可穿戴显示、电子指示牌等设备，例如风靡一时的Kindle电子书（图6.4）、电子纸公交展板（图6.5）、电子纸标签（图6.6）等。

图6.4　Kindle电子书

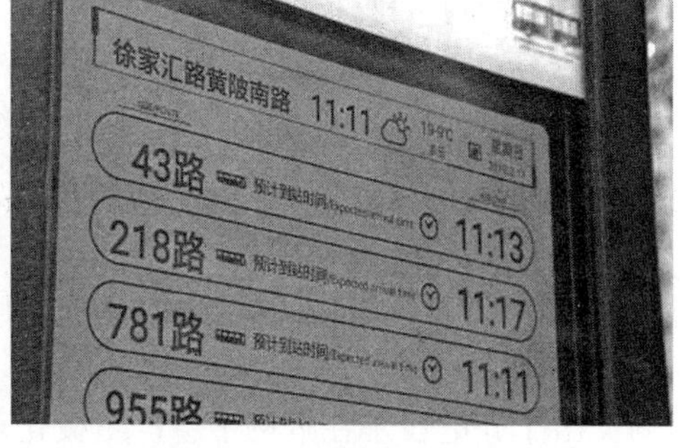

图6.5　电子纸公交展板

图6.6　商店的电子纸标签

1）介电泳原理

在讲解电泳显示技术之前，有必要先介绍基于介电泳（Dielectrophoresis，DEP）原理的微粒操控基本理论。

介电泳现象并非特指电子墨水上的现象，它是指外加非均匀电场与介电粒子上被诱导出的感应偶极矩相互作用，从而使得微粒受力产生定向移动的现象。介电泳现象是在20世纪50年代首先由Pohl发现并命名，而到了90年代，随着光刻技术以及金属蒸镀技术等微机电系统加工技术的发展与成熟，微电极的制造变得更加容易实现。这促使世界各地的许多研究人员广泛利用微电场研究DNA、蛋白质、病毒单分子、微胶珠、药物颗粒等各种生物及非生物粒子的介电泳操控，用来实现诸如微粒的定位、捕获、分离、运输、表征等操作。

由于外加电场形式、电极结构以及被操控粒子的形状不同，介电粒子在悬浮液中将产生不同形式的运动。一般来说，广义介电泳可以分为四种，即传统介电泳（classical Dielectrophoresis，cDEP）、行波介电（traveling wave Dielectrophoresis，twDEP）、电定向（Electroorientation，ORI）、电旋转[又称旋转介电泳（Electrorotation，ROT）]。传统介电泳指中性悬浮微粒在非均匀电场中发生极化，产生不等量偶极矩，从而与非均匀电场相互作用，使得微粒受力并产生定向移动的现象；行波介电泳是指中性悬浮微粒在行波电场中发生极化，与行波电场相互作用而产生平行于行波的平移运动的现象；电旋转与电定向现象将在下文详述。

由于介电粒子在电场中会产生极化现象，在高电势的区域集聚正电荷，在低电势的区域集聚负电荷，从而形成偶极子。对于不带电的中性微粒，其内部保持电荷守恒，形成的偶极子两侧集聚的极化电荷量相等，所以其受力及运动状态由外加电场的均匀性决定。如图 6.7 所示，在匀强电场中，微粒受到大小相同、方向相反的力的作用，即合力为零，所以会保持原有运动状态。而当外加的是非均匀电场时，两侧受力不再相等，微粒则在合力作用下开始运动。

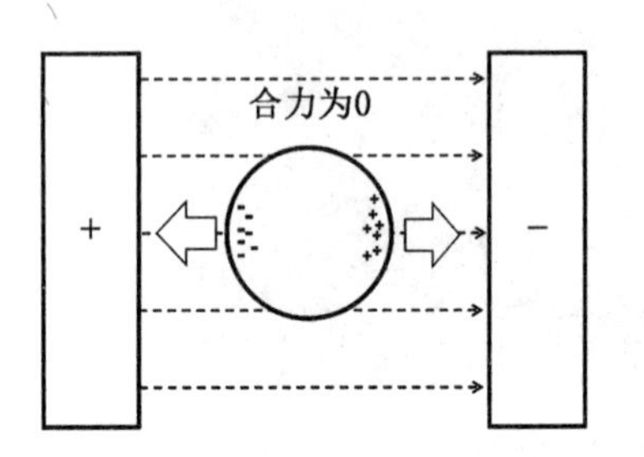

(a) 粒子悬浮在均匀电场中时经历零合力

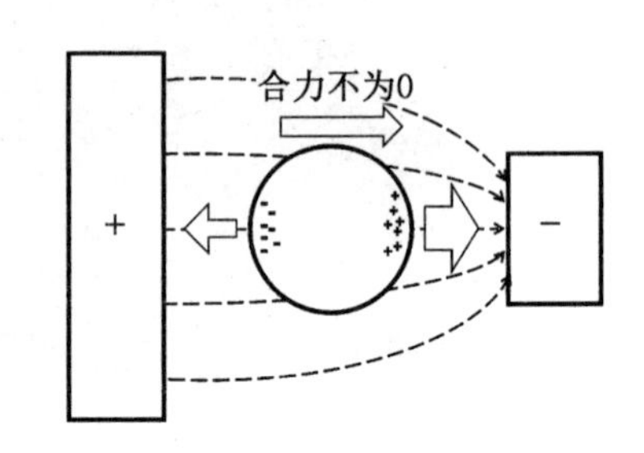

(b) 非均匀电场中由于存在电场梯度，粒子将经历合力

图 6.7 不同电场中粒子受力情况

对于一个处于电场 $\vec{E}$ 中的偶极子，其偶极矩 $\vec{p}$ 为偶极子之间的距离 $\vec{d}$ 和电荷量 Q 的乘积：

$$\vec{p}=Q\vec{d} \tag{6.2.1}$$

它受到的净力 $\vec{F}$ 可以表示为偶极子两侧所受库伦力之差：

$$\vec{F}=Q\vec{E}(\vec{r}+\vec{d})-Q\vec{E}(\vec{r}) \tag{6.2.2}$$

式中，$\vec{r}$ 表示负电荷的位置。

当 $\vec{d}$ 远小于非均匀电场的典型尺寸，即满足偶极子近似条件时，电场 $\vec{E}$ 可以在 $\vec{r}$ 附近泰勒展开，因此偶极子上的力可以展开为：

$$\vec{F}=Q\vec{E}(\vec{r})-Q(\vec{d}\cdot\nabla)\vec{E}+\vec{Q}(\vec{E})-Q\vec{E}(\vec{r}) \tag{6.2.3}$$

略去高次项 $\vec{Q}(\vec{E})$，代入偶极矩表达式，则偶极子上的介电力可以表示为：

$$\vec{F}=(\vec{p}\cdot\nabla)\vec{E} \tag{6.2.4}$$

根据电场相位分布是否随空间变化，这里的介电力分为传统介电力和行波介电力两种情况。除了介电力，当偶极矩与外加电场之间存在相位差时，将产生一个转矩以使两者对齐。如图 6.8 所示，当偶极矩与外加电场之间存在一个相位差时，偶极子的两极分别受到与外加电场方向平行的方向相反的库伦力的作用，从而将产生一个力矩，驱使偶极子转动到与电场平行的方向，因此均匀电场中作用在偶极子上的转矩可以表示为：

$$T=\frac{d}{2}\times Q\vec{E}+\frac{-d}{2}\times(-Q\vec{E})=Q\vec{d}\times\vec{E}=\vec{p}\times\vec{E} \tag{6.2.5}$$

以上转矩与两种现象相关：电旋转和电定向。

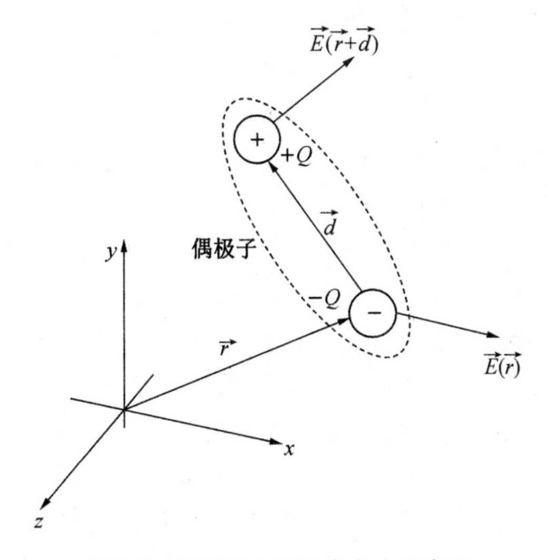

图 6.8　偶极子上所受介电力示意图

(1) 电旋转：当粒子处于旋转电场(通常通过在四个电极上外加具有一定相位差的正弦波产生)中时，偶极矩会不停地随着电场发生转动，粒子会受到一个恒定的转矩的作用而绕轴异步旋转，即电旋转。

(2) 电定向:若粒子为非球形,那么当且仅当粒子的长轴与电场线平行时,粒子上的偶极矩会保持稳定状态。在电场中,介电粒子会沿着最长的非分散轴被极化,感应偶极子会试图调整,朝向使自身沿着电场方向对齐。

需要注意的是,当外加非均匀电场时,只有外加电场非均匀性的尺度远小于偶极子的特征尺寸,式(6.2.5)才可作为转矩的近似表达式;若外加电场非均匀性的尺度与偶极子的特征尺寸相当,则式(6.2.5)的误差将变得十分显著。偶极子上所受转矩示意见图6.9所示。

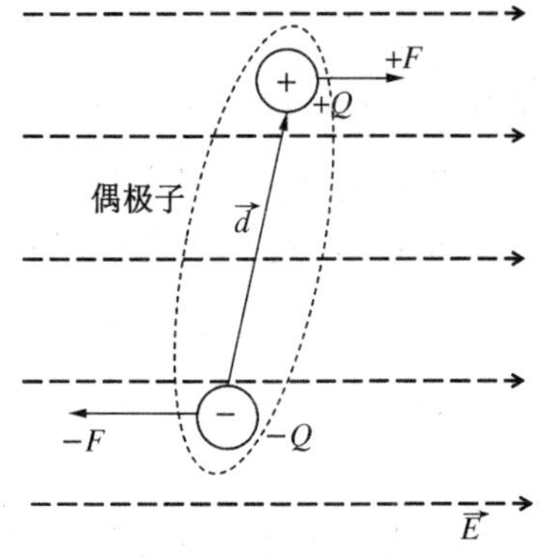

图 6.9 偶极子上所受转矩示意图

2) 电子纸电泳显示原理

电子纸电泳显示技术也可称为电子墨水显示(Electronic Ink Display)技术,它用上述介电泳原理控制流体中分散的油墨粒子移动来实现显示内容。电子纸由三层组成,分别为面层、中间层和底层。其中,中间层主要由透明基液与表面吸附电荷的油墨粒子两部分组成。数以万计油墨粒子分布在透明的基液中形成悬浮体系。每个油墨粒子的直径约为 100 μm,这些带电荷的微粒可以在外加电场的作用下运动。电子纸电泳显示技术按照中间层结构又可以分为微囊式与微杯式两种。

微囊电子纸电泳显示的原理是将电子油墨颗粒包含在极小的微囊内,每个微囊由填充的透明液体和黑白电子油墨微粒组成,其具体结构如图 6.10 所示。由结构图可以看到,中间层的微囊构成显示屏的像素,其显示状态由上下两个电极层控制。初始状态下,电子颗粒均匀悬浮在透明填充液中做随机运动。若施加外加电场,带电颗粒便会在静电力的作用下移动至微囊上下两侧聚集,从而分别显示出黑色和白色。而如果在电极板上进行设计,如图 6.10(c)所示,将电极板分成两个部分,精准控制电场强度还可以显示出不同的灰度等级。电子纸便利用这个原理实现每个像素颜色的转换从而显示出图像、文字的变化。该粒子聚集效果即使在断电情况下仍能正常保持,从而体现出黑、白双稳态特性。当然,用彩色染料粒子或者彩色滤光膜还可以实现电子纸的彩色显示。

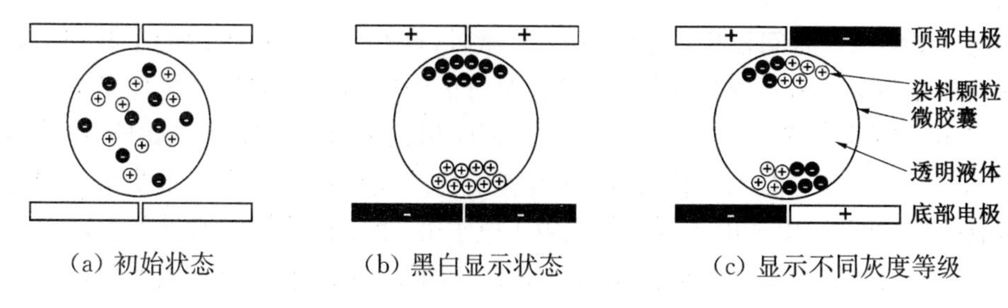

图 6.10　微囊电子纸电泳显示结构示意图

而微杯电子纸电泳显示的原理与微囊式基本相同，不同之处在于它将含带电粒子的溶液封装在特制的微型杯中，如图 6.11 所示。通过改变微杯外加电场产生杯中带电粒子的电泳，从而实现图像变换。微杯结构将电泳液分隔成细小的独立单元，有效地防止了电泳液发生外漏以及微囊结构中微粒发生不受控位移，与微囊结构相比，微杯结构具有结构完整性和机械稳定性的优点，即使在受到强形变的情况下，如受压、弯曲、卷曲，其显示性能依然优异。它还具有灵活裁切性，由于微杯结构的密闭性和结构稳定性，电泳显示时邻近区域的电泳液不会相互混合或者交叉干扰，它可被灵活剪裁成任意尺寸而不需要在侧面使用密封胶。微杯结构使带电粒子具有较均匀的运动空间，并且微杯结构在三维高度上的优势也让其比较容易实现三种粒子的控制显示，比如三色粒子，更易显示出全彩效果。

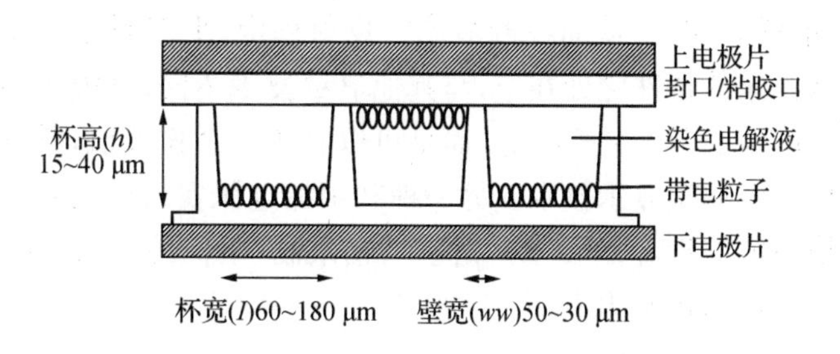

图 6.11　微型杯电泳显示结构示意图

由于电泳电子纸的显示不依赖于背光源，完全基于环境光，电泳电子纸即使在具有强烈环境光的场景下依旧有十分好的显示效果，非常符合纸张阅读习惯。而当外界光线过暗时，电泳电子纸往往会设置内置阅读灯以使得显示屏幕达到足够的亮度，与其他大部分显示器件相比拥有极佳的观看舒适度。并且无论是微囊结构还是微杯结构，电泳电子纸的所有元素都可以弯折、卷曲，达到柔性显示效果。

但是电泳显示技术也有一定的瓶颈。第一，由于微囊、微杯本身的特性，电泳电子纸的响应时间较长,通常需要数百微秒,这在一定程度上限制了其在动画或视频等动态显示领域的应用。第二,如何精确控制电荷颗粒数量比是另一大瓶颈,电泳电子纸的灰度控制与常规的LCD相比仍有一定距离。此外,电泳电子纸在机械强度方面也有待提高,如微囊结构的脆弱性使其无法承受重压以免微囊破裂。因此,电泳电子纸一般应用于电子书、电子标签等仿纸制产品上。

电泳电子纸显示屏供应商全球目前只有两家,它们也是全球主要的电子纸显示屏技术研发公司。一家是E-Ink元太科技(元太科技于2009年并购电子纸开发元老E-Ink公司),其产品显示效果出众,应用范围广,产品丰富,是该领域的龙头企业,主要产品有Gallery系列、Kaleido系列、Spectra系列,主打新一代高响应、高色彩饱和度、动画效果彩色电子纸。另一家是广州奥翼电子科技有限公司,该公司成立于2008年,与中山大学紧密合作,基于自身强大的科创能力和专利壁垒,近年来发展迅速,逐步走向该领域的技术制高点,主打低功耗显示与柔性显示,主要产品为电子阅读器、电子货架、智能物联网等相关低功耗显示产品。

6.2.4 电润湿显示技术

电润湿(Electrowetting)显示技术或称为电流体显示(Electrofluidic Display,EFD)技术是一种利用油与水界面固有的自然力及相关理论而开发出来的技术。其基本原理是通过电压控制带有不同颜色的液体在显示单元中的液滴形态,例如收缩或者摊开,从而控制液滴的反射程度,来实现显示单元不同灰度级的显示。该技术的特殊之处在于,与其他显示技术不同,其液滴形态变化过程并不是控制在确定的两个分离状态,而是可以看作一个连续值,所以此项技术也被称为非双稳态电润湿显示技术。另一种利用加电压实现液滴位置移动的方法则被称为双稳态电润湿显示技术。由于篇幅限制,下面的介绍将以应用更广的非双稳态电润湿显示技术为主。

1) 介电润湿效应

在讲解非双稳态电润湿显示技术之前,有必要补充界面物理的一个重要理论发现——介电润湿效应。润湿现象是指将液滴滴在固体的表面,由于液滴与固体表面分子之间的相互作用力,部分液体渗透到固体表面,形成具有一定厚度的表面,这种现象即润湿现象。润湿程度主要通过接触角的大小来判定。

接触角为气体、液体和固体(或者液体、液体和固体)的三相交点处,液气(液液)界面的切线与固液界面之间的夹角 θ。接触角 θ 值的大小表征液体在固体表面收缩程度,也就是润湿程度。

如图 6.12 所示为气液表面张力 F_{LG}，气固表面张力 F_{SG} 和液固表面张力F_{SL} 在气-液-固三相所形成的交界面上的示意图，F_{LG} 和F_{SL} 的夹角 θ 即接触角。

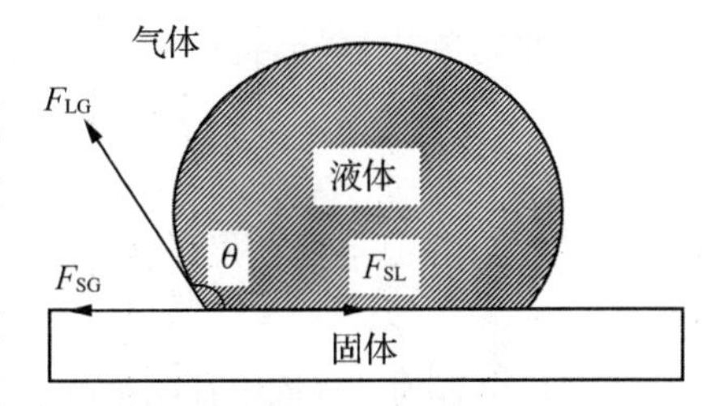

图 6.12　固-液-气三种介质的三相交界面

在 19 世纪初，英国著名物理学家 Thomas Young 根据实验中三力平衡现象和基本热力学原理提出三个表面张力之间的关系式，即著名的杨氏(Young)方程：

$$F_{LG}\cos\theta = F_{SG} - F_{SL} \tag{6.2.1}$$

由于表面张力大小与两相界面的表面能有关，关系式可以表示为：$F=\gamma\times d_1$，其中 γ 为两相界面的表面能，d_1 为在三相接触面处所取液体的长度，F 为这段长度液体所受到的表面张力。

根据表面张力的定义：$F_{LG}=\gamma_{LG}\times d_1$，$F_{SG}=\gamma_{SG}\times d_1$，$F_{SL}=\gamma_{SL}\times d_1$，杨氏方程还可以写成：

$$\gamma_{LG}\cos\theta = \gamma_{SG} - \gamma_{SL} \tag{6.2.2}$$

式(6.2.2)即杨氏方程，也是表面化学的基础方程。由于杨氏方程表征了三相表面张力与接触角的关系，杨氏方程也可被称为润湿方程。

根据接触角大小的不同，润湿程度也不同，大体可分为以下几种情况：

① 当 $\theta=0°$时，为理想状态，即液体完全浸润在固体表面；

② 当 $0°<\theta<90°$时，为部分浸润状态，液体有部分浸润在固体表面，固体表面属于亲水物质；

③ 当 $90°<\theta<180°$时，液体在固体表面表现为不浸润状态，固体表面表现为不亲水，即固体表面属于疏水物质；

④ 当 $\theta=180°$时，为完全不浸润状态。

在对润湿现象充分理解的基础上，在 19 世纪末，法国科学家加布里埃尔·李普曼(Gabriel Lippmann)通过实验发现在汞柱和电解液之间施加一个很小的电压时，会出现毛细下降现象，这种现象即电毛细管现象，并根据此现象研制出了一种高灵敏度的静电计。李普曼对实验现象进行了分析，发现在施加外加电压后，固液界面形成了双电层，即在界面两边的固体和液体分别由等量的极性相反的电荷组成。由于该现象的出现，导致两界面自由能降低，可用下式表示为：

$$-\left(\frac{\partial\gamma}{\partial U}\right)_{u} = \sigma \tag{6.2.3}$$

式中，γ 为汞和电解液的界面自由能；σ 为界面电荷密度；U 为电势。

采用 Helmholtz 双电层模型，假设感应电荷分布在距表面 d_H 处，双电层可看成一个平行板电容器，此时单位电容可以表示为：

$$C_{\mathrm{H}}=\frac{\varepsilon_0\varepsilon_{\mathrm{r}}}{d_{\mathrm{H}}} \tag{6.2.4}$$

而单位电容与界面电荷密度的关系如下式所示：

$$\sigma=C_{\mathrm{H}}U \tag{6.2.5}$$

将单位电容器与界面电荷密度的关系式代入界面自由能降低式并变换后可得：

$$\mathrm{d}\gamma=-C_{\mathrm{H}}U\mathrm{d}U=-\frac{\varepsilon_0\varepsilon_{\mathrm{r}}}{d_{\mathrm{H}}}U\mathrm{d}U \tag{6.2.6}$$

将上式两边积分，且 U 的积分范围为从零电荷电势 U_{pzc} 到 U_1，得到

$$\gamma(U)-\gamma^0=-\int_{U_{\mathrm{pzc}}}^{U_1}\frac{\varepsilon_0\varepsilon_r}{d_{\mathrm{H}}}U\mathrm{d}U \tag{6.2.7}$$

将上式积分后可得到李普曼方程：

$$\gamma(U)-\gamma^0=-\frac{\varepsilon_0\varepsilon_{\mathrm{r}}}{2d_{\mathrm{H}}}(U_1-U_{\mathrm{pzc}})^2 \tag{6.2.8}$$

式中，ε_0 为真空中介电常数；ε_{r} 为相对介电常数；d_{H} 为该双电层厚度；U_{pzc} 为零电荷电势。

从李普曼方程可以看出，表面自由能将随所加工作电压的变化而变化。然而，李普曼很快发现，当工作电压增大到一定幅值时会出现电解的情况。电解问题的出现导致了这项研究工作的停滞。

20 世纪 80 年代，贝尔实验室的 Beni 研究了与电润湿相关的界面液体动力学理论，并在此研究的基础上，提出了电润湿显示的相关概念。随后，Bruno Berge 在前人的电润湿模型基础上，引入了介电材料，消除了电润湿现象中的电解现象。这种加入了介电材料作为介电层的电润湿现象被称为介质上电润湿效应，即介电润湿效应(Electrowetting-on-Dielectric，EWOD)。

介电润湿效应的工作原理如图 6.13 所示，最下一层为电极，即导电层，在导电液体与电极之间为介电材料形成的介质层。介质层的增加大大减少了电解现象的出现，同时，也提高了接触角的调节范围。由于在液滴和电极间增加了介质层，这也为介电润湿效应的设计增加了材料选择和结构设计上的灵活性。

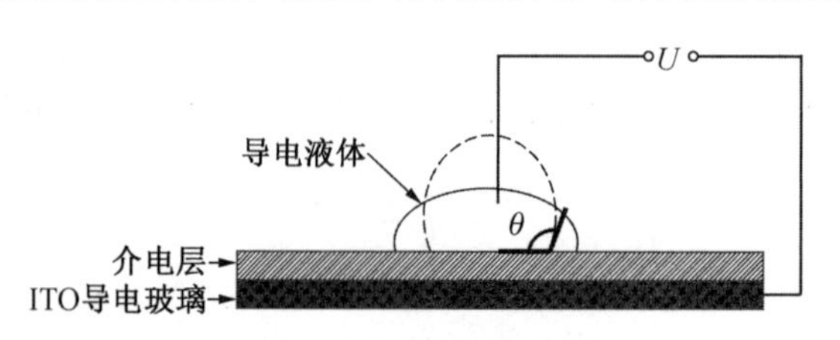

图 6.13 介电润湿效应示意图

将杨氏方程和李普曼方程联立，可以得到

$$\cos\theta-\cos\theta_0=\frac{\varepsilon_0\varepsilon_r}{2\gamma d_H}(U_1-U_{pzc})^2 \tag{6.2.9}$$

将上式适当变形后可得到

$$\cos\theta=\cos\theta_0+\frac{\varepsilon_0\varepsilon_r}{2\gamma_{lv}d}U^2 \tag{6.2.10}$$

式中，θ 为外加电压为 U 时液滴的接触角；θ_0 为初始接触角；d 为介电层厚度；ε_0 和 ε_r 分别为真空中介电常数和相对介电常数；γ_{lv} 为气-液表面自由能。

式(6.2.10)就是著名的杨氏-李普曼(Young-Lippmann)方程。该方程描述了介质上电润湿模型中工作电压和液滴接触角的变化关系。从该方程可以发现，要想获得更大的接触角变化范围，可以通过以下方法来实现：

① 增大液滴的初始接触角 θ。具体操作方式：通过在介质层上增加一层疏水层(通过在介质层上涂覆一层疏水材料实现)，获得较大的初始接触角。

② 尽可能减小介质层的厚度 d。在相同电压以及其他实验条件相同的情况下，介质层厚度越小，接触角变化范围越大。

然而，介质层的厚度不能过小，因为过薄的介质层会增大被击穿的风险。实验发现，当工作电压增大到一定程度，接触角不再随工作电压的变化而变化，即系统出现了接触角饱和现象，此时，杨氏-李普曼方程不再适用。

2) 电润湿显示技术

了解介电润湿现象的预备理论后，下面正式讲解电润湿显示技术。非双稳态电润湿显示的原理如图 6.14 所示，其基本结构一般由水油层、疏水介电层、透明电极层和基板四层组成。其中水油层一般包含水和彩色油墨，当未通电压时，彩色油墨沉降在水和疏水介质层之间形成薄膜。而当有电压施加到疏水介质层时，由上述介电润湿原理可知，静电力与表面张力将共同决定油墨的收缩状态，从而改变油墨的垂直显示面积，同时曝光底层的反射面。通过这种方式，可以使得显示单元在彩色和透明状态之间被持续调整，从而实现不同灰度级的显示。电润湿显示系统也是基于像素单位的，其形成的像素尺寸大约为 200 μm。

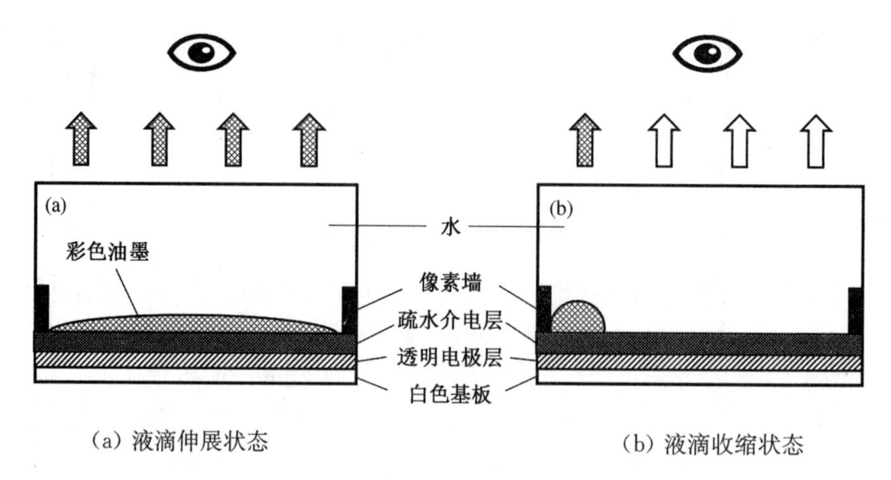

(a) 液滴伸展状态　　(b) 液滴收缩状态

图 6.14　非双稳态电润湿显示原理图

电润湿的彩色显示结构有多种,其中较为重要的结构是三层单色膜叠加放置,如图 6.15 所示。三层单色膜由三层不同颜色的油墨基本单元构成,通过调整每层的驱动电压,控制每一层油墨液滴的伸展压缩来实现在基板的混色,从而实现所需要显示的颜色。在三层结构中,由混色原理可得,每层显示的颜色不同,因此需要三套主动矩阵电路驱动,矩阵电路的精准性也是决定显示光学表现的最重要因素。

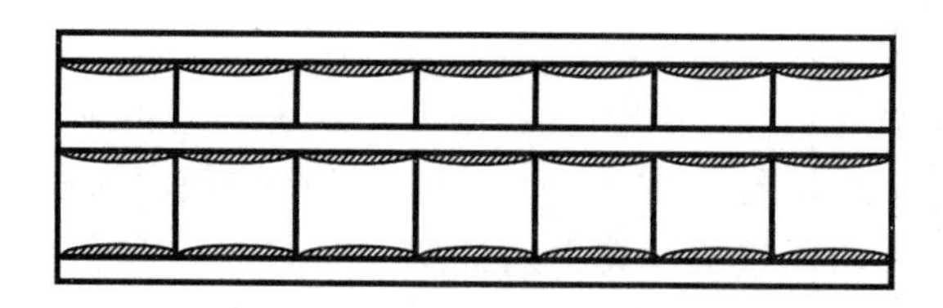

图 6.15　三层彩色膜电润湿显示示意图

与电泳显示技术类似的,作为一种反射式显示技术,电润湿显示技术基本利用环境光来进行信息的展现,因此其在强环境光的情况下同样拥有很好的显示效果以及观赏的舒适度,电润湿显示器件的光反射效率超过 50%,亮度比 LCD 高两倍。同时,由于其显示原理是控制油墨液滴的伸展收缩,电润湿显示器件无需偏光片与极化。此外电润湿显示器件的结构与层膜结构相近,所以在制作工艺上也与 LCD 现有工艺相近,便于制造。这为电润湿显示技术实现商业化提供了更大的可能性。

目前电润湿显示器件的代表制造商为 Liquavista 公司(于 2013 年被亚马逊收购),其产品 Liquavista ColorBright 为首款应用电润湿技术的显示屏

(图 6.16)。该款显示屏可以显示彩色画面与灵活的字段,在自然光下也有稳定的对比度和色域,其目标市场为智能手表等应用场景。

图 6.16 电润湿显示屏

但是电润湿产品的显示效果离现在广泛使用的电泳电子纸的多样显示效果仍有不小的差距。主要原因在于电润湿显示原理,电润湿产品的色域饱和度和图像精细度对于油墨材料和精准控制液滴大小有着更高的要求。该瓶颈在很长一段时间里困扰着研究人员。

不过近年来,该瓶颈有望得到突破。如图 6.17 所示,华南师范大学周国富团队与深圳市国华光电科技有限公司于 2020 年联合研发出世界首台基于电润湿技术的全彩反射视频高速电润湿显示器,即全彩动态电子纸。该团队在动态仿真建模、彩色油介质材料、流体精确电控方法、新型制造工艺、驱动方案等方面取得了突破性的新进展。

通过前面对电润湿显示技术的详细介绍,我们知道油墨流体运动控制是实现显示性能的关键。在典型的密闭 EFD 系统中,液相的润湿特性可以通过施加电场来控制。电场能使原本平坦的油膜破裂,促进油的进一步脱湿。周国富团队提出油墨的导电性模型和微井型液体容器模型,并运用动态仿真建模方法在油墨物理控制上更加精准。

在彩色油墨和显示介质层方面,周国富团队也在化学材料方面做出了相关突破。他们合成了五种新型二萘嵌苯有机 EFD 染料,并开发了一种陶瓷/聚合物纳米复合材料作为新型介电层,可覆盖黄色、橙色、红色、品红和青色,具有更好的光稳定性。器件结构上借用了打印机的三色墨盒原理,通过青、品红、黄三层叠加实现电子纸全彩色显示,且显示效果非常接近普通纸张彩色印刷效果。

在制造工艺和驱动方案方面,周国富团队在降低产品成本上给出了许多创新方案。工艺上提出相变填充法,结合喷墨法以获得更好的电润湿性能和更长的设备寿命。通过改变隔离含氟聚合物溶液的浓度和调整打印参数,可以将含氟聚合物薄膜和油膜分别进行喷墨打印。与传统填充器件相比,喷墨打印器件像素之间的反射率容差要小得多,这有利于提高电控流体显示器的光学性能。通过将喷墨打印与相变填充相结合,可以显著降低大规模生产的制造成本,这是一种有效控制原始含氟聚合物表面性能并增强电流控显示器的介电层性能的方法。

在驱动波形方面,周国富团队采用一种新的具有上升梯度、锯齿波和反向电极脉冲的驱动波形,经过不断实验调试,使得显示油墨更加稳定收缩,消除色散效果。

周国富团队的成果使得电润湿显示技术有望成为未来实现多媒体性能的电

子纸的一个新技术路径，拓展了未来电子纸技术的发展广度。

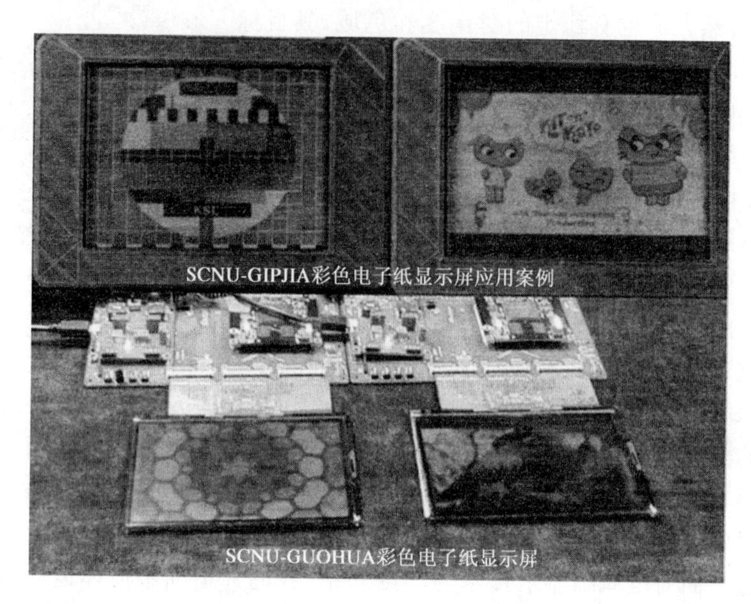

图 6.17　华南师范大学研发的全彩反射视频高速电润湿显示器样机

6.2.5　其他电子纸显示技术

除了以上两种经典的电子纸显示技术方案，研究人员还通过电化学反应显示、柔性液晶显示、色粉显示、电润湿显示和有机电致发光显示方法实现了电子纸，但由于工艺、功耗等限制并未在市场上大放异彩。这里以表 6.2.2 形式概括这些多样的技术方案。

表 6.2.2　其他电子纸实现技术的原理及比较

技术名称	基本原理	基本结构	优缺点
电化学反应显示	利用电化学反应引起的银的析出与溶解作用来显示图像	由透明电极、银电极以及两极之间的固体电解质构成的三明治结构	反射率高，具有易储存性，但是响应时间过长，封装流程复杂
柔性液晶显示（光写入型电子纸）	摄取透射光图像，改变光导层电阻，从而控制液晶上的电压来控制显示	由两枚透明电极与光导层、液晶层以及液晶光导层之间的黑色遮光板构成	可以制备极薄柔软的显示板，且亮度大、对比度高、色域广，但工艺层面仍然处于实验室制备阶段

续表

技术名称	基本原理	基本结构	优缺点
色粉显示	类似于电泳原理，通过透明电极的电场控制黑色粉末在白色粒子层中移动，但是电极同时起到注入电荷与吸引电荷的作用	由透明电极、电荷传输层、绝缘层以及中间白色黏合层构成	现在处于单色图文的实现中，彩色图文仍在研究阶段
有机电致发光显示(OLED)	在电极间施加一定的电压，电子从阴极注入有机层，空穴由阳极注入有机层，两者重新结合发光	由金属阴极、透明阳极与中间的有机电致发光介质层构成	主动发光、发光效率高、视角大、结构薄，但要想应用在电子纸上还需在封装、功耗等方面继续进行研究

6.3　电子纸应用实例

电子纸作为一种新兴技术，从发明概念到市场化，经历了漫长的20多年，早期在电子广告看板、超薄电子书应用场景初露头角，直至2020年，才真正在电子标签、汽车电子喷漆等新应用方向上展现出其广泛的市场价值。

6.3.1　电子纸产品结构

同其他显示系统一样，一个完整的电子纸系统除了核心组件电子膜和电子墨水层之外，还需要外部电路主机接口、晶振及复位电路、电源电路、存储模块等多种模块配合，如图6.18所示，其开发过程需要电子、信息等多学科人才的协同合作。如图6.19(a)所示为广州奥翼公司生产的电子纸显示屏封装结构，电子纸显示屏是电子纸系统的核心器件，包括电子纸膜片、底板、外

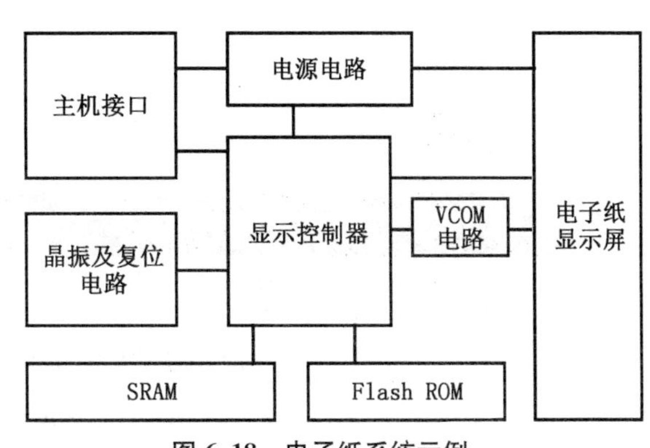

图6.18　电子纸系统示例

部电路[柔性电路板(Flexible Printed Circuit,FPC)及接口]以及其余封装部件。

(1) 电子纸膜片:这是电子纸显示模组的核心部分,如6.19(b)所示,负责显示人眼实际看到的图案。

(2) 底板:作为电子纸显示屏的像素电极(下电极),负责控制电子纸每个像素的外电压,从而控制像素黑白变化。底板材料包括PCB、FPC、TFT玻璃、PET等,实际应用根据需求选择材料。如图6.19(b)所示,这里的底板采用的是带有TFT阵列的底板玻璃。

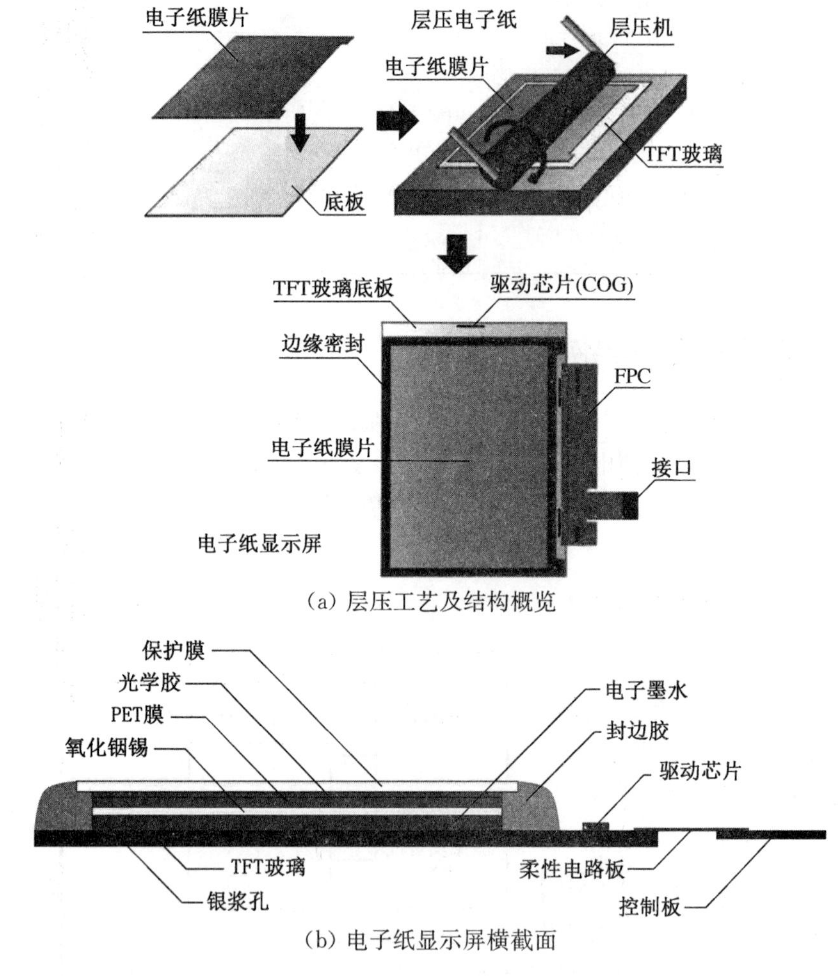

(a) 层压工艺及结构概览

(b) 电子纸显示屏横截面

图6.19 电子纸显示屏基本结构

(3) 驱动芯片与柔性电路板:作为显示屏驱动、控制的外部电路,将与上位机连接,根据上位机控制指令输出相应的逻辑电平和时序,负责控制底板像素电极的工作时序和状态。

（4）透明保护膜与封边胶：电子纸使用了多层高防水汽的高分子塑料薄膜，如图6.19所示，外层膜结构包括保护膜、光学胶、PET膜等多层薄膜，它们覆盖于电子薄膜与底板之上，防止电子纸受潮。透明保护膜一般由层压工艺制造，之后再由封边胶均匀涂在其四周边缘处，避免水汽从四周渗入而受潮损坏。

6.3.2　电子纸产品应用

电子纸类产品按照应用终端可以分为两大类：面向用户端（to Customer，to C）应用和面向企业端（to Business，to B）应用。其中to C端应用主要为用户端阅读显示市场，to B端主要为低功耗物联网市场。经过近年来电子纸市场的爆发式发展，电子纸产品应用已经从电子阅读器的单一应用场景拓展至交互式显示、智慧零售、智慧物流等多样应用场景。

1）to C端应用

电子纸显示技术最先满足的是人们对于类纸替换型产品的畅想。2007年11月19日，亚马逊以399美元的价格推出了Kindle电子阅读器，上市后仅五个半小时即被抢购一空。从此开始，电子阅读器逐渐成为电子纸技术最成功的商业化应用场景。Kindle系列也成为一众电子纸类阅读器中最经典的产品系列，直至今日仍然有着广大的用户群体。Kindle系列由E-Ink元太科技提供电子纸显示系统，到如今已经发展了九代产品，其产品的主要特色一是电子墨水屏具有超清显示效果，文字显示清晰，与激光刻印效果相近；二是依托与亚马逊公司庞大的电子书生态以及苹果、安卓等软件系统公司的合作。虽然Kindle系列产品还不是真正意义上的电子纸张，但是它的成功为电子纸行业提供了一条依托软硬件生态结合的发展道路。

E-Ink公司另一款经典电子阅读器系列是Gallery系列。与Kindle系列不同，Gallery系列更加注重彩色动态电子纸的技术创新。该系列产品的先进彩色电子纸墨水屏（Advanced Color ePaper，ACeP）是一种高质量、全反射式彩色电子纸显示屏，透过带色的粒子进行动态混色，实现全彩显示效果。它在结构上去除了彩色滤光片，解决了光衰减的问题。它在有光线的环境下拥有优异的可视性及低耗电特性，应用领域宽广，可显示复杂的全彩色彩及图像。2022年Gallery 3全彩电子纸产品实现全面量产。

除了经典的电子阅读器系列产品之外，电子纸显示器件与其他显示器件最重要的不同在于其基于反射的显示原理，意味着它具有对于外界光度的强大抗干扰性，所以其应用场景将不仅仅限于电子阅读器等产品。近年来，电子纸产品逐步从类纸替代产品发散至数字化产品，如电子纸平板、手机、笔记本电脑。2022年华为推出墨水屏平板MatePad Paper(图6.20)，它拥有1 872×1 404像素、227 ppi的墨水屏，虽然其分辨率距离OLED屏幕的高分辨率仍有一定差距，但是比起传统的阅读器墨水屏已有很大的提升，如图6.20所示。MatePad Paper在动态显示方面也有不错的表现，屏幕刷新率可达到40 Hz到60 Hz，但距离真正的动态视频显示仍然有一段距离。与Kindle系列一样，MatePad Paper同样有着强大的软件生态作为产品依托，且更进一步将华为图书、华为笔记、鸿蒙智能互联等软件终端整合进产品中，使得电子纸平板有着更丰富的应用和功能。

图6.20 华为MatePad Paper与Kindle 7对比图

2) to B端应用

2019以来，电子纸市场迎来了一次在智能零售业的巨大发展。电子纸标签的低功耗、低成本、可任意改写以及可数字化收集、管理数据的优势使其打开了智能零售业的市场。在物联网“万物互联”的发展趋势下，电子纸将从商超零售向智能工业、物流、办公、教育等多场景拓展自己的市场。

电子纸市场在to B端近年来最具有想象力的突破是2022年在宝马全球第一款变色概念车iX Flow上的应用，如图6.21所示。它采用E-Ink Prism彩色系列产品全车身覆盖电子纸显示屏，并通过智能算法控制全车的电子纸变色情况，呈现出极为炫酷的动态流动变色效果。由于电子纸的反射显示原理和低功耗、低成本的优势，电子纸很有可能在未来的汽车市场开拓新的天地。

电子纸技术在to B端的应用还有很多极具创造力的尝试，感兴趣的同学可在课后查找相关资料。电子纸市场的突破启发我们任何技术的发展都离不开天马行空的想象和敢于创新的魄力。

图 6.21　2022 年宝马 iX Flow 变色概念车

6.4　电子纸未来发展趋势

虽然电子纸产品在近几年重新回到大众视野，再次迎来技术发展的春天，但是仍然局限于在专用阅读设备和货架标签上的应用，未来发展空间有限。在电子纸实现技术上的进一步革新是下一代电子纸显示屏的关键，研究人员将致力于在响应速度提升、全彩色化、柔性化等电子纸瓶颈问题上取得突破。

1）提升响应速度

现有电子纸产品保证了双稳态的性能需求但是响应速度低，电泳用于显示的更新时间较长，长达几百毫秒。提高响应速度不仅是现有产品取得更优质、顺滑的阅读体验的关键突破点，而且是下一代电子纸产品开发的关键要素。未来电子纸研究将瞄准于显示视频的动态电子纸，对于响应速度的要求将大幅提高。

2）全彩色化

目前彩色电泳显示电子纸可以通过两种方式实现，一种是将黑白粒子与彩色滤光片组合，例如 E-Ink 把 Toppan 开发的彩色滤光片放置于填充了黑白微囊的前面板上，每组画素由 16 灰阶、RGBW 的子像素组成，可得到 4 096 色的彩色电子纸；另一种是采用彩色粒子或染料。但是现有电子纸的彩色显示效果仍然较为暗淡，主要原因是受到反射显示模式的限制，其亮度和色彩准确度与液晶屏相比还有差距，因此全彩色化是电子纸阅读性能得到突破的革命性要素。

3）柔性化

柔性显示屏是未来电子纸实现便携和耐冲击性能的关键技术。现如今，柔性电子纸显示屏的实现模式是选择柔性塑料基板作为背板。采用塑料基板的电子纸的重量较玻璃材质减轻了80%左右,厚度仅为0.3 mm,满足电子纸的轻薄、耐冲击等需求。然而现有柔性材料需克服的巨大难题在于材料的耐热性及耐化学性,仍需持续改良基板材料。

除了在技术上迭代革新之外,电子纸的未来发展还要瞄准在向市场化、工艺量产化发展,从而推动电子纸产业化进程,推动整个领域的持续发展。现有电泳显示技术尤其是微囊显示技术由于制作工艺简单和卷对卷的涂布方式,类似于纸张生产,良率可望逐年提高。随着产量和良率同步提高,电子纸显示屏的成本将逐年降低。目前全球能够批量生产电子纸的厂商仅有美国E-Ink和广州奥翼电子科技有限公司,这两家公司采用的都是电泳显示技术,而其他技术方案的成本控制方法仍需寻求突破。同其他电子产品一样,电子纸显示屏价格的逐年降低将会不断刺激该领域新兴应用的涌现,掀起新一轮的角逐。

习　题

1. 在某电润湿系统中,已知初始接触角为30°,介电层厚度为1.5 mm,真空中介电常数为1和玻璃介质相对介电常数为1.5,为气-液表面自由能,求如果想让该液滴显示的像素垂直所示面积缩小50%所需要的外加电压表达式。
2. 作图简述在一均匀电场中电偶极子的电泳原理。
3. 列出电子纸的主要物理特征。电子纸的基本结构有哪几部分?每个部分的作用是什么?可以作图分析。
4. 混色原理根据以下公式计算:

$$颜色\ A-(颜色\ A-颜色\ B)\times(1-颜色\ A\ 的百分比)$$

现求绿色和白色混合的混色值结果,即RGB值。(已知:绿(192, 229, 112)70%,白(255, 255, 255)30%)。

习题答案

1. 外加电压绝对值为$\sqrt[2]{2\gamma}$;外加电压越大,液滴接触角越小,润湿程度越大。
2. 详情请见6.2.3节,答案略。
3. 详情请见6.1节与6.3.1节,答案略。

4. (236,247,212),根据 RGB 值颜色匹配表可知为一种非常亮的青柠色。

参考文献

[1] 李文峰，李淑颖，袁海润. 现代显示技术及设备[M]. 北京：清华大学出版社，2016.

[2] 肖运虹，王志铭. 显示技术[M]. 2 版. 西安：西安电子科技大学出版社，2018.

[3] 文尚胜. 光电显示技术及应用[M]. 北京：机械工业出版社，2019.

[4] 田民波，叶锋. 平板显示器技术发展[M]. 北京：科学出版社，2010.

[5] 陈俐雯，钱金维. 电子纸的现状与未来发展[J]. 现代显示，2009(3)：54－57.

[6] Heikenfeld J，Drzaic P，Yeo J S，et al. A critical review of the present and future prospects for electronic paper [J]. Journal of the Society for Information Display，2011，19(2)：129－156.

[7] Lin F C，Huang Y P，Wei C M，et al. Color filter-less LCDs in achieving high contrast and low power consumption by stencil field-sequential-color method[J]. Journal of Display Technology，2010，6(3)：98－106.

[8] Henzen A，van de Kamer J. The present and future of electronic paper [J]. Journal of the Society for Information Display，2006，14(5)：437－442.

[9] 郭媛媛，蒋洪伟，袁冬，等. 电润湿显示材料与器件技术研究进展[J]. 液晶与显示，2022，37(8)：925－941.

[10] 陈旺桥，周国富. 电泳电子纸显示关键材料进展[J]. 液晶与显示，2022，37(8)：959－971.

第7章　投影显示

如果说平板显示器件让丰富的图像信息出现在人们身边触手可及的地方，那么投影显示技术就是将显示技术带到了更宽广的应用场合。投影显示设备不需要庞大的体积以及昂贵的成本就可以实现大尺寸的显示效果，人们得以在超大的屏幕上观看多彩高清的画面。采用平板显示技术时，想要获得多大的图像，显示器件的尺寸就需要相应地增大，而投影显示技术做到了真正的以小博大，其可以显示出器件尺寸本身数十倍甚至数百倍的画面尺寸。从两千多年前西汉时期就出现的皮影戏，到后来出现的CRT、LCD、LCLV投影显示技术，再到新一代多媒体电光投影显示技术LCOS和DLP，投影显示技术得到了很大的发展。无论是在娱乐、商业还是军事方面，投影显示技术都有力地推动了信息社会的进步，给人们的生活带来了改变。

7.1　投影显示系统的基本结构

投影显示的基本原理是：光源发出的光束经过聚光、匀场等一系列处理后照射到图像发生源上，再经过图像发生源处理后反射进入光学系统进行放大，最后通过投影镜头将图像投影到屏幕上，从而进行显示。

现代投影显示系统具有光、机、电一体的特性，一般由光学系统（照明、分色、合色系统，镜头，屏幕等）、电学系统（电路驱动、信号处理）、光源、像源（图像发生源）以及整机机械结构构成，如图7.1所示。

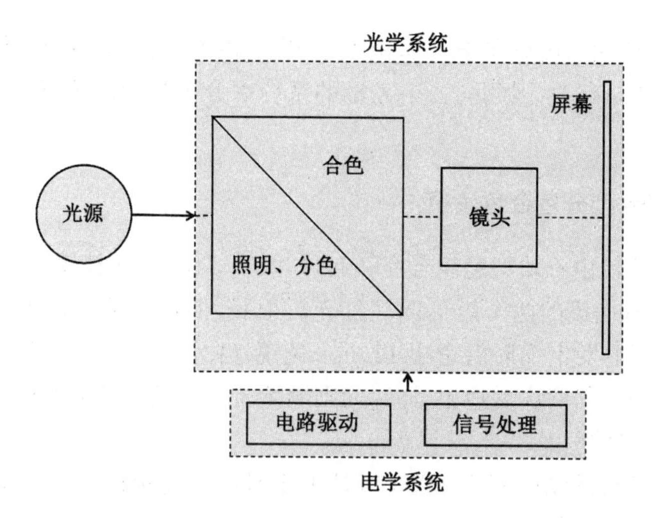

图 7.1　现代投影系统的结构框图

常用的分色、合色系统采用分色合色棱镜，棱镜又分为 X-Cube 型和 Philips 型。

1）X-Cube 型分色合色棱镜

X-Cube 棱镜由四块三角形棱镜在表面镀膜后黏合在一起，如图 7.2 所示，交接面的镀膜为蓝光反射膜和红光反射膜，它们分别会反射蓝光与红光，透射其他颜色的光。当绿光从 X-Cube 棱镜下部入射，绿光可以直接通过两层反射膜从棱镜上部出射，而蓝光和红光从两边入射后分别经过相应的反射膜反射一次后和绿光一起从上部出射，完成合色，将上述过程反过来即可实现分色功能。

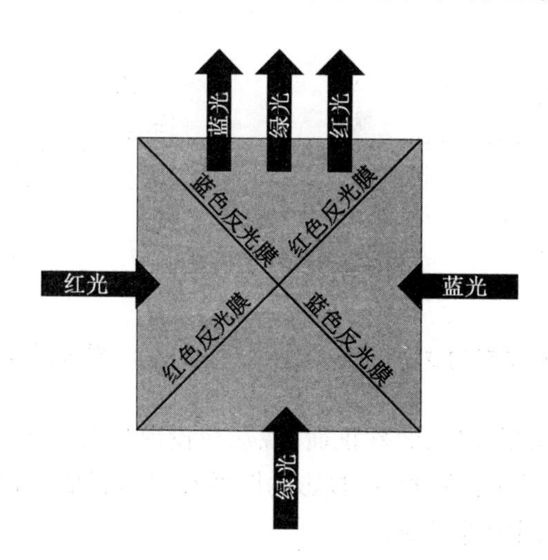

图 7.2　X-Cube 棱镜的结构与原理

X-Cube 棱镜的优势在于其体积很小，集成度高，但是反射薄膜的特性与入射光的偏振方向有关，因此同一个光轴的系统中分色和合色装置不能都采用 X-Cube 棱镜。

2）Philips 型分色合色棱镜

Philips 棱镜由三块棱镜组合在一起，如图 7.3 所示，A 棱镜的两个矩形面镀蓝光反射膜，B 棱镜的两个矩形面镀红光反射膜，混色光从左侧入射，蓝光在 A 棱镜的两个面上发生反射后透出 Philips 棱镜，红光和绿光进入 B 棱镜后，红光会在 B 棱镜中反射两次后透出，而绿光则继续通过 B 棱镜从 C 棱镜中透出，完成分色。合色过程则相反。

Philips 棱镜的结构相当紧凑，但是由于对照明光束的孔径角有要求，所以 Philips 棱镜的亮度较差。

3）前投影显示与背投影显示

投影显示可以分为前投影显示和背投影显示，如图 7.4 所示，这两种投影方式的投影方向不同。

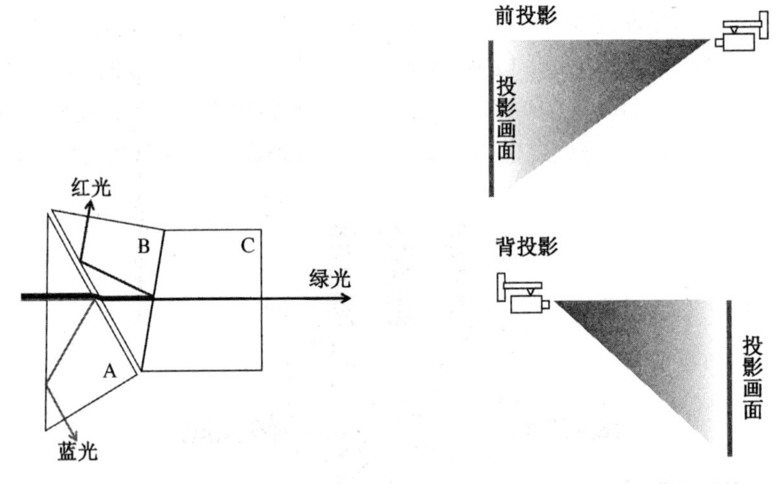

图 7.3 Philips 棱镜的结构与原理

图 7.4 前投影与背投影的区别

前投影机投影的图像在屏幕正面，观众在投影机的一侧对屏幕上漫反射的图像进行观看。背投影机则相反，投影的图像在屏幕背面，观众在投影机的另一侧对屏幕上透过的图像进行观看。

前投影机的特点是无需在屏幕后预留投影空间，屏幕可以紧贴墙壁，而且屏幕可以根据使用需求进行相应的形状调整，比如使用弯曲的屏幕以获得更好的观影体验，但是前投影机投影的图像受环境光的影响较大，对环境亮度有要求。

背投影机的特点是实现了系统一体化，结构紧凑，观众走过也不会影响投影，受环境光的影响较小，而其缺点就是图像的清晰度不如前投影机。

这两种投影显示方式在近年来都得到了不错的发展，技术不断改进，器件尺寸不断突破，广泛应用于家庭、商场、会议室、教学、科研等各种场合和领域。

7.2　投影系统的性能指标

投影系统包含光、机、电三个方面，因此在性能指标方面涉及多个领域，不同用途的投影仪，其关键的表征参数也不尽相同，但还是有一些统一的性能指标可以评价投影系统的品质。目前行业中常见的标准有：美国国家标准局的美国标准(ANSI)、电子工业协会标准(EIA)、国际照明学会的光度色度标准(CIE)、美国国家信息显示实验室标准(NIDL)等。

7.2.1　光输出参量

对于前投影系统，光输出参量指输出的光通量，对于背投影系统则是指输出的亮度。

照度计是一种可以简便而准确地测量物体表面照度的仪器，其测量原理基于光电效应。通过照度计测得照度后，便可以通过照度来计算出前投影系统的光输出参量，即可得到输出的光通量，如式(7.2.1)所示：

$$\Phi = EA \tag{7.2.1}$$

式中，E 为由照度计测得的屏幕上的照度；A 为面积；Φ 为前投影系统输出的光通量。

由于加入反射镜的缘故，背投影系统的输出光通量不易测量，故采用亮度值来表征，亮度值与光通量的关系如式(7.2.2)所示：

$$L = GT\frac{\Phi}{A\pi} \tag{7.2.2}$$

式中，L 为垂直屏幕的亮度值；G 为屏幕增益系数；T 为屏幕与反射镜的透过率。

7.2.2　照度均匀度

照度均匀度是指投影系统在最大功率下运行时，屏幕上各区域的照度之间的均匀程度。前文提到的光输出参量的测量也与投影系统的照度均匀度息息相关，使用照度计测量光输出参量的前提是投影系统的照度均匀度足够好，所以照度均匀度的测量也非常重要。

ANSI 的测试方法为测量如图 7.5 中 13 个点各点照度与中心 9 个点照度平均值的最大偏差，如下式(7.2.3)和式(7.2.4)：

$$N=\left(1-\frac{\Delta E}{E_{\mathrm{ave}}}\right)\times 100\% \tag{7.2.3}$$

$$\Delta E=\min\{E_{\max}-E_{\mathrm{ave}},E_{\mathrm{ave}}-E_{\min}\} \tag{7.2.4}$$

式中，E_{ave} 为中心 9 个点的照度平均值；$E_{\max}$ 为 13 个点中的照度最大值；$E_{\min}$ 为 13 个点中的照度最小值。

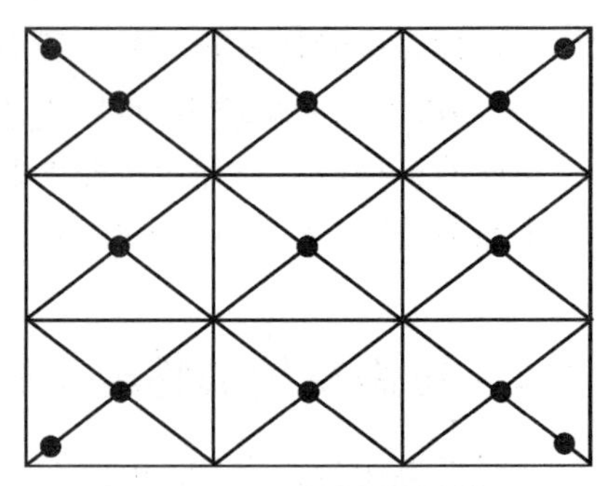

图 7.5 ANSI 照度测量图像

7.2.3 对比度

对比度的定义如式(7.2.5)所示：

$$C=\frac{L_{\mathrm{b}}-L}{L_{\mathrm{d}}-L} \tag{7.2.5}$$

式中，L_{b} 为亮态的亮度；L_{d} 为暗态的亮度；L 为环境亮度。

由于实际投影图像的对比度在屏幕不同位置具有差异，故一般采用 ANSI 的黑白块相间对比度测试图像，如图 7.6 所示。

图 7.6 ANSI 对比度测试图像

7.3 像源

像源的全称为图像发生源，是投影显示系统中的核心器件，其作用便是产生投影图像。近年来，LCOS 像源和 DMD 像源发展迅猛，本节将会对这两种像源进行具体介绍。

7.3.1 LCOS 投影显示技术

LCOS 全称为 Liquid Crystal on Silicon，即硅基液晶，它将液晶技术和半导体技术巧妙结合起来。LCOS 技术起源于反射式液晶投影显示，具有高亮度、高分辨率、结构简单的特点。虽然LCOS具有成本和良率方面的问题，但是由于其优异的显示性能，仍然得到了市场的青睐。

虽然国内的南开大学科研团队早在1998年就对LCOS芯片进行了研究，但是目前大部分的LCOS芯片市场仍然被欧美企业掌握，如Kopin公司、Syndiant公司等。虽然近年来国内LCOS技术有所突破，但是目前国内企业所生产的LCOS芯片在性能方面仍与国外的LCOS芯片有所差距。不过LCOS技术的专利权较少，百花齐放，是一个很有追赶希望的研究方向。

1) LCOS的结构与原理

顾名思义，LCOS指的是将液晶置于硅基板上，硅基板并不是透明的，这也是LCOS是一种反射式液晶显示技术的原因。图7.7展示了LCOS的结构。采用CMOS工艺将驱动寻址电路集成在硅基板上，为了防止入射光对半导体基板的影响，在驱动电路上再加装一层遮光层来屏蔽入射光。在液晶电极上镀铝同时作为反光层，并将液晶分子灌注于上层ITO(透明半导体电极)板和下层反光层之间，在液晶层两边放置两个物体来对LCOS进行密封和支撑，最后在最上层放置剥离基板。

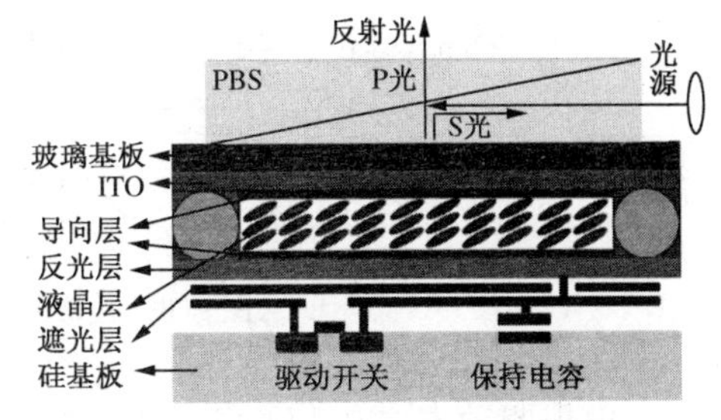

图7.7　LCOS的结构及工作原理

入射光首先通过一块PBS(偏振光变换器)，S偏振光会被PBS反射，之后经过玻璃基板和ITO后进入液晶层。反光层上的镀铝电极和ITO之间的电压共同决定了液晶层上的电压，通过对镀铝电极加载图像信号电压即可控制液晶电压，对反射光的偏振状态进行调制。外加图像电压为0时，发射光仍为S偏振光，光线会原路返回，此时液晶为“暗态”；相应的，外加图像电压不为0时，入射的S偏振光经过液晶层的调制转换为P偏振光，此时光线不会沿着原光路返回，而是会透过PBS进入投影透镜进行聚焦、放大后投影在屏幕上成像，这种状态下的液晶为“亮态”。

2) LCOS的驱动方式

LCOS驱动电路采用CMOS工艺集成在硅基板上，LCOS的驱动方式分为模拟驱动和数字驱动两种方式。

(1) 模拟驱动方式

图7.8展示了模拟驱动方式的原理：LCOS接收到来自驱动IC的二进制数

字信号后，芯片内的 DAC(数模转换器)会对输入的数字信号进行数模转换，转换后生成的电压值与公共电极电压相减就可以得到像素单元两端的电压，写入电路再将存储电容充电到相应电压，最后将灰阶电压加到相应的像素电极，从而实现不同的灰阶显示。值得注意的是，可以在 DAC 之前集成 GAMMA 校正电路，从而获得更精确的液晶控制电压。为了提高分辨率，可以通过将像素阵列分割为偶数行和奇数行并分别驱动的方法来降低驱动信号的频率。

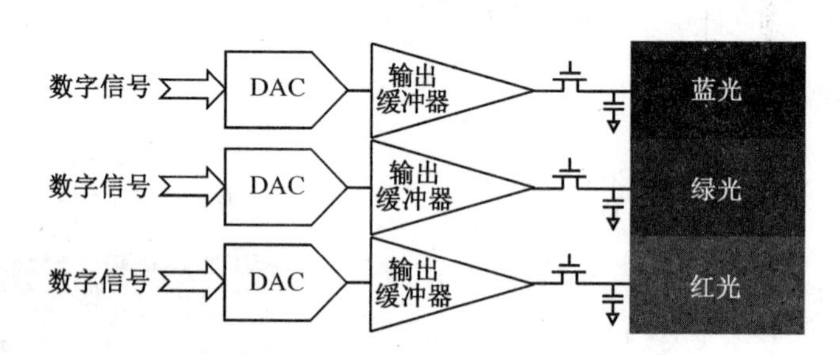

图 7.8 模拟驱动方式原理示意图

模拟驱动方式在 LCOS 显示应用中有以下值得注意的问题：

① 存储电容位于像素下方，对电容值大小需要综合考虑。电容值大，存储电容的面积就大，会降低图像刷新频率，占据芯片面积，影响显示分辨率；电容值小，存储电容的稳压能力也相应减小，电压下降，影响显示亮度和对比度，而且开关管断开状态下的漏电流不可忽略，这也决定了电容值不能太小。

② 寄生电容无法完全消除，应当尽量减小。在实际应用中，得到的像素单元两端电压并不能完全输送给电极，就是因为存在寄生电容的分压。

③ 屏幕分辨率越大，对输出缓冲器(buffer)的性能要求就越严格。电容负载一定，要提高分辨率，就需要减小存储电容和液晶电容的充电时间，而想达到充分充电的要求就需要提高输出缓冲器的带宽。

(2) 数字驱动方式

数字驱动方式采用 SRAM 结构来进行驱动。LCOS 接收到来自驱动 IC 的信号后，通过 PWM(脉冲宽度调制)法，即调整脉冲信号的宽度和占空比来调节显示灰阶，在一个周期内，其等效灰阶电压如式(7.3.1)所示：

$$V=\sqrt{\frac{\sum_{0}^{N}V_{\mathrm{n}}t_{\mathrm{n}}}{\sum_{0}^{t}t_{\mathrm{n}}}} \tag{7.3.1}$$

式中，V_{n} 为某一时刻的灰阶电压；t_{n} 为某一时刻。

数字驱动方式有以下值得注意的问题：

① 算法设计难度与硬件成本高。数字驱动方式需要处理的图像数据量远大于模拟驱动方式，因此其算法编写十分重要，对于传输接口的要求也很高。

② 边缘场效应和液晶的延迟响应特性使得灰阶显示线性度不好，显示一致性方面存在问题。要想缓解这些问题，就需要改进算法，而这进一步提高了算法方面的设计难度。

除了 SRAM 结构的数字驱动电路，还有另外一种数字驱动电路结构通过翻转输出信号来调制驱动信号的脉宽，从而实现灰阶调节，如图 7.9 所示。

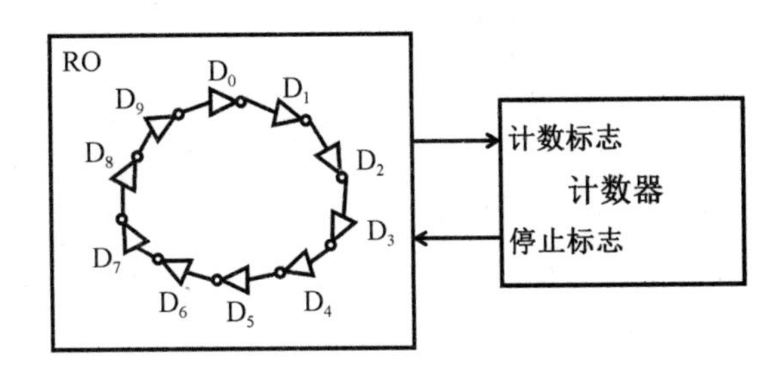

图 7.9　数字驱动电路结构示意图

3) LCOS 在投影显示应用中的优缺点

LCOS 投影显示技术与 TFT-LCD 技术相类似，但是 LCOS 芯片具有以下优势：

① 光源利用率高，亮度高。

② 开口率大。传统 TFT-LCD 的场效应管在硅基板表面，会对开口率造成较大影响，而 LCOS 器件的 MOS 管位于反光层背面，开口率不受影响。

③ 响应速度快。液晶盒越薄，响应速度就越快，而 LCOS 器件的厚度仅是 TFT-LCD 的一半，故 LCOS 器件的响应速度比 TFT-LCD 快上许多。

④ 随着工艺的发展可以进一步微缩化。LCOS 器件的电路是通过 CMOS 技术集成的，其大规模集成能力较强。

⑤ 成本低，功耗低，寿命长。

但是，液晶的响应时间会影响 LCOS 的刷新频率，因此 LCOS 在一些特定的显示场合会失去竞争优势。

4) LCOS 投影显示系统

(1) 单片式 LCOS 投影显示系统

顾名思义，在单片式 LCOS 投影显示系统中只有一个 LCOS 芯片。单片式 LCOS 投影显示系统的彩色化显示是通过时间混色法实现的，红、绿、蓝三基色的图像以远小于人眼响应时间的间隔快速顺序播放。由于 LCOS 本身可以进行彩色显示,故可去掉分色合色系统。单片式 LCOS 投影显示系统结构如图 7.10 所示。

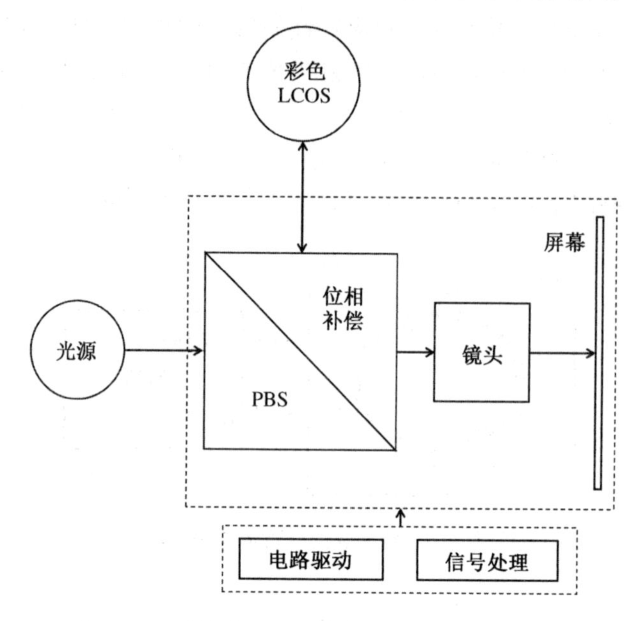

图 7.10 单片式 LCOS 投影显示系统的结构框图

通过彩色滤光片或者全息滤光片后,白光就被分解成了红、绿、蓝三基色光,三基色光会被衍射到不同方向,依次被 LCOS 芯片上的三个像素反射,再经过 PBS 后进入投影镜头,最终显示在屏幕上。照明光颜色的变换应当与像源图像变换顺序对应。单片式 LCOS 投影显示系统具有成本低、工艺简单、清晰度好以及体积小等优点,但其显示亮度较差。

(2) 三片式 LCOS 投影显示系统

与单片式系统不同,三片式 LCOS 投影显示系统的彩色化显示是通过空间混色法实现的。三片式 LCOS 投影显示系统需要分色合色系统,其结构如图 7.11 所示。根据分色合色系统的不同,三片式系统又可被分为多种光学结构,目前常用的分色合色系统有 X 棱镜系统、Philips 棱镜

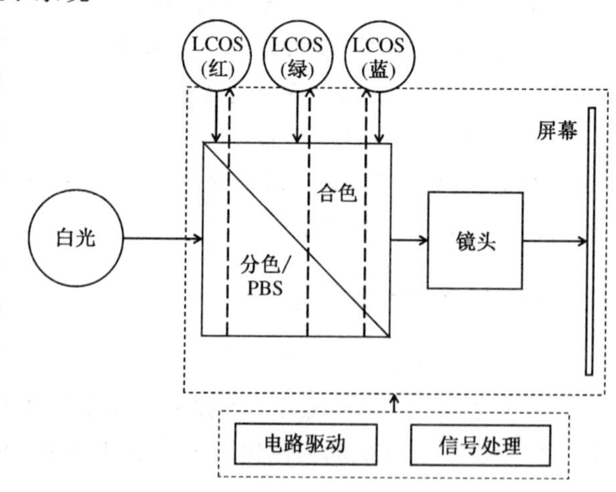

图 7.11 三片式 LCOS 投影显示系统的结构框图

系统、偏振干涉滤光片系统等。

光源射出的白光经过分色系统后被分为红、绿、蓝三基色光,分别经过不同的LCOS芯片反射后,再同时返回合色系统合成彩色图像,之后进入投影镜头,最终显示在屏幕上。三片式LCOS投影显示系统具有清晰度高、光学效率高等优势,但是由于采用了三片LCOS芯片,其成本和体积都相应增加。

7.3.2 DLP投影显示技术

微机械光阀器件具有快速响应特性,十分适合用于构造数字式显示系统。数字式微镜器件(Digital Micro-mirror Device, DMD)就是DLP(Digital Light Processing,数字光处理)投影显示技术的核心。DMD是一种光开关器件,含有数以百万计的微镜,每个微镜片的大小在12～16 μm之间,镜片之间的间距为1 μm,填充率高达91%。数字式显示系统采用光学半导体来显示画面,具有十分优秀的显示效果,它能在各个应用领域和场合(如大屏幕数字电视、会议投影机、商场等)出色地完成显示任务。

早在20世纪70年代,美国TI公司就开始研究混合变形膜层器件与硅驱动电路集成。1988年,TI公司研制出利用脉冲调制实现灰度图像的DMD。1995年,DLP投影机进入市场。

1) DMD的结构与原理

DMD是DLP投影显示系统的基础,其结构如图7.12所示。在硅基片上应用光刻技术制备CMOS阵列,在CMOS阵列上沉积一层氧化物薄膜并进行化学机械抛光(CMP)。之后在抛光后的薄膜上放置偏置复位总线、寻址电极、臂架、铰链以及最顶层的微镜。一个微镜通过下方的"支柱"与寻址电路相连就构成了一个显示单元。

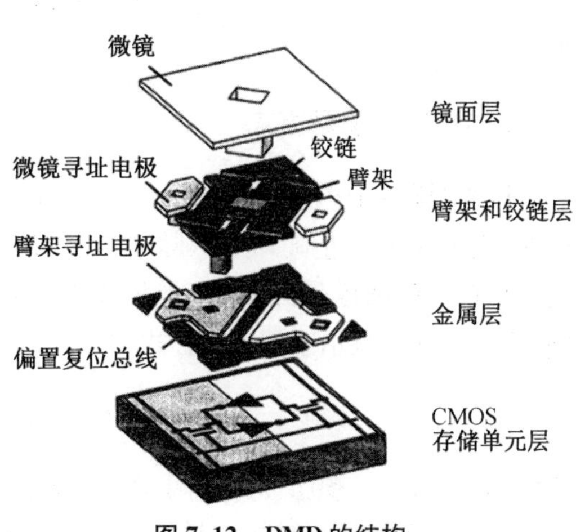

图7.12 DMD的结构

DMD的工作原理如图7.13所示,寻址驱动电路通过控制输出的数字信号(0或1)来控制扭臂梁式微铰链结构,进而控制微镜片的翻转。不通电时,微镜片处于水平状态,此时微镜镜面与投影镜头平行。当加载的信号为1

时，微反射镜旋转至＋10°(或＋12°)，进入“ON”状态，从光源入射的光线会被反射进入投影透镜中并在显示器件上成像；当加载的信号为 0 时，微反射镜旋转至－10°(或－12°)，进入“OFF”状态，从光源入射的光线会被反射偏离投影透镜并被吸收物吸收。这样得到的像素开口率达 90％以上。

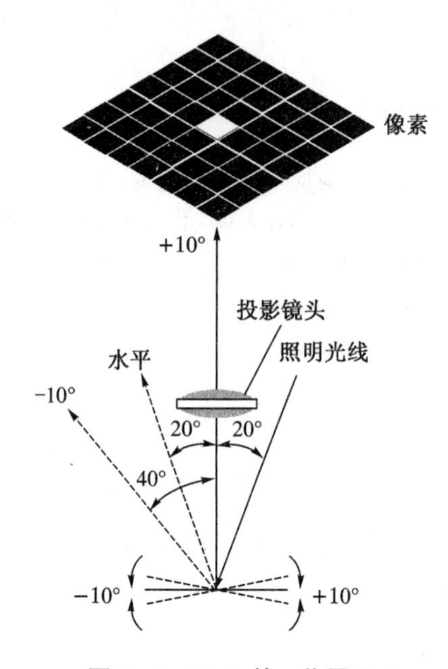

图 7.13 DMD 的工作原理

2) DMD 的驱动方式

DMD 微镜采用数字电路驱动，视频信号经数字化处理后不再需要进行数模转换，而是采用二进制 PWM(脉冲宽度调制)子场驱动控制法来进行驱动。不同的子场由一帧图像拆分而成，子场按照顺序依次显示，不同的子场显示时间不同，最短子场的显示时间 t 如公式(7.3.2)：

$$t=\frac{T}{2^N-1} \tag{7.3.2}$$

式中，T 为显示一帧图像的时间；N 为灰度位数。

第二短子场显示时间为最短子场显示时间的两倍，其他子场显示时间也按照 2 的指数关系递增。由于人的视觉神经所具有的特性，通过调节子场显示时间和顺序就可以调节灰度。图 7.14 展示了 8 个灰度子场的示意图，每个子场包含寻址期、工作期和稳定期三个阶段。

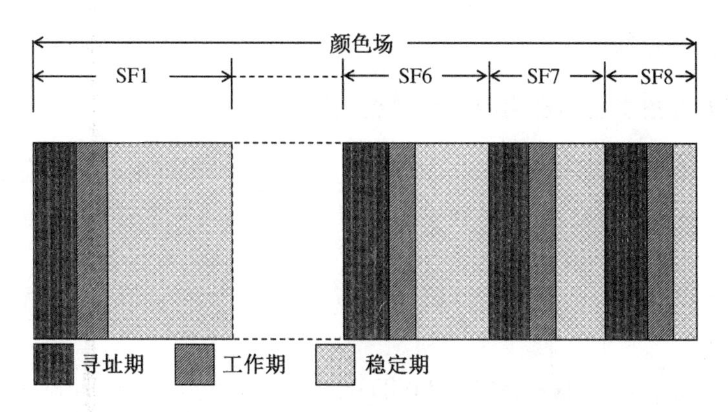

图 7.14　单颜色场显示八子场示意图

其中，在寻址期，存储阵列进行数据更新，微镜存储单元接收到新的命令；在工作期，微镜首先复位到水平状态，再根据接收到的指令完成相应的姿态转换或保持不动；在稳定期，微镜状态被锁定，存储单元停止刷新。图 7.15 展示了典型的 DMD 寻址与复位流程。

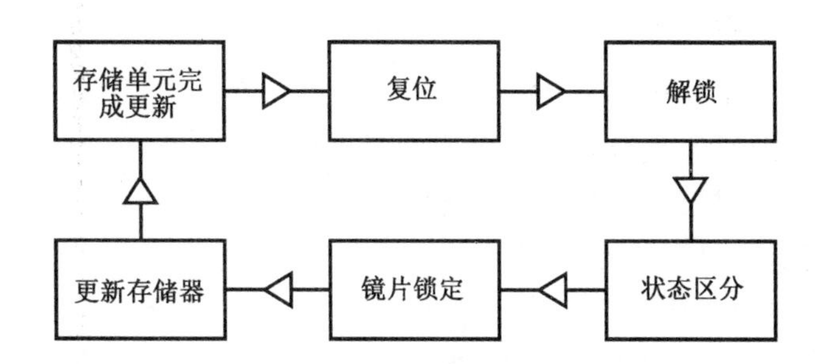

图 7.15　DMD 寻址与复位流程图

图 7.16 是 DMD 光脉冲产生不同灰度等级的工作过程，以 4 位灰度（16 个灰度等级）为例，最短子场显示时间为 1/15 帧长，其他三个子场显示时间分别为 2/15、4/15 以及 8/15 帧长，这 4 个子场从 0000～1111 可以实现 16 个等灰阶间隔显示，编码值越大，产

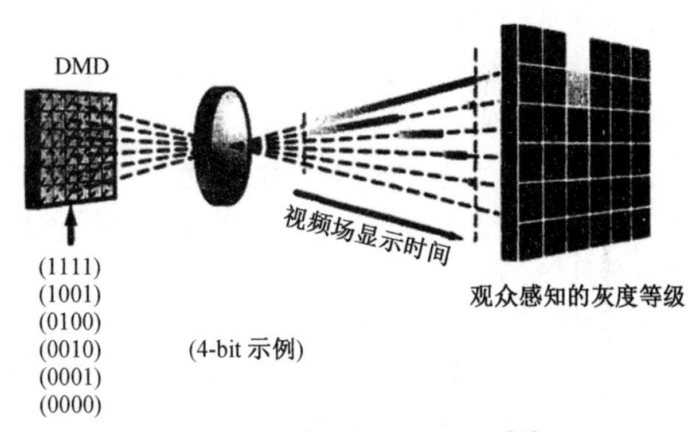

图 7.16　DMD 二进制脉宽调制[18]

生的灰度等级就越高。

3）DLP 在投影显示应用中的优缺点

① 附加噪声小，图像质量高。DMD 是全数字化的，可由经数字化处理后的视频图像信号直接控制，减小了数模转换以及模数转换带来的噪声，可以提高图像质量。

② 工作电压低。DMD 的驱动电路由 CMOS 工艺集成，可以在 5 V 的电压下进行驱动。

③ 光源功率大，图像亮度高。DMD 的微镜面光反射率高，且衬底散热功能较好，可以使用大功率的投影光源。

但是，单片式 DLP 投影显示系统具有彩虹效应，即白色物体出现在几乎全暗的背景上时，白色光分解成了彩色分量。在单片式 DLP 投影显示系统中只有一个色轮来控制颜色，即时间混色，合成前的颜色就可能被肉眼观测到。当然，由于人眼视觉系统的复杂性，彩虹效应的程度也因人而异。

4）DLP 投影显示系统

（1）单片式 DLP 投影显示系统

单片式 DLP 投影显示系统采用椭球形反光的光源，经过聚光、滤光、均匀化后的照射光在色轮上进行分光，分光后得到的红、绿、蓝三基色光通过准直透镜，再由 DMD 调制和反射，最终经过投影镜头在屏幕上成像。单片式 DLP 投影显示系统结构如图 7.17 所示。

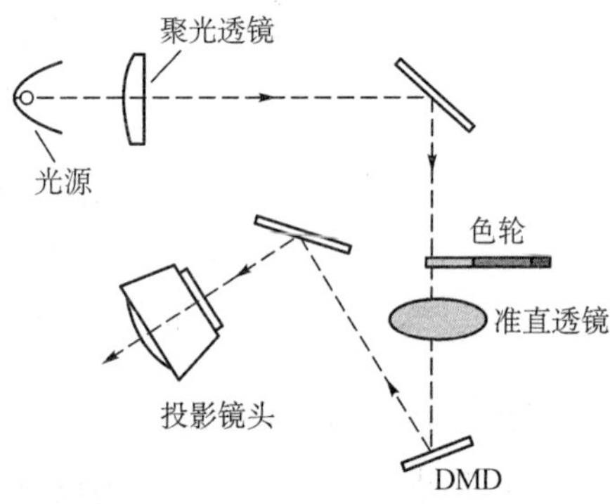

图 7.17　单片式 DLP 投影显示系统的结构图

普通的色轮等分为红、绿、蓝三个区域，光源发出的白光只有 1/3 被利用，这样会造成图像的亮度低、对比度低、色彩失真以及前文提到的彩虹效应。为了改善这些问题，可以将色轮改进为六段式，即等分为红、绿、蓝、红、绿、蓝六个区域，同时加入一段白色色轮以提高亮度。

（2）三片式 DLP 投影系统

三片式 DLP 投影显示系统由光学分色棱镜来承担分色功能，去掉了色轮，其结构如图 7.18 所示。光源发出的白光经过聚光、滤光、均匀化后进入分色棱镜进行分光，分出红、绿、蓝三基色光分别进入响应的 DMD 并被微镜片反射进入投影镜头后在屏幕上成像。

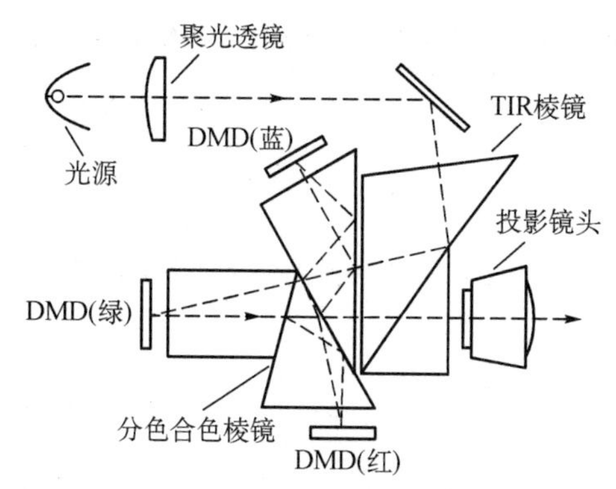

图7.18　三片式DLP投影显示系统的结构图

三片式DLP投影显示系统具有很高的光能输出，光的利用率很高，在色彩、对比度和亮度方面有很不错的表现，但是其体积较单片式大。

7.4　光源

光源也是投影显示系统的重要组成部分，7.3节中介绍的投影显示系统的像源器件，如LCD、LCOS、DMD等，都是不发光的，要想获得图像光输出就要依靠外部光源，所以光源的大小、形状、发光效率、光谱、寿命等都是非常关键的性能指标。目前常用的光源有超高压汞灯(UHP)、卤素灯、LED、气体放电灯以及激光光源等。由于灯泡光源具有寿命短、热量高等问题，加上近年来，激光光源的发展迅猛，本节将着重对激光光源进行介绍。

7.4.1　激光光源的发展

1960年，梅曼发明了世界上第一台红宝石激光器。1961年中国科学院长春光学精密机械研究所研发出了我国第一台红宝石激光器，并且采用了更先进的结构，这是值得骄傲的。自发明以来，激光的应用逐渐从军事领域转移到了民用领域，但激光显示的应用发展较晚。我国在政策方面对激光显示技术的发展给予了大力支持：2012年，国务院印发了《"十二五"国家战略性新兴产业发展规划》，规划中提出加快推进有机发光二极管、三维立体、激光显示等新一代显示技术的研发和产业化。2016年，科技部发布了《"战略性先进电子材料"重点专项2016年度项目申报指南》，将激光显示作为新型显示的重点专项。在《〈中国制造2025〉重点领域技术路线图》中，提出了激光显示产品的发展规划和目标。国内企业在国家政策的扶持下取得了许多成就，如表7.4.1所示。

表 7.4.1 国内企业在激光显示领域取得的成就

年份	企业	成就
2007	光峰光电	首次推出激光荧光粉显示(ALPD)技术
2007	中视中科	推出全球首款符合数字电影技术规范的激光数字电影放映机
2014	迪威视讯	推出全球首款 5 万 lm、4K 分辨率的激光投影系统
2014	海信	推出全球首款 100 in 的超短焦激光电视机
2018	光峰光电	将 ALPD 技术发展到了第四代,色域达到 Rec. 2020 标准规定的 98.5%
2018	中科极光	推出全球首款红、绿、蓝三色纯激光电视机,色域达到了 NTSC 电视制式的 150%
2020	海信	推出卷曲屏幕的激光电视机

7.4.2 激光光源的原理

激发态粒子在受激辐射的作用下会发光,这就是激光的来源。激光光源是一种相干光源,由工作物质、泵浦激励源和谐振腔组成。激光光源可按其工作物质分为固体激光源、气体激光源、液体激光源和半导体激光源等 4 种类型。

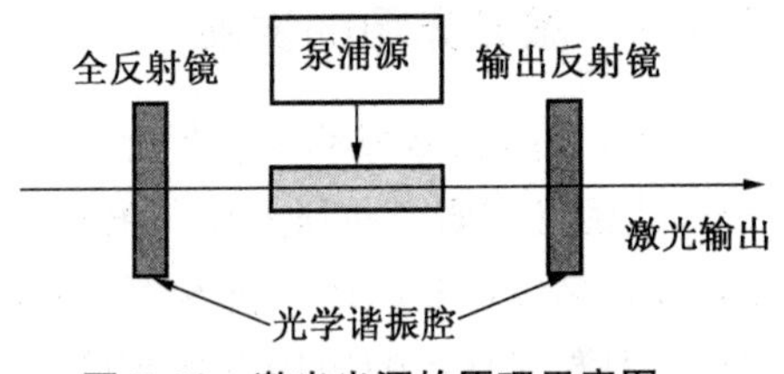

图 7.19 激光光源的原理示意图

粒子数反转,即改变粒子在不同能级上的分布使高能级上的粒子数多于低能级上的粒子数,是产生激光的必要条件。这需要泵浦激励源对工作物质中的粒子进行作用,使粒子进入高能级的激发态。在形成粒子数反转后,粒子会从高能级跃迁回低能级,就会产生光子,其中一些具有特定频率的光子可以在谐振腔中发生谐振,在两块反射镜的作用下不断产生相同性质的跃迁,得到同频率、同方向、同相位的辐射。光子在光学谐振腔反馈放大振荡,不断增强,从而形成激光束输出。激光光源的原理如图 7.19 所示。

当形成粒子数反转后，激光光源开始光放大，但是由于在反射镜之间的反射和激光介质内会产生各种损耗，得到的增益甚至小于损耗，因此只有当光源在光学谐振腔内往返一次获得的增益大于或等于总的损耗时，反馈放大振荡才得以成立，即满足下列阈值条件：

$$GL'>\delta \tag{7.4.1}$$

或者

$$\frac{\mathrm{d}n_1}{\mathrm{d}t}\geqslant 0 \tag{7.4.2}$$

光学谐振腔是激光光源的重要组成部分，它具有两个作用：

① 为激光振荡提供光学正反馈；

② 限制激光在几个光学模式（满足麦克斯韦方程组和光腔边界条件，可以在谐振腔内稳定存在的电磁场分布）或一个光学模式上振荡。

光波模在谐振腔轴向的驻波场分布就是纵模。两个反射镜之间的光程 L' 为半波长的整数倍时，才能在谐振腔中产生正反馈，即

$$L'=q\frac{\lambda}{2} \tag{7.4.3}$$

因此，谐振腔的谐振频率 ω_q 为：

$$\omega_q=q\pi\frac{c}{L'} \tag{7.4.4}$$

或者

$$\omega_q=2\pi\upsilon_q \tag{7.4.5}$$

式中，c 为真空的光速；q 为整数，表示驻波场在轴线上的节点数。

由此可见，腔长一定时，只有具有满足谐振条件的频率的光波才能振荡放大。

横模则表示光波模垂直于谐振腔轴向方向的稳定场分布。横模是一种自再现模，电磁场在多孔阑衍射的作用下，每次在谐振腔中往返都可以重现其特有的场分布。

在满足上述的条件后，激光光源就可以将光放大。光波究竟被放大了多少用增益系数来描述，增益系数 G 定义为光强经过工作物质单位距离后的增长率，即

$$G=\frac{\mathrm{d}I(z)}{I(z)\mathrm{d}z} \tag{7.4.6}$$

式中，$I(z)$为 z 处的光强；$\mathrm{d}I(z)$是光强 $I(z)$经过 $\mathrm{d}z$ 距离后的增长量。

激光光源具有以下优缺点：

① 单色性好。激光光源的误差很小，一般小于 5 nm，所得图像的色彩还原性好。

② 色域大。图像色彩丰富，约为 CRT 色域的两倍。

③ 寿命长。在常规条件下寿命高达 100 000 h。

④ 亮度高。激光焦点处的辐射亮度极高。

⑤ 不会产生失真。激光投影系统不需要分色系统和聚焦透镜，投影图像不会变形。

⑥ 成本高，不同颜色激光的寿命、亮度不匹配。

7.4.3 激光投影显示系统

除了纯激光光源外，激光投影显示系统还可以使用激光混合光源，例如激光和激光激发荧光光源、激光和 LED 光源。

图 7.20 展示了使用纯激光光源的激光投影显示系统的原理，红、绿、蓝全固态激光器分别发出的三色激光束首先通过透镜组，在均匀化后分别照射到对应的像源（LCOS、DMD 等）上，在像源中经过图像调制后进入 X 棱镜合色装置，合色后进入投影透镜，最终在屏幕上得到图像。

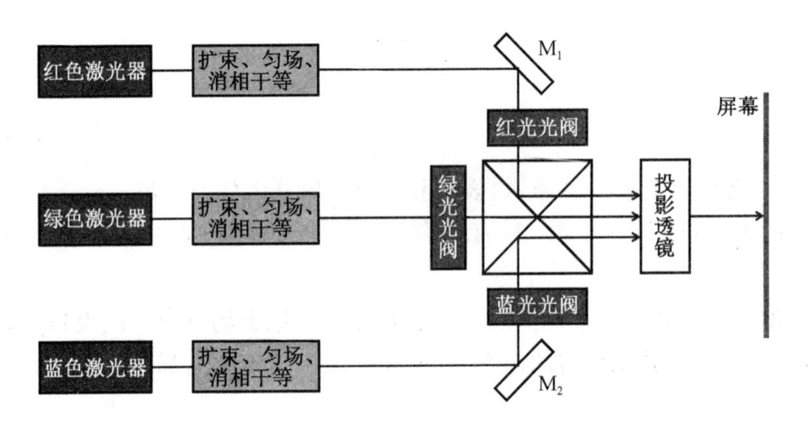

图 7.20 纯激光光源的激光投影显示系统的原理图

如图 7.21 所示的激光投影显示系统使用激光和激光激发荧光光源，蓝色激光器首先发出蓝色激光，激光通过旋转的荧光粉色轮（含有红、绿荧光粉和蓝光玻片）会激发出红色和绿色荧光，同时让蓝光透过，再通过时间混色法进行合色，合色后通过投影透镜组，在屏幕上成像。

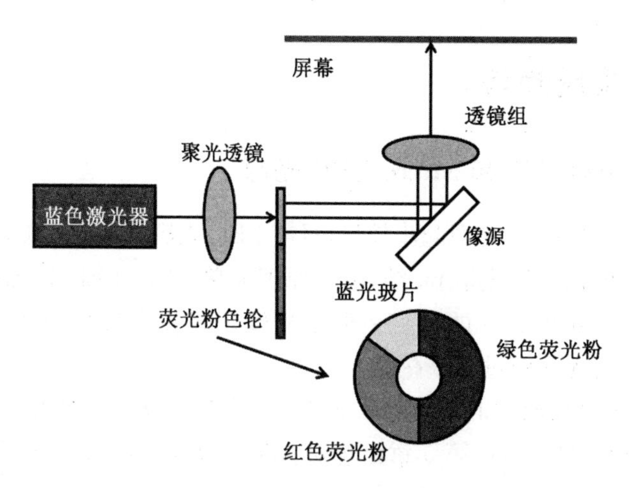

图 7.21　激光和激光激发荧光光源的激光投影显示系统的原理图

如图 7.22 所示的激光投影显示系统则采用了另一种混合激光光源，即激光和 LED 光源。蓝色激光器发出的蓝色激光激发绿色荧光体获得绿光，蓝色 LED 光源和红色 LED 光源分别发出蓝光和红光。

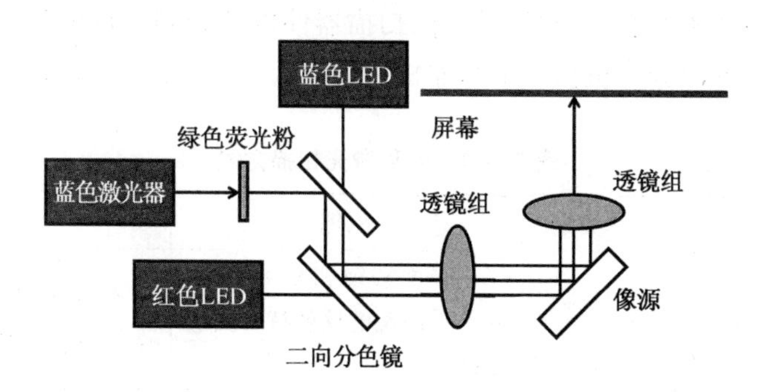

图 7.22　激光和 LED 光源的激光投影显示系统的原理图

在混合光源系统中采用蓝色激光器，相较于采用红色和绿色激光器，具有成本低、体积小、驱动电压低、稳定性好的优点。不难发现，在两种系统中，绿光都是由荧光体激发而来，一是因为绿色 LED 的光电转换效率是一个瓶颈问题，二是因为高性能绿色激光器的成本也是一个问题，所以为了控制成本和体积，只采用了一个蓝色激光光源。虽然蓝色 LED 和红色 LED 的性能尚可，但是仍不能和同色的激光器媲美。

7.5 未来发展趋势

7.5.1 Micro OLED 和 Micro LED 光源

投影机产业中 LED 光源起步较早，目前 LED 光源投影机性能已经达到很不错水平。LED 的核心组成是 pn 结，发光原理简单，所以 LED 光源的体积很小，并且具有寿命长和色域广的优点。但是相较于激光光源投影机，亮度始终是 LED 光源投影机无法跨过的壁垒。

然而，Micro OLED 和 Micro LED 光源的出现可以有效改善传统 LED 光源的亮度问题。本书第 4 章、第 5 章已经对 Micro-OLED 和 Micro-LED 做了详细的介绍，在此不再赘述。

7.5.2 激光扫描技术

除了采用激光作为投影仪光源外，还可以直接采用激光扫描来进行投影。

激光扫描技术的发展与激光器件、扫描器件以及调制器件的发展密不可分。激光扫描技术可以分为机械扫描与非机械扫描两类，如表 7.5.1 所示。

表 7.5.1 六种激光扫描方式

扫描方式	类别	原理	特点
旋转多面镜扫描	机械扫描	采用多面棱镜和驱动马达，基于平面镜的反射特性实现偏转	转速高，扫描角度大，稳定性好；扫描线性范围小
检流计和谐振镜低惯量扫描		用反射镜偏转光束，扫描器采用低转动惯量的转子，利用光的反射原理实现偏转	偏转稳定，扫描形式多样且具有高保真度；工作频率窄
全息光栅扫描		基于全息技术实现扫描	扫描方位和焦距丰富，结构简单，价格低廉，失真小，噪声小；制作不便
旋转光楔扫描		基于光的折射原理实现偏转	扫描速度快，视场角大；折射导致色散，像素分布不均匀，精度低

续表

扫描方式	类别	原理	特点
电光扫描	非机械扫描	基于偏转器材料折射率变化的电光效应	可以随机扫描，灵活性大；电路复杂，成本高，光能的利用率低
声光扫描		声光材料中折射率周期性变化，基于激光束的衍射原理	出射光束的衍射角与载频频率相关

激光扫描投影有两种形式：

① 视频图像信号解调后直接控制激光扫描成像器件；

② 利用激光扫描镜头实现激光束的扫描成像。

习　题

1. 在下图中标出 X-Cube 棱镜中光线的颜色。

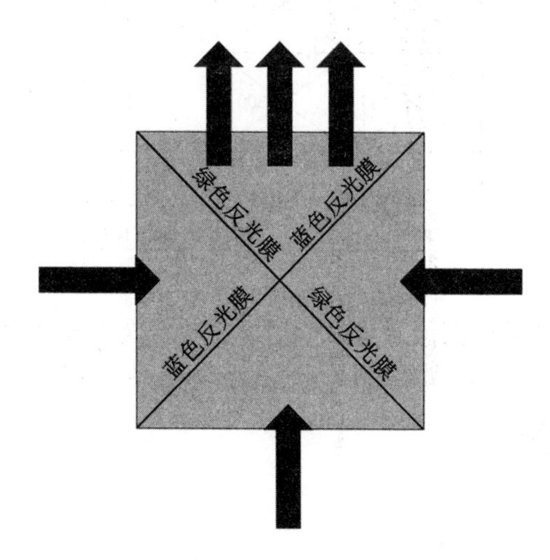

2. 在下图中标出 Philips 棱镜中镀膜的位置及镀膜种类。

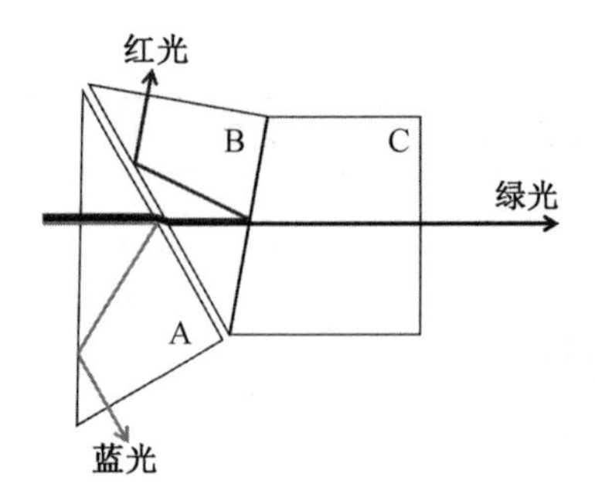

3. 在测量背投影机亮度时，通常采用亮度计测量屏幕中心亮度，但在没有亮度计的情况下也可通过测量照度值来估算其亮度。已知屏幕的增益系数为 1.5，投影图像的面积为 3 m^2，屏幕与反射镜的透过率为 90%，照度计测量出的照度值为 300 lx。请估算出背投影机的亮度值，并推算其输出光通量。
4. 根据 ANSI 测试方法测量投影机的照度均匀度，13 个点的照度值已在下图中标出，请计算其照度均匀度。

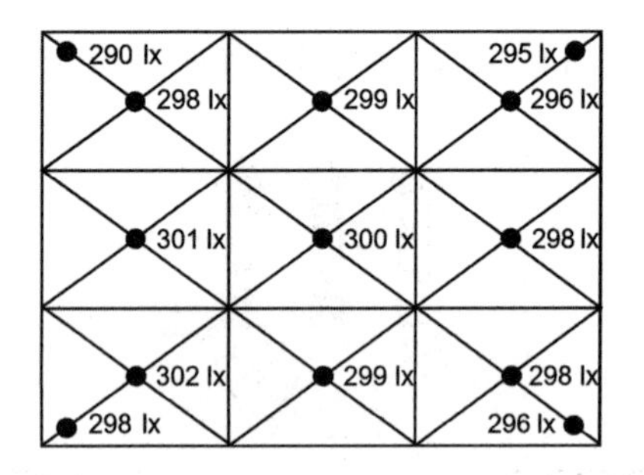

5. DMD 芯片在进行图像灰度调制时将图像分为若干子场，已知最短子场的显示时间为 0.1ms，灰度的位数为 8，求所有子场的显示时间之和以及最长子场的显示时间。

习题答案

1.

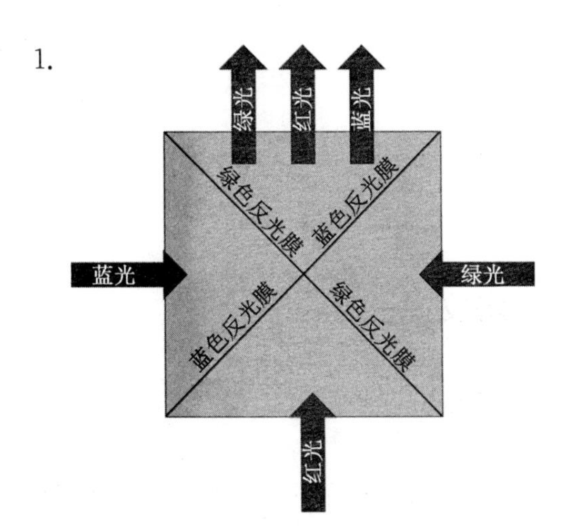

2.

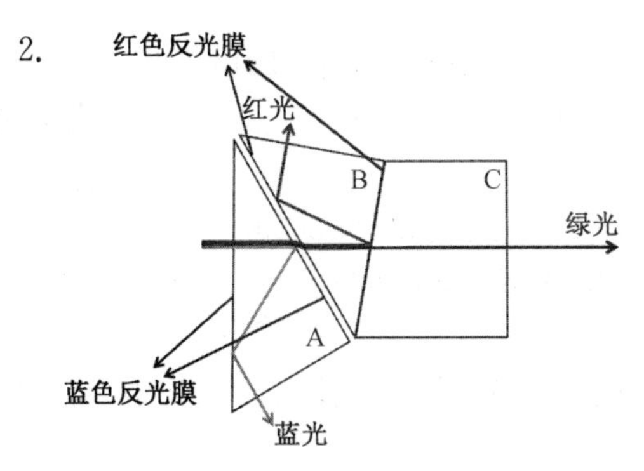

3.

$$\Phi=\frac{EA}{T}=300\times3/0.9=1\ 000\ \text{lm}$$

$$L=G\ \frac{E}{\pi}=1.5\times\frac{300}{\pi}=143.24\ \text{cd/m}^2$$

4.

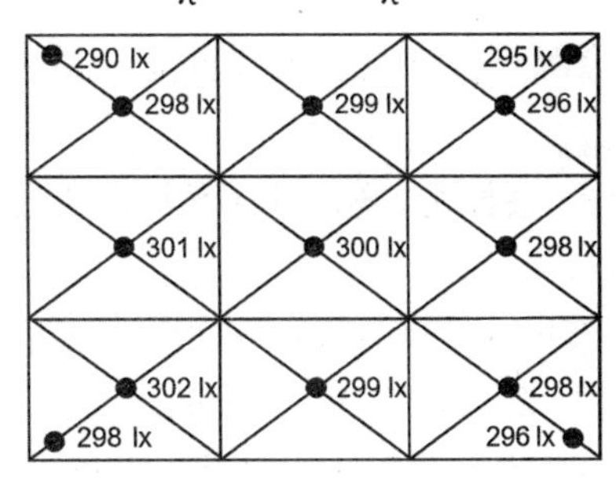

$$E_{\text{ave}}=\frac{E_1+E_2+\cdots+E_9}{9}=299\ \text{lx}$$

$$\Delta E=\min\{302-299,299-290\}$$

$$N=\left(1-\frac{\Delta E}{E_{\text{ave}}}\right)\times 100\%=99\%$$

5.
$$T=t\times(2^N-1)=0.1\times(256-1)=25.5\ \text{ms}$$

$$t'=t\times 2^{N-1}=0.1\times 128=12.8\ \text{ms}$$

参考文献

[1] 邵作叶，郑喜凤，陈宇. 平板显示器中的 OLED[J]. 液晶与显示，2005，20(1)：52 - 56.

[2] 陈跃，徐文博，邹军，等. Micro LED 研究进展综述[J]. 中国照明电器，2020(2)：10 - 17.

[3] 梁静秋. 微显示器件的研究进展[J]. 光机电信息，2010，27(12)：21 - 27.

[4] 梁宇华，朱樟明. 硅基液晶(LCoS)微显示技术[J]. 微纳电子与智能制造，2020，2(2)：73 - 79.

[5] 代永平. LCOS 微显示技术[J]. 液晶与显示，2009，24(4)：471 - 477.

[6] 张积梅，吴玉琦，刘畅. 硅基 OLED 微显示技术的优势与发展现状[J]. 集成电路应用，2012(9)：20 - 22.

[7] 梁元博. 基于 FPGA 的压电驱动激光扫描器控制方案研究[D]. 西安：西安电子科技大学，2019.

[8] 周积壮，任玉珍. 激光扫描器的电路原理[J]. 仪器仪表用户，2007，14(3)：140 - 141.

[9] 李慧剑. 运动目标探测激光扫描系统设计与原理实验[D]. 西安：西安电子科技大学，2013.

[10] 朱璐璐. 单图像源双目近眼显示装置光学系统的研究与设计[D]. 深圳：深圳大学，2016.

[11] 焦新光，梁海锋，蔡长龙，等. PDMS 基柔性近眼显示波导光学系统设计[J]. 光学技术，2022，48(1)：1 - 7.

[12] 姜玉婷，张毅，胡跃强，等. 增强现实近眼显示设备中光波导元件的研究进展[J]. 光学精密工程，2021，29(1)：28 - 44.

[13] 周晶. 基于波导技术的透射式近眼显示设备光学系统研究[D]. 长春：

长春理工大学，2020.

[14] 赵健. 基于人眼视觉特性的近眼显示技术研究[D]. 南京：东南大学，2019.

[15] 王飞霞. 激光显示视觉健康与感知特性研究[D]. 南京：东南大学，2022.

[16] 钟岩. 基于DLP技术的激光投影系统光路设计[D]. 长春：长春理工大学，2016.

[17] Hornbeck L J. Digital Light Processing for high-brightness high-resolution applications [C]// EI'97 Proceedings of SPIE3013, Projection Displays Ⅲ. San Jose, CA: International Society for Optics and Photonics, 1997: 27 - 41.

[18] 刘旭，李海峰. 现代投影显示技术[M]. 杭州：浙江大学出版社，2009.

[19] 高鸿锦，董友梅，等. 新型显示技术:上册[M]. 北京：北京邮电大学出版社，2014.

第 8 章　三维显示

目前,大多数商业化显示器只能显示二维平面图像,这与我们所生活的真实三维世界存在着显著差异。在三维空间里,所有可见物都可用长、宽、高这三个维度的尺寸来描述,并且物体之间的空间位置关系具有不同数值特征。这在图像中表现为深度、层次、真实性和图像的实际分布等关联值,这些特征使立体显示器能够再现客观世界。因此,立体显示是目前显示技术研究的一个重要方向。

8.1　基础知识

8.1.1　立体显示的概述与分类

对立体显示技术的研究,最早可以追溯至 1833 年,英国物理学家惠斯通首次揭示了左右眼的视觉差异性在立体显示中的应用。随后,立体显示技术自 20 世纪起经历了三次重要的发展浪潮,双目视差、集成成像、全息、体三维等显示技术先后问世,可以说这是一场信息传递的革命。立体显示基于信息技术、影像技术和微电子技术的发展,同时得益于高清晰度显示、视频播放等技术的发展,最终在 2010 年前后迈向了产业化阶段。它广泛应用于电影屏幕、大尺寸电视机以及日常生产生活的各个领域,例如眼镜式三维显示产品,包括有 3D 眼镜辅助的 3D 电视机、3D 投影机、3D 显示器等。随着技术的进步,裸眼三维显示产品逐渐兴起,如裸眼三维电视机。立体技术最终将进入真三维显示的高级阶段,包括光场三维、体三维和全息三维显示,这预示着三维产业将迎来爆炸式发展,改变人们的生活方式。

根据三维显示技术实现原理的区别和显示效果的差异,以及支撑光学元件等的不同,形成了类别众多的 3D 显示技术,表 8.1.1 展示了一种三维显示技术的分类方式。

表 8.1.1　常见立体显示的分类、原理和优缺点

<table>
<tr><th>立体显示大类</th><th>具体分类</th><th>原理</th><th>优缺点</th></tr>
<tr><td rowspan="2">视错觉三维显示</td><td>景深融合三维显示</td><td rowspan="2">利用心理暗示深度线索</td><td rowspan="2">方式简单，但数据量较少，无法实现复杂场景</td></tr>
<tr><td>Pulfrich 三维显示</td></tr>
<tr><td rowspan="3">双目三维显示</td><td>色差式三维显示</td><td rowspan="3">双眼分别接收视差图像，直接形成三维显示效果</td><td rowspan="3">显示原理较为简单，但无法表现运动视差</td></tr>
<tr><td>偏光式三维显示</td></tr>
<tr><td>快门式三维显示</td></tr>
<tr><td rowspan="3">多视点三维显示</td><td>光遮挡三维显示</td><td rowspan="3">显示屏上显示多个视差图像，双眼视差图像处于其对应区域内时，可以融合形成三维显示</td><td rowspan="3">能表现运动视差，但存在辐辏和焦点调节不一致、分辨率难以提高的问题</td></tr>
<tr><td>光折射三维显示</td></tr>
<tr><td>指向背光三维显示</td></tr>
<tr><td rowspan="3">单目聚焦三维显示</td><td>光场三维显示</td><td rowspan="3">在双目视差深度线索基础上，采用焦点调节深度线索</td><td rowspan="3">解决了辐辏和焦点调节不一致的问题，缓解视疲劳，但处理数据量较大，装置复杂</td></tr>
<tr><td>体三维显示</td></tr>
<tr><td>全息三维显示</td></tr>
</table>

视错觉三维显示技术包括景深融合和 Pulfrich 三维显示技术。它利用心理暗示深度线索，实现简单的三维显示效果。然而，由于其显示的数据量较少，无法呈现复杂的三维场景。

双目三维显示技术包括色差式、偏光式、快门式等三维显示技术。使用双目三维显示设备时，使用者通常需要佩戴特殊辅助设备，显示屏上只显示一幅左眼视差图像和一幅右眼视差图像，佩戴设备后，使用者双眼分别接收左眼和右眼的视差图像，形成三维显示效果。这种显示技术需要搭配特殊眼镜，并且存在辐辏和焦点调节不一致的问题，难以表现运动视差。

多视点三维显示技术包括光遮挡、光折射和指向背光三维显示技术。这种技术的基本原理是，在显示屏上显示多个视差图像，这些图像在空间的一定区域内处于分离状态，当左右眼视差图像处于左右眼分别对应的区域内时，就可以融合形成三维显示效果。这种显示技术具有表现运动视差和保证人的观看自由度等优点，但依旧存在辐辏、焦点调节不一致和分辨率提高困难等问题。

单目聚焦三维显示技术包括光场三维、体三维和全息三维显示技术。尽管存在处理数据量大、元件精细度要求高、装置复杂和难以实现等问题，但它可以解决辐辏和焦点调节不一致的问题，并且有助于减轻视觉疲劳。随着科学的进步与发展，单目聚焦三维显示技术的问题也正逐步得到解决。本章将重点讲解三种单目聚焦显示技术。

8.1.2 深度线索

深度知觉是指对于物体距离或深度的感知和认知。这种感知基于外部环境和机体内部的多种线索，这些线索被称为深度线索。立体显示技术的基础就是利用人眼感知这些深度线索。深度线索可以根据其提取原理分为心理深度线索、运动深度线索、立体深度线索和生理深度线索等类别。

1）心理深度线索

虽然人通常同时使用双眼获得视空间知觉，但在许多情况下，使用单眼仍然可以获得准确的视空间知觉。这是因为人在心理过程的作用下，能够在平面图像上产生深度线索，从而提取三维物体的信息。这种深度线索信息的提取通常需要对被观看物体有一定的先验知识。我们称这种深度线索为心理深度线索，它可以根据单眼视觉功能分为基于光觉、色觉和形觉的心理深度线索。

基于光觉的心理深度线索包括遮挡和阴影等。遮挡指当多个物体位于同一平面上时，一个物体的一部分被其他物体挡住的现象。这种遮挡情况能够在观看者心中形成深度知觉，被遮挡的物体似乎更远，而未被遮挡的物体则看起来较近。如图 8.1(a)所示，白色建筑物被棕色建筑物遮挡，使观看者认为白色建筑物较远。阴影指通过识别被光照物体所产生的影子来感知该物体的空间位置。如图 8.1(b)所示，水果受到光线照射，在桌面上投下阴影，使观看者感知到水果的位置。

(a)

(b)

图 8.1 遮挡与阴影的心理深度线索的示意图

基于色觉的心理深度线索是空气透视。空气透视指由于空气中存在大量微粒，导致光线发生散射或被吸收，从而使景物的对比度随着距离的增大而减小。这导致远处的物体在颜色和清晰度方面逐渐衰减，产生了强烈的深度感知。如图 8.2 所示，由于远处的景物颜色较暗且对比度较低，观看者可以推断出物体的远近。

图 8.2　空气透视造成的远近景物差异

基于形觉的心理深度线索包括相对尺寸、纹理变化、线性透视。相对尺寸指当观看者事先知道观看对象的实际大小时，因为物体在视网膜上的成像大小与距离之间存在直接关系，距离较近的物体在视网膜上呈现较大的像，距离较远的物体则呈现较小的像。如图 8.3(a)所示，在观看者看来，较大的啤酒瓶比较小的啤酒瓶显得更近一些。纹理变化指的是某种物体在视网膜上的投影大小和密度出现递增或递减的现象。如图 8.3(b)所示，与近处的荷叶相比，远处的荷叶更为密集，从而产生了向远延伸的深度感知。线性透视指平面上物体在面积大小、线条长度及线条之间的间距等特征上，呈现出可以引导深度知觉的线索。相同大小的物体，在远处的会显得较小。当观看景物时，景物的轮廓线条或多个物体纵向排列形成的线条会逐渐汇聚到远处，甚至会聚集成一个点。如图 8.3(c)所示，铁路的线条在远处汇聚成一个点，产生了远近差异感。

(a)

(b)

(c)

图 8.3　相对尺寸、线性透视与纹理变化造成的心理深度线索示意图

2）运动深度线索

运动中的物体拥有速度、方向和空间位置等属性。因为运动是相对的，根据观看者与物体之间的关系，运动深度线索可分为视点运动视差、物体运动视差及相对运动视差。由于运动视差难以伪造，所以运动深度线索比心理深度线索更加可靠。

当面对多个物体且难以判断它们之间的确切深度关系时，人们通常会习惯性地左右摆动头部以进行观看。头部的移动导致视点位置发生变化，使视网膜上的图像产生差异。这种差异被称为视点运动视差。视点运动视差可以用运动矢量表示，矢量的大小与方向通常用于描述所观看物体离观看者的深度距离。

如图 8.4 所示，观看静止物体 A 时，假设头部移动距离为 M，观察对象 A 的运动视差就是头部位置 H 和 H' 在水平方向上的距离。因为观看距离 D 远大于头部移动距离 M，所以角度绝对运动视差 θ_A 可以由(8.1.1)所示：

$$\theta_A \simeq \frac{M}{D} \tag{8.1.1}$$

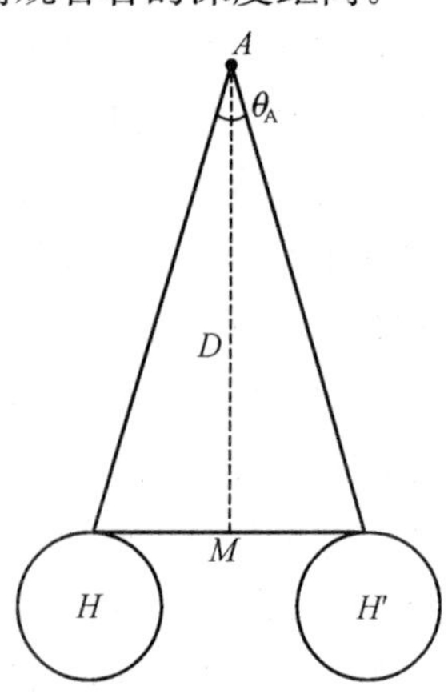

图 8.4 视点运动视差

由式(8.1.1)，已知头部移动距离 M 和绝对运动视差 θ_A，我们可以估算出物体的距离 D。

当观察多个物体时，如图 8.5 所示，有两个物体 A 和 B，其中 A 的观看距离为 D，而 B 的观察距离为 $D+d$，可以通过式(8.1.1)求出 A 与 B 的相对运动视差，如(8.1.2)式所示：

$$\Delta\theta = \theta_A - \theta_B \simeq \frac{M}{D} - \frac{M}{D+d} \simeq \frac{Md}{D^2} \tag{8.1.2}$$

物体在运动过程中，与观察者的距离变化在视网膜上表现为图像信息的变化，从而形成不同的视差信息。这种视差被称为物体运动视差。与视点运动视差类似，可以利用物体运动视差，通过观察物体运动速度来估计运动距离。当物体运动至离观察者较远处时，物体在视网膜上尺寸较小，视网膜上图像中物体运动距离也较小，所以物体看起来运动速度较慢。假设物体 A 到观察者之间的距离为 D，物体 A 移动距离为 m，运动的结果是物体在运动方向上变化角度 θ_A。同视点运动视差，这个

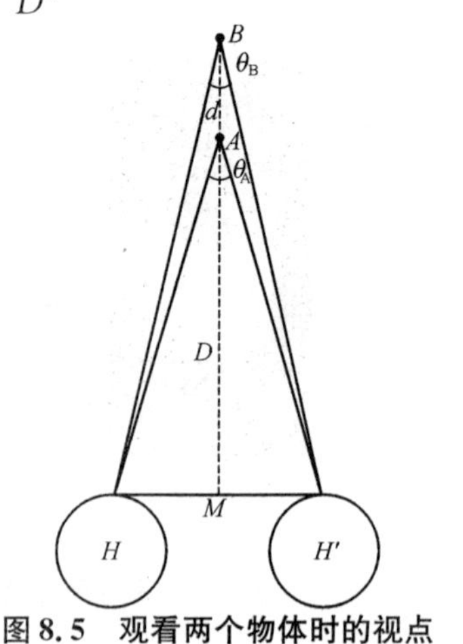

图 8.5 观看两个物体时的视点运动视差

绝对的物体运动视差 θ_A 可以由(8.1.3)式表示：

$$\theta_A \simeq \frac{m}{d} \tag{8.1.3}$$

当多个物体同时运动时，我们也可以从它们的运动矢量中找到深度线索。假设观察者正在观察两个物体 A 和 B，物体 B 离观察者较远，物体 A 与观察者距离为 D，而物体 B 与观察者之间的距离为 $D+d$，物体 A 和物体 B 运动距离为 m。与图 8.5 的情况类似，我们可以求出相对运动视差如(8.1.4)式所示：

$$\Delta\theta \simeq \frac{md}{D^2} \tag{8.1.4}$$

通过式(8.1.4)，已知运动距离 m，物体 A 与观察者距离 D 和相对运动视差 $\Delta\theta$，我们可以估算出物体 A 与物体 B 之间的进深 d。

3）立体深度线索

立体深度线索基于双眼视觉功能，其原理是通过左右双眼视网膜图像的微小差异来创造深度感。因此，立体深度线索又称为双眼深度线索。由于左眼和右眼可以被视为两个同时观看的视点，立体深度线索比运动深度线索更可靠。双目视差是最典型的立体深度线索。

双目视差是人眼深度知觉中最强大的线索之一，它受生理上的立体视觉因素影响。由于人的双眼之间存在大约 65 mm 的距离，左右眼的视点位置不同，在两个视网膜上形成的图像存在较大重叠但不完全重合。如图 8.6 所示，观看物体时，左右眼视网膜上的物像差异就是双目视差。利用双目视差，双目三维显示使观看者的双眼分别看到左眼与右眼视差图像，从而使他们感知到立体图像。

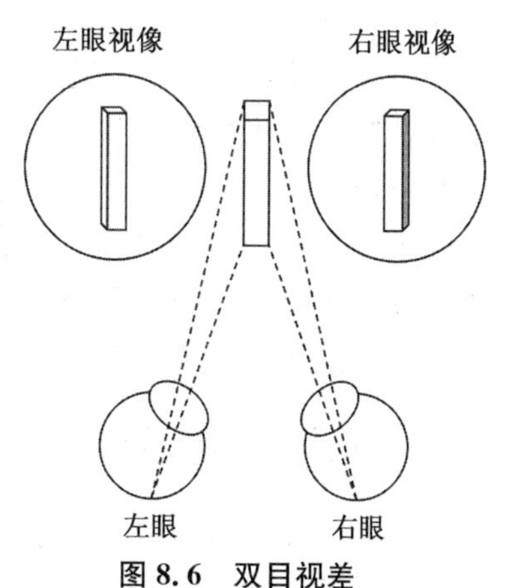

图 8.6　双目视差

4）生理深度线索

位于肌腱、肌肉和关节囊等运动器官处的感觉神经末梢等装置被称为本体感受器，它们能够感知肌肉张力和压力的变化，以及关节的伸展程度。本体感受器受到刺激后向中枢发送的信息被称为本体感觉。与深度知觉有关的本体感觉都是通过眼睛的内部生理结构获得的，因此这些深度线索被称为生理深度线索。生理深度线索包括焦点调节和辐辏。

焦点调节是指人眼通过睫状肌的收缩和松弛来改变晶状体的厚度，从而调节晶状体焦距，以使物体在视网膜上成像清晰。通过检测睫状肌的张力，大脑可以获取物体与观看者之间的距离。如图 8.7 所示，人眼观看远处物体时，晶状体较为平薄，而观看近处物体时，晶状体略微凸起。这表明，在观看不同距离的物体时，人眼会自动进行焦点调节。

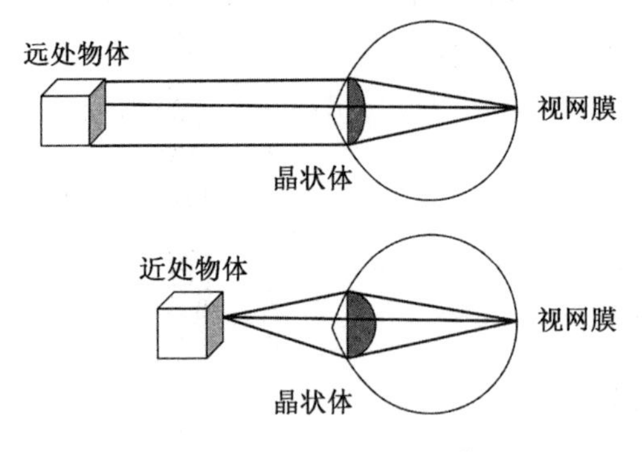

图 8.7　人眼的焦点调节

当观看者注视远处物体时，双眼的视轴近似平行，单眼的焦点调节处于松弛状态。然而，当物体逐渐靠近观看者时，为了保持双眼的单视，使物体能够投射到双眼的中央凹处，两只眼球会向内部转动以对准物体。这种使双眼的视轴在物体的某一点上相交的过程被称为辐辏，双眼的视轴所形成的夹角被称为辐辏角，辐辏作用与辐辏角如图 8.8 所示。显然，当所观看物体较远时，辐辏角较小；而当观看的物体较近时，辐辏角较大。基于这些原理，人类大脑可以根据辐辏角的大小来判断物体与观看者的距离。

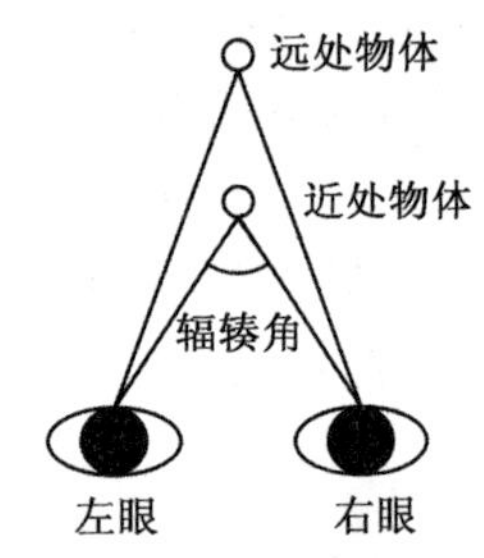

图 8.8　人眼的辐辏作用与辐辏角

8.2　光场三维显示技术

光场三维显示是通过重建物体表面的点源朝各个方向发出的光线，再现空间三维场景。相比传统的双目视觉显示，这种显示方式有着明显的优势。同一点源发出的光线之间的角度间隔非常小，因此能够使人眼在观看光线空间的不同距离时聚焦，同时保持与辐辏的距离一致，可以显著提高不同观看者在不同位置观看到的三维场景的遮挡效果。

8.2.1　光场

光场的概念最早由苏联科学家 Gershun 于 1936 年提出。光线是描述光束在空间内传播的基本单元，光场则是空间中任意点发出的光线沿不同方向的集合，用以描述三维空间内光辐照度的分布情况。1991 年，美国科学家 E. Adelson 和 J. Bergen 将这套光场理论引入机器视觉，并提出了全光场理论。光场可以用 7 个参数来描述，包括空间位置(x,y,z)、光线的俯仰角和方位角(θ,φ)、光线波长(λ)以及观看光线时刻(t)。这种映射关系被称为全光函数，如式(8.2.1)所示：

$$L=P(x,y,z,\theta,\varphi,\lambda,t) \tag{8.2.1}$$

全光函数表示了从空间某一点在某一时刻覆盖某一波长范围内的可见光锥，如图 8.9 所示。全光函数的大小用辐射功率 L 来表征，表示光沿特定方向的强度。

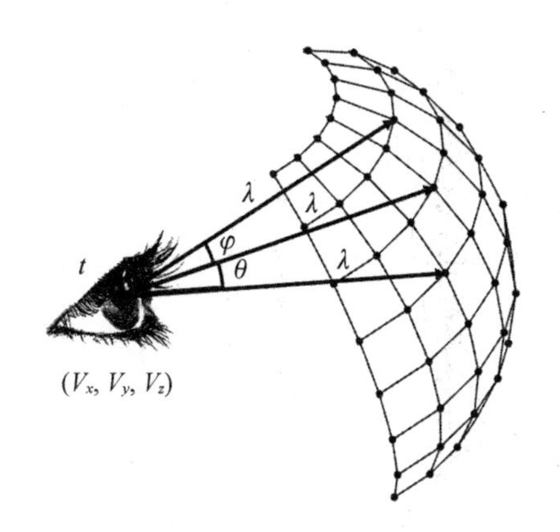

图 8.9　全光函数示意图

光场显示领域通常研究的是固定波长下的静止光线，因此全光函数可简化为 $L=P(x,y,z,\theta,\varphi)$，任一时刻的光线可由五维坐标$(x,y,z,\theta,\varphi)$表示。由于光线的波长都很短，可以近似为直线传播，所以可以忽略光线在空间内的衰减。因此可以对全光函数再次降维，用二维坐标(x,y)和二维方向(θ,φ)来描述。

具有位置与方向信息的光线可以由光线与两个平面的交点确定光的方向，因此可以用两个平行平面对四维光场进行参数化表征，如图 8.10 所示。从平面(u,v)的点连接到平面(s,t)的点确定为该光线的方向，这种表征方式被称为光片式。

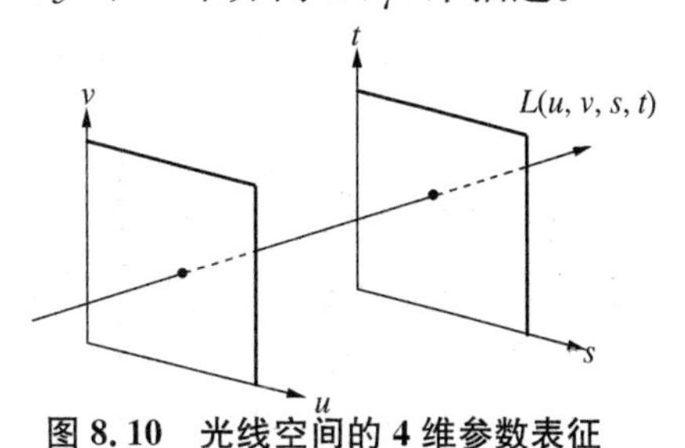

图 8.10　光线空间的 4 维参数表征

8.2.2　光场成像与显示

光场三维显示的原理是记录三维物体周围形成的光场分布，然后重建这些光场,使观看者能够通过光场感知到物体的存在。值得注意的是,合成出的三维图像可以是变换视角的,也可以是一个不存在的虚拟物体。光场成像、光场渲染和光场显示是实现光场三维显示的三个关键技术。

光场成像技术是实现光场三维显示的重要组成部分之一。与传统成像方式不同,光场成像是一种计算成像技术,它利用光学采集装置获取空间中的四维光场,然后通过一些算法来计算出相应的图像。最简单的成像方式是通过不同视角和位置抓拍一系列照片,计算出合成的光场并显示三维图像。

以采集一只兔子的光场为例,如图 8.11(a)所示,在兔子的周围可以放置多个摄像点,从不同的位置和角度采集信息。如图 8.11(b)所示,假设有一位置 T 在位置 2 的正下方,位置 T 更靠近目标物,由于位置 T 与位置 2 的拍摄角度基本相同,所以采集到的信息也基本相同。但由于位置 T 较位置 2 更接近目标物,它的图像视场较小,包含更多细节信息。位置 1 与位置 3 也能够获取目标物的部分信息,所以可以通过位置 1、2、3 的图像计算还原出位置 T 的大部分图像信息。这样就可以不在位置 T 拍摄图像,而通过其他不同位置和角度的图像计算生成其图像。

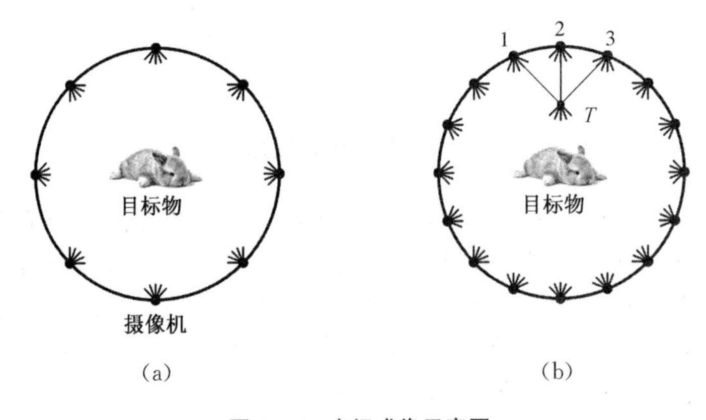

图 8.11 光场成像示意图

这种成像方式是在物体周围拍摄足够多的照片来生成物体的光场,从而获得任意位置拍摄到的图像,而无需进行真实的拍摄。然而,这种方式的缺点是拍摄点位置存在不确定性,且成像速度太慢,操作复杂,成本较高。目前,主要采用的光场成像方法包括相机阵列方式和微透镜阵列相机方式。这两种成像方式都是通过相机阵列来采集不同视角下的图像,阵列排布的优势在于拍摄点位置与角度呈线性关系,并且实现较为简单。

光场渲染技术是光场应用理论的基础。通过相机或者微透镜采集的光场信息需要通过光场渲染技术处理，才能呈现给人眼观看。光场渲染的作用是将光场参数化，并提出计算成像公式。

为了解释光场渲染，让我们以图8.12的例子来说明。在这个例子中，一只兔子被放置在一个玻璃盒中，观看者可以围绕玻璃盒进行观看。假设一束光线从盒子表面射出，被观看者的眼睛捕捉到。这束光线的颜色是由兔子表面与外部光照环境共同决定的。因此，每束光线对应一种颜色，光场可以被看作从射线空间到颜色空间的映射。这个例子被称为光场的魔盒解释。

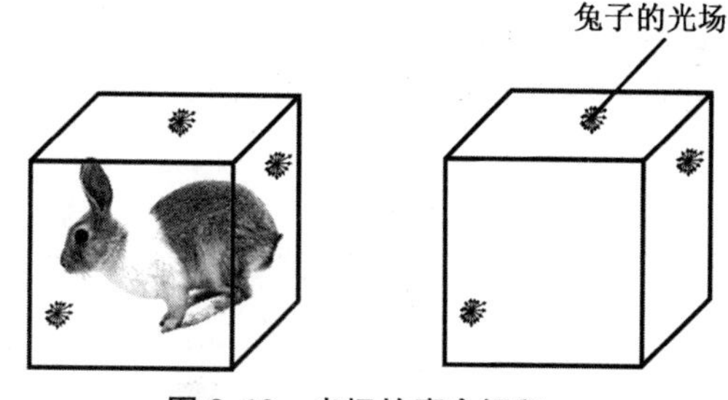

图8.12　光场的魔盒解释

现在，假设兔子突然消失了，但盒子表面的光场信息依旧存在。如果观看者继续观看盒子，那么他们眼睛捕捉到的所有盒子表面发出的射线合成为视网膜上的一个图像。观看者在不同的视角和位置围绕盒子来观看，由于视角和位置的改变，兔子在视网膜上的图像也会相应变化。因此，通过使用兔子的光场进行渲染，就不需要构建兔子的几何模型、纹理模型和光照模型。如果重新创建一个新的视图，只需进行重抽样，这是一个相对简单的线性过程。

然而，需要注意的是，光场渲染需要高抽样密度。如果抽样数量不足，则会导致混叠现象，从而影响图像质量。通过对光场信息进行深度估计和计算，可以有效解决这一难题，感兴趣的同学可以查阅相关资料。

由于光线的可逆性，光场显示为光场成像的逆过程，即通过光场显示器将成像过程中获得的光场信息再现给人眼观看。光场显示技术主要分为集成成像和多层成像三维显示技术。集成成像采用微透镜或者针孔阵列来捕捉并重建光场，从而实现全视差全彩色的立体显示效果。这意味着观看者可以看到具有不同视角的、逼真的立体图像，且这些图像在颜色方面也得以还原。多层成像则是通过时间与空间的复用，创建多个焦点平面，以确保观看者在适当位置观看立体场景时能够获得辐辏与焦点调节一致的效果。由于篇幅限制，本书将主要讲解集成成像。

8.2.3　集成成像

1908年，法国物理学家Lippmann首先提出了集成摄影术，即集成成像技术。如图8.13所示，集成成像包括两个主要过程，分别为拍摄记录和显示再现。

在拍摄记录过程中，通过胶片或检测器与微透镜阵列的耦合，每个微透镜捕捉了从特定角度观看到的图像信息，这意味着每个微透镜记录了物体的不同视角信息；在显示再现过程中，每个微透镜负责再次显示相应位置的图像信息，以便观看者能够感知不同角度的图像。

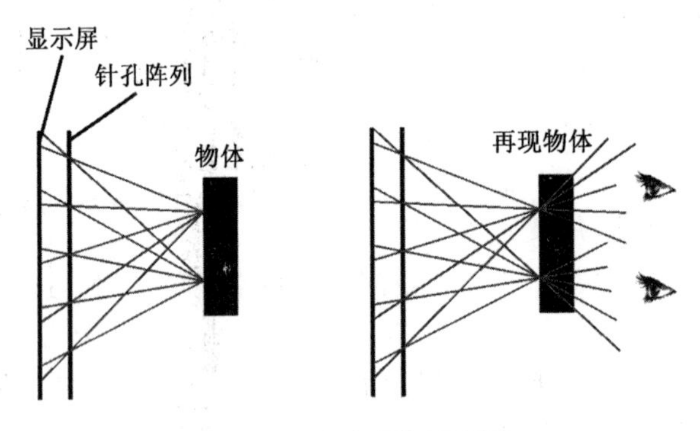

图 8.13 集成成像原理图

下面以针孔阵列为例介绍集成成像的过程。在拍摄记录过程中，物体上的每个点元向所有方向连续地发射或反射光线。使用针孔阵列捕捉这些点元的光线，这些针孔位于不同的位置，各自记录了不同视角下的点元信息。这些点元信息被记录在每个针孔的后焦平面上，形成了一系列微小图像，每幅微小图像代表一个不同视角下的点元信息。这些微小图像一起构成了一个微图像阵列，其中包含了物体空间中每个点的视差信息。这些信息最终被存储在图像记录器平面上，例如电荷耦合器件(CCD)上，即完成了整个记录过程。

在显示再现过程中，首先显示微图像阵列，然后将其与记录过程中使用的针孔阵列进行精准耦合。由于光路的可逆性，来自所有图像元像素的光线会被针孔阵列聚集还原，并在阵列的前后方重建原物体的三维图像。在显示屏上图像元的点都向各个方向发射光线，但只有与针孔阵列连接的点的光线才能穿过针孔阵列。这些出射的光线可以说是抽样光线的复制品，出射后在物体点元处相交，从而再现物体。

集成成像的显示模式可根据显示屏与透镜阵列的距离 g 与透镜焦距 f 之间的关系分为聚焦模式与虚实模式。具体而言，当 $f=g$ 时，显示模式为聚焦模式；当 $f\neq g$ 时，显示模式为虚实模式。根据 g 与 f 的相对大小，又可以进一步将虚实模式划分为实模式与虚模式。根据透镜的光学特性，当 $f<g$ 时，在透镜前形成实像；当 $f>g$ 时，虚像则出现在透镜后方。在聚焦模式中，集成的立体图像可以同时显示在透镜阵列的前面和后面。在这个过程中，存在一个被称为中心深度平面(Central Depth Plane, CDP)的聚焦图像平面,其位置可以通过高斯透镜定律得到。

集成成像的参数如图 8.14 所示,其中有三个重要的表征参数,分别为视域、景深和分辨率。

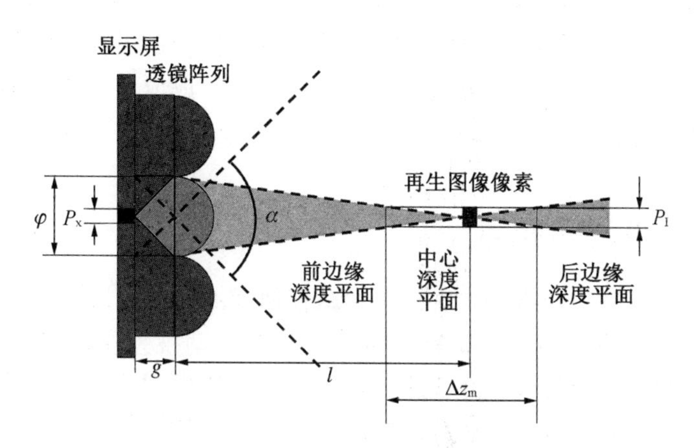

图 8.14　集成成像的重要参数

视角是观看者能看到完整的集成立体图像的角度范围。在显示屏上,每个透镜元都对应一个图像元,因此视角的边界由图像元的边界决定。要想看到完整的图像,观看者必须通过相应的透镜元来观看所有图像元的信息,否则会发生观看区域之间的相互干扰。因此,视角大小受透镜元尺寸和间隙大小的影响。视角 α 受这两个因素的影响关系如式(8.2.2)所示。其中,φ 表示透镜元与图像元的节距,g 则代表透镜阵列与显示屏之间的距离。

$$\alpha=2\arctan\left(\frac{\varphi}{2g}\right) \tag{8.2.2}$$

图像的景深范围为前后边缘深度平面之间的距离,当观看者位于这个范围内时,光学聚焦误差达到了显示图像的像素尺寸。因此,三维场景的景深范围 Δz_m 可由式(8.2.3)表示。其中,l 为 CDP 到微透镜阵列的距离,而 P_I 则表示三维图像的像素大小。

$$\Delta z_m=2l\frac{P_I}{\varphi} \tag{8.2.3}$$

集成立体图像的分辨率取决于多个观看参数,包括微透镜阵列的大小和节距、孔径之间的距离、光场相机和显示屏的分辨率。三维图像的像素大小 P_I 和分辨率 R 分别可由式(8.2.4)和式(8.2.5)表示。其中,P_x 为显示屏的像素大小。

$$P_{\mathrm{I}}=\min\left(l\,\frac{P_{\mathrm{x}}}{g},\varphi\right) \tag{8.2.4}$$

$$R=\frac{1}{P_{\mathrm{I}}} \tag{8.2.5}$$

综上所述，视角与透镜元尺寸成正比，与透镜和显示屏的间隙成反比。缩小间隙会降低图像分辨率，提高透镜元尺寸则会降低图像的景深。因此，如何在这些参数之间取得平衡，以实现满足观看特性要求的集成成像立体显示，是一个具有挑战性的问题。

8.3 体三维显示技术

体三维显示可以使观看者在无需佩戴任何辅助设备的情况下，看到“悬浮”在半空中的三维透视图像。这种显示技术具有移动视差功能，使观看者能够从各种不同视角观看被呈现的物体，而且这些物体看起来拥有真实的物理景深。体三维显示技术主要分为旋转体三维显示技术和静态体三维显示技术两种。

8.3.1 旋转体三维显示技术

旋转体三维显示的原理是利用高速投影设备，在快速旋转或移动的屏幕上点亮体像素，然后利用人眼的视觉暂留效应，形成真正的三维显示效果。

1996 年，Bahr 等人构建了 Felix 3D 体三维显示系统，如图 8.15 所示。这一系统采用了螺旋面旋转结构，通过将红、绿、蓝三束激光汇聚成一束彩色光来激活屏幕上的一个彩色体像素。位于屏幕下方的电动机用来控制螺旋面的旋转速度，当速度足够快时，螺旋面近乎透明，从而使生成的体像素看起来仿佛“悬浮”在空中。多个这样的体像素在人眼中通过视觉暂留特性即可合成为一个立体图像。

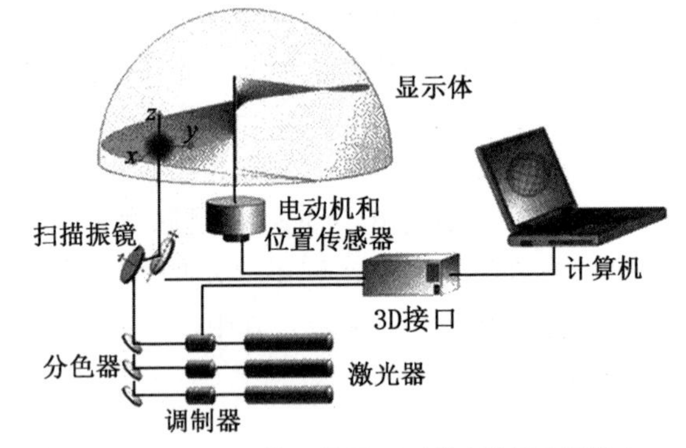

图 8.15 Felix 3D 体三维显示系统(引用自网络)

2002 年，Favalora 等人开发了世界上第一台商业化体三维显示系统——Perspecta，如图 8.16 所示。该系统结合了柱面轴心旋转与空间投影，其旋转速度高达每分钟730圈。显示屏是由超薄的半透明塑料构成，因此相对于Felix 3D，该系统具有更出色的透视感。Perspecta系统包括约200个视角，当需要显示三维图像时，它首先将立体图像分为若干个剖面图，剖面图数量与系统的视角数量有关，当每旋转不到2°时，系统会切换剖面图。随着显示屏的旋转，观看者能够清晰地看到自然逼真的三维立体图像。

Perspecta系统可实现8位256色显示，最多可呈现1亿个体素。为实现高精度的显示，Perspecta使用了数字光处理(DLP)技术。DLP技术的原理在第7章中有详细介绍，这里不再赘述。Perspecta系统的核心包括三块DLP光学芯片，每块芯片上都有高速发光阵列，而每个发光阵列都由几百万个数字化微镜像器件组成，这三块DLP芯片分别生成红、绿、蓝三种颜色的图像，通过叠加技术，最终将这三幅图像合成为一幅图像。图像经由底座中的固定光学系统和随电动机同步旋转的镜片反射，最终被投影至屏幕上。

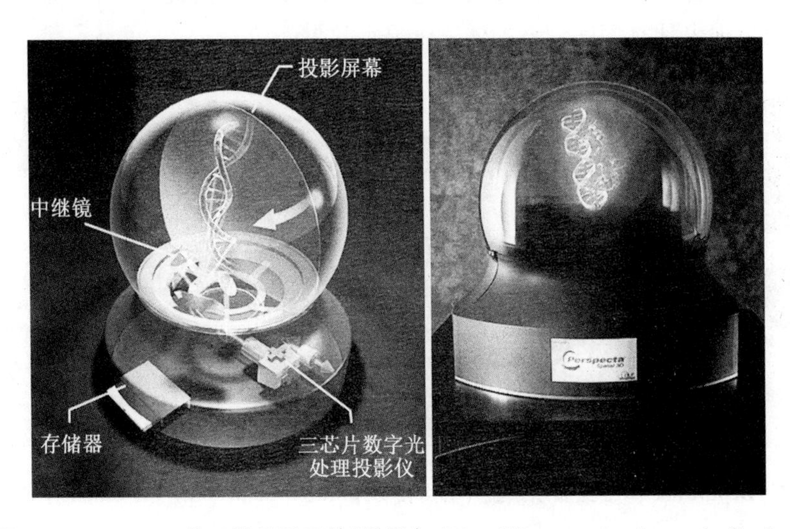

图8.16 Perspecta体三维显示系统(引用自100-*million-voxel volumetric display*)

8.3.2 静态体三维显示技术

旋转体三维显示存在亮度较低，易受光照影响的问题，并且由于其旋转特性，安置平台必须保持静止状态，所以该技术的使用场合受到很大的限制。为此，研究人员又创造出了静态体三维显示技术。静态体三维显示的原理是用发光介质构建成像空间，并结合激发光束的扫描与寻址，以此来显示三维图像。根据所使用的介质类型，静态体三维显示技术可分为基于固体介质能量跃迁的静态体三维显示技术和基于气体介质能量跃迁的静态体三维显示技术等类别。

基于固体介质能量跃迁的静态体三维显示技术利用激光扫描固体介质，激光具有一定的能量，在交汇点处会产生更大的能量，当能量达到阈值时，固体介质就会发生能量跃迁并发出荧光，形成一个体像素点。当扫描速度较快时，根据视觉暂留特性，多个体像素点在人眼中便组成了一个立体图像。早期的静态体三维显示系统，例如 solidFELIX，使用掺杂稀土元素的立方体水晶作为显示介质，只需两束相干红外线激光即可控制其产生立体图像。

后来，LightSpace 公司推出了一款名叫 DepthCube 的体三维显示系统，如图 8.17 所示。该系统的显示介质由 20 层 1 024×768 的液晶屏堆叠而成，相邻两层液晶屏之间 d 距离约为 5 mm。这些液晶屏具有特殊的电控光学特性，可以通过调控施加电压强度来改变光学透过率。在任一时刻，19 个液晶屏处于透明状态，剩下的 1 个液晶屏则处于非透明状态。系统通过快速切换显示三维物体的截面，从而呈现出具有深度信息的体三维显示效果。

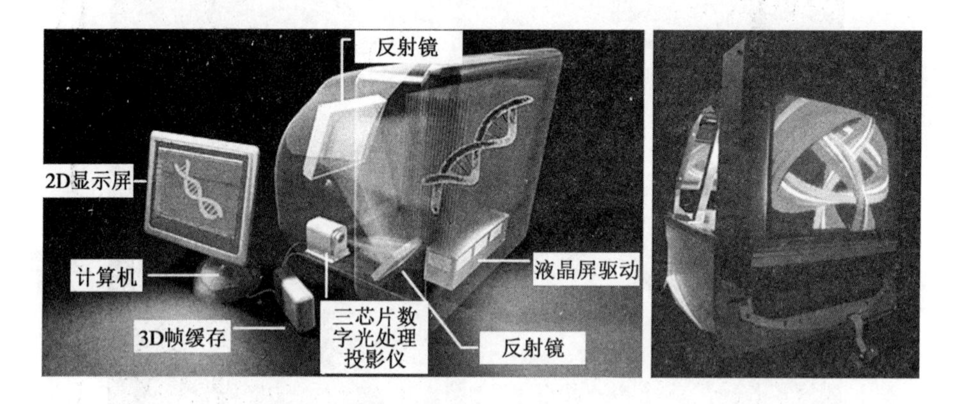

图 8.17 DepthCube 体三维显示系统（引用自 *DepthCube solid-state 3D volumetric display*）

基于气体介质能量跃迁的静态体三维显示技术利用气体介质构成成像空间，其工作原理基本与基于固体介质的相似。与基于固体介质相比，这种显示方式的优点在于它可以实现大屏幕的立体图像显示而无需额外的设备。

Isaac I. Kim 等人研发出了一种基于气体介质能量跃迁的静态体三维显示技术，其装置图与显示效果如图 8.18 所示。他们将液态铷放入铝制隔热盒内，并通过控制温度将其转化为气体形态。然后，通过调整两束激光的发射角度，使两束光交点处的气态铷在获得能量后发生两次跃迁产生荧光，从而生成一个体像素点。激光器在气体介质中快速扫描，形成多个体像素点，并组合成一个立体图像。这种技术有望在未来满足大规模成像的需求。

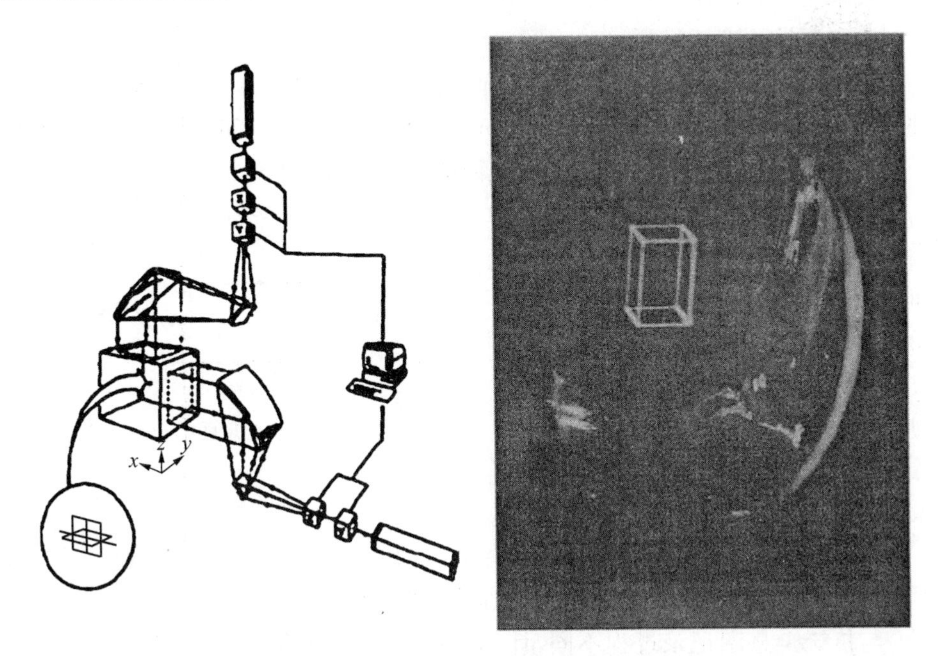

图 8.18　基于气体介质能量跃迁的静态体三维显示装置与显示效果(引用自《体三维显示技术及其特点》)

8.4　全息三维显示技术

全息三维显示技术可以表现深度线索与运动视差信息,通过记录物光波的振幅和相位,在一定光照条件下可以再现物体。与光场三维显示类似,全息三维显示可以显示真实的物体,也可以显示虚拟合成的物体。全息三维显示技术的优点在于可以有效避免单眼聚焦和双眼汇聚的冲突,从而缓解视觉疲劳,因此它被认为是实现真三维显示最理想的技术。

8.4.1　全息概述

1947 年,匈牙利物理学家 Gabor 为了提高电子显微镜的分辨率,首先提出了全息术这个概念。Gabor 发现,物体发出的特定光波以干涉条纹的形式记录,物体波前的所有信息都存储在记录介质中,记录的干涉图案被称为全息图。不过,此时全息技术使用的光源为水银灯,而且使用的是同轴全息图,它的正、负一级衍射波是分不开的,并不能获得好的全息像。到了 20 世纪 60 年代,科学家们发现了激光,它可以作为一种高相干光源在全息显示中使用。1962 年,美国科学家 Leith 和 Upatnieks 提出了离轴全息术,解决了之前原始像和共轭像分不开以及光源的相干性不理想问题。

除了采用传统的光学干涉方法记录全息图外，还可用计算机绘制全息图，这种方法被称为计算全息(Computer-Generated Hologram,CGH)。计算全息的优点是不需要物体实际存在，只需要物光波的相关参数与数学描述。

传统的全息图记录过程如图 8.19 所示。其基本原理是：将一束参考光和一束经过物体反射或透射后的物体光交汇于一点，形成一幅干涉图样。通过记录这个干涉图样，即可记录下物体的光学信息。当需要再现物体时，只需用一束与参考光相同的光束照射这个干涉图样，即可再现物体的光学信息。

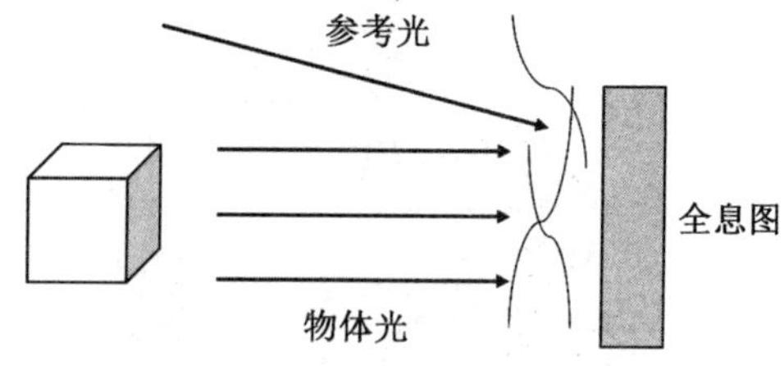

图 8.19 传统全息图的记录过程

这种方法的优点是可以记录下物体的全部光学信息，包括相位和振幅信息，因此可以实现比传统照相技术更加逼真的三维立体显示效果。

与传统全息图记录过程不同，计算机生成全息图的记录过程如图 8.20 所示，其步骤为首先采集物体的光波信息，包括幅度和相位信息，这可以通过数字成像设备(如数字全息照相机)或者利用激光干涉仪等实验装置来实现；然后将采集到的光波信息转换为数字信号并进行处理，包括数字滤波、数字补偿、数字解调、数字噪声抑制等操作，以提高图像的质量和可读性；接着在计算机上使用数值计算方法对处理后的数字信号进行计算，生成全息图像；最后将生成的全息图像通过光学投影系统进行投影，重建出物体的全息图像。这种所有操作在计算机中完成并制作出的全息图被称为计算全息图。

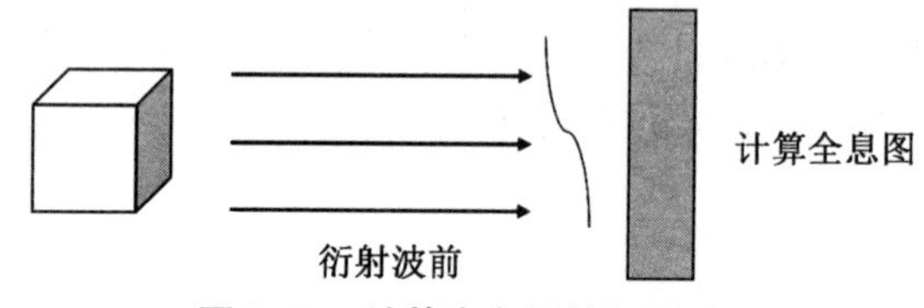

图 8.20 计算全息图的记录过程

与传统光学全息不同的是，计算全息可以使用计算机对数字信号进行处理和优化，可以实现更高质量的全息图像，并且具有更高的实用性和可靠性。同时，计算全息也是数字全息技术的一种重要实现方式，可以应用于虚拟现实、全息显示、数字全息照相等领域。

8.4.2　全息图计算

全息立体显示分为传统的光学全息显示和计算机生成的计算全息显示。传统的光学全息显示需要非常稳定的光学系统及具有高相干性和强度的光源，其应用范围受到较大限制。计算机生成的全息显示只需要将实际或虚拟物体的数学模型导入计算机中。这种方法不需要复杂的光学采集系统，既节省了光源，又降低了对光学设备精度的要求，具有简便性和灵活性。全息图的计算主要分为抽样、计算、编码、成图和再现五个步骤。

在讲解全息图的抽样过程之前，有必要先介绍二维函数的抽样定理。假设对二维连续函数 $f(x,y)$进行抽样：

$$f_s(x,y)=\mathrm{comb}\left(\frac{x}{X}\right)\mathrm{comb}\left(\frac{y}{Y}\right)f(x,y) \tag{8.4.1}$$

其中梳函数 $\mathrm{comb}(x)=\sum_{m=-\infty}^{\infty}\delta(x-m)$，$\delta(x)$为冲激函数，空间域在 x 方向与 y 方向的间距分别为 X 与 Y。对(8.4.1)式采用卷积定理，可得：

$$\begin{aligned} F_s(u,v)&=F\left[\mathrm{comb}\left(\frac{x}{X}\right)\mathrm{comb}\left(\frac{y}{Y}\right)\right]\times F(u,v) \\ &=\sum_{n=-\infty}^{\infty}\sum_{m=-\infty}^{\infty}F\left(u-\frac{n}{X},v-\frac{m}{Y}\right) \end{aligned} \tag{8.4.2}$$

式(8.4.2)说明，空域的抽样使得函数频谱 F 周期性复现。假设 $f(x,y)$为带限函数，即在该函数经过傅里叶变换之后得到的频谱函数中，以原点为中心的有限带宽之外的频率值为 0。假定函数 $f(x,y)$的频谱仅在频率平面一个有限区域 S 上不为 0，且 Δu 与 Δv 表示包围区域 S 的最小矩形在 u 方向与 v 方向的宽度，则当 $X\leqslant 1/\Delta u$ 且 $Y\leqslant 1/\Delta v$ 时，F_s 在频谱区域不会出现混叠现象，抽样的最大间隔 $1/\Delta u$ 和 $1/\Delta v$ 被称为奈奎斯特间隔。在空域中对长度和宽度分别为 Δx 和 Δy 的矩形进行抽样，抽样数目至少为：

$$SW=\frac{\Delta x}{1/\Delta u}\frac{\Delta y}{1/\Delta v}=\Delta x\Delta y\Delta u\Delta v \tag{8.4.3}$$

式中，SW 为空间带宽积，其含义为函数在空域和频域中所占面积之积。

在介绍完二维函数抽样之后，本书以傅里叶变换全息计算为例，讲述全息图的抽样过程。设物波函数为 $f(x,y)$，其经过傅里叶变换之后得到的频谱函数为 $F(u,v)$。则物波函数与频谱函数可表示为式(8.4.4)式：

$$\begin{cases} f(x,y)=a(x,y)\mathrm{e}^{\mathrm{j}\varphi(x,y)} \\ F(u,v)=A(u,v)\mathrm{e}^{\mathrm{j}\varphi(u,v)} \end{cases} \tag{8.4.4}$$

假定物波函数在空域与频域上都是有限的，即在空域和频域中各存在一个矩形 S_1 和 S_2，矩形外的函数值都为 0。设 S_1 在 x 和 y 方向的宽度为 Δx 和 Δy，S2 在 u 和 v 方向的宽度为 Δu 和 Δv。根据二维函数的抽样定理，对于物波函数，x 方向的抽样间隔 $X \leqslant 1/\Delta u$，y 方向的抽样间隔 $Y \leqslant 1/\Delta v$。对上述表达式取等号，可计算出空域中至少抽样的数量，如式(8.4.5)所示：

$$SW_{\mathrm{f}}=\frac{\Delta x}{X}\frac{\Delta y}{Y}=\Delta x\Delta y\Delta u\Delta v \tag{8.4.5}$$

同理，对于频谱函数，u 方向的抽样间隔 $U \leqslant 1/\Delta x$，v 方向的抽样间隔 $V \leqslant 1/\Delta y$，可计算出频域中至少抽样的数量，如式(8.4.6)所示：

$$SW_{\mathrm{F}}=\frac{\Delta u}{U}\frac{\Delta v}{V}=\Delta u\Delta v\Delta x\Delta y \tag{8.4.6}$$

由式(8.4.5)与式(8.4.6)可看出，物面和全息图平面上的抽样单元数相等，即物空间和谱空间的空间带宽积相等。因此，物波函数与频谱函数的离散形式可以由式(8.4.7)表示：

$$\begin{cases} f(i,j)=a(i,j)\mathrm{e}^{\mathrm{j}\varphi(i,j)} & -\dfrac{I}{2}\leqslant i\leqslant\dfrac{I}{2}-1,-\dfrac{J}{2}\leqslant j\leqslant\dfrac{J}{2}-1 \\ F(k,l)=A(k,l)\mathrm{e}^{\mathrm{j}\varphi(k,l)} & -\dfrac{K}{2}\leqslant k\leqslant\dfrac{K}{2}-1,-\dfrac{L}{2}\leqslant l\leqslant\dfrac{L}{2}-1 \end{cases} \tag{8.4.7}$$

在抽样完成之后，下一步是对全息图进行计算。在计算机中，数值计算必须采用离散傅里叶变换，其定义式如下：

$$F(k,l)=\sum_{i=\frac{-I}{2}}^{\frac{I}{2}-1}\sum_{j=\frac{-J}{2}}^{\frac{J}{2}-1}f(i,j)\mathrm{e}^{-\mathrm{j}2\pi}\left(\frac{ki}{I}+\frac{lj}{J}\right) \tag{8.4.8}$$

由于使用式(8.4.8)的计算量非常大，所以现在一般计算机程序都采用快速傅里叶变换(FFT)去解决离散傅里叶变换问题。在常用的计算软件中，FFT 的计算非常方便，可以直接调用 FFT 相关的库函数。

计算的下一步是编码。编码的目的是将上一步计算得到的复值函数 $F(k,l)$转换成一个实值非负函数，也就是全息图透过率函数。常用的编码方式是将这个复值函数表示为两个实值非负函数，例如记 $F(k,l)=A(k,l)\mathrm{e}^{\mathrm{j}\varphi(k,l)}$，其中 $A(k,l)$为振幅函数，$\varphi(k,l)$为相位函数，故可用振幅和相位两个实参数来表示这个复函数，编码也分别拆分成振幅编码和相位编码。常用的编码方式有罗兰迂回、三阶迂回及四阶迂回等编码，图 8.21 为用罗曼Ⅲ型编码方法计算出的二元计算全息图。

第四个步骤是成图。成图需要使用成图设备，通过全息透过率函数计算得到的编码输出原图。最后一步则是再现。全息图的再现光路如图 8.22 所示，透镜生成的平行光照射全息图后，透射光场中沿某一特定衍射方向的分量波将再现物光波的傅里叶变换，而直接透过分量具有平面波前，并且另一侧的衍射分量将再现频谱的共轭光波。再一次经过透镜并发生逆傅里叶变换后，输出画面为一个亮点，且两边为正、负一级和高级次的像。

图 8.21　采用罗曼Ⅲ型编码方法计算出的二元计算全息图[10]（引用自《二元计算全息图制作》）

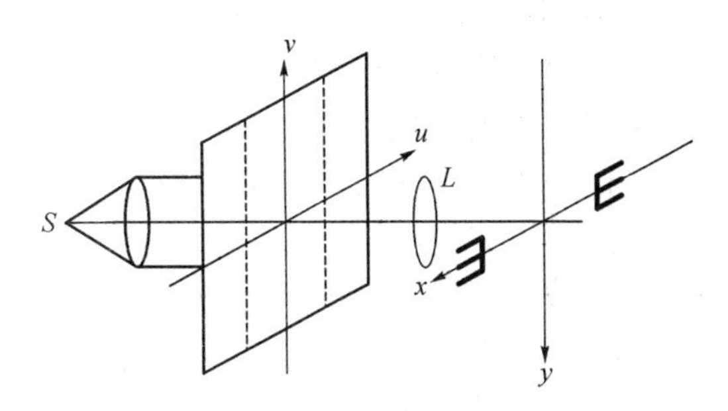

图 8.22　计算全息图的再现操作

上述全息图的计算方法使用的是全息干板来记录，因此这种计算方法生成全息图的实时性较差。随着空间光调制器（SLM）技术的出现与发展，计算全息图可以输出至空间光调制器上，并能够实现实时显示。为了实现快速生成全息三维显示，研究人员提出了多种全息图的计算方法，例如点云法、倾斜平面法、多平面法、光场法等。点云法的基本思想是利用三维空间分布的一系列离散点光源来描述三维物体。三维物体可以被视为发出球面波的点光源的聚合。通过追迹每个点光源发出的球面波，计算出点光源对衍射场的贡献，从而得到所有点光源叠加的衍射光场。由于传统的光线追迹计算量很大，研究人员先后提出了查找表法、波前记录平面法等方法，大大提升了点云法的计算效率。

8.4.3　全息三维显示器件

对动态全息三维显示来说，快速生成全息图的算法不是唯一需要考虑的因素，还需要对硬件进行改进。一个关键的方面是调制器件，它需要具备较大的时间和空间带宽。空间带宽决定了光学系统能够携带的信息容量，而时间带宽则决定了调制器的刷新率与响应速度。在这一节，我们将介绍三种全息三维显示器件，分别是基于光调控、电调控和声光调控的全息三维显示器件。

1）基于光调控的全息三维显示器件

早期基于光调控的全息三维显示器件的原理是利用光电材料对液晶材料分子的偏转进行控制。器件结构如图 8.23 所示，包括光电传感层和液晶层，它们叠加在 ITO 玻璃之间。光电传感器可被看作光敏电阻，通过施加均匀的时变电场，它将非相干光的强度转化为阻抗信号，从而控制液晶层的折射率。这种特殊的结构使得光寻址空间光调制器在分辨率与能耗上具有显著的优势，可以执行信号处理、光束整形和光操控等操作。

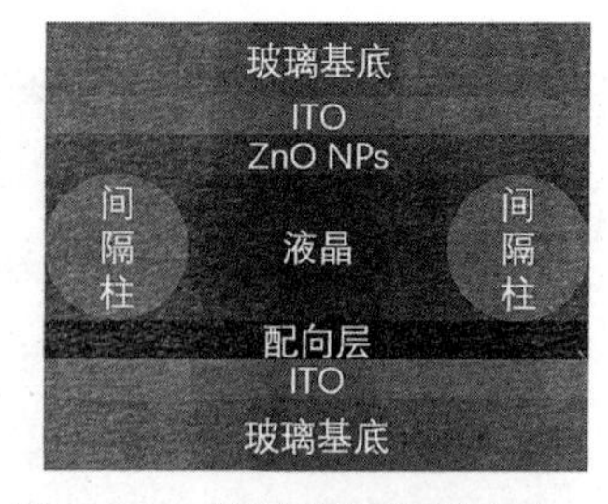

图 8.23　基于光调控的全息三维显示器件结构

在全息三维显示中，通常会将光寻址的空间光调制器与外部的小型光学系统组合，以增大衍射角。为了在提高器件分辨率的同时不降低器件的灵敏度，研究人员提出了多种方法，例如用掺杂材料代替传统的光电传感器。2019 年，上海大学的研究人员提出了一种动态全息三维显示器，其中使用银纳米颗粒(Ag-NPs)掺杂液晶膜作为实时动态全息介质，以实现超快的全息刷新速度。该全息三维显示器的液晶盒结构和实验装置如图 8.24 所示，其最大衍射效率约为 50%，最小响应时间约为 0.1 ms，这意味着刷新率可以达到 5 000 Hz。响应时间和衍射效率的结果表明，在掺杂 Ag-NPs 的液晶膜中可以实现实时全息显示。图 8.25 显示了该全息三维显示器的成像系统装置，它使用波长为 532 nm 的 Nd:YAG 激光器提供参考光和记录光，通过空间光调制器将图像加载到物体光上，物体光和参考光的强度分别为 20 mW/mm² 和 35 mmW/mm²。

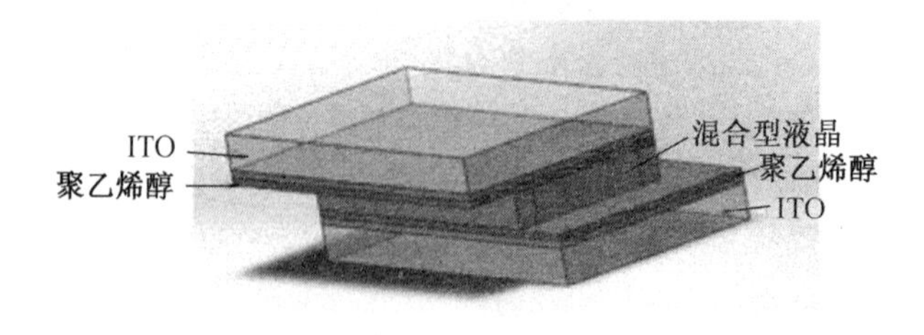

(a)

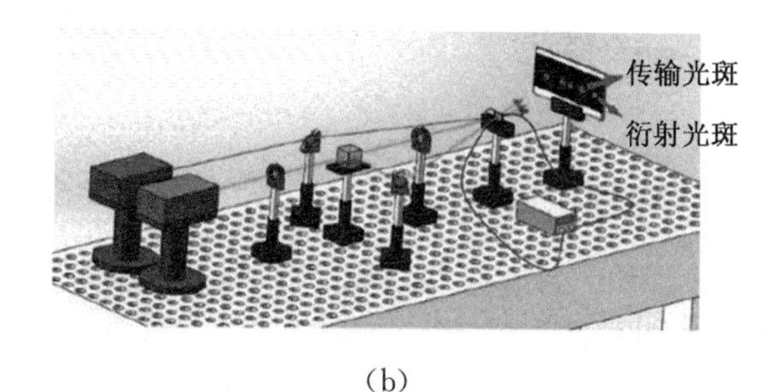

(b)

图 8.24　液晶盒结构和实验装置图(引用自 ***Super-Fast Refresh Holographic Display Based on Liquid Crystal Films Doped With Silver Nanoparticles***)

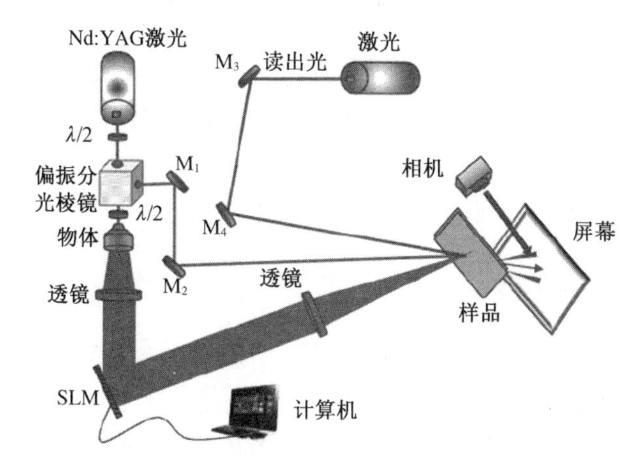

图 8.25　成像系统装置图[12](引用自《***Super-Fast Refresh Holographic Display Based on Liquid Crystal Films Doped With Silver Nanoparticles***》)

2) 基于电调控的全息三维显示器件

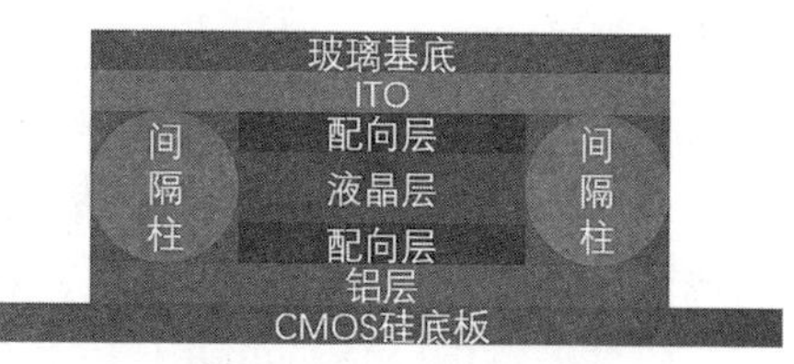

图 8.26　硅基液晶空间光调制器的结构

基于电调控的全息三维显示器件的原理是利用液晶分子的双折射性质,通过外加电场的作用,使液晶分子的光轴发生旋转,从而调制入射光的振幅、相位和偏振特性。在电调控的空间光调制器中,液晶分子被密封在一对平行电极组成的平板中,并被施加外加电场。目前常见的空间光调制器使用了硅基液晶(LCoS)技术,其结构如图 8.26 所示。反射式硅基液晶空间光调制器拥有许多优点,其中最显著的是占空比提高至 90%以上。由于具备卓越的光学特性以及相对较低的制造成本,硅基液晶空间光调制器未来将成为主流的全息三维显示器件。然而,目前的硅基液晶器件仍然存在不能同时调制振幅和相位,以及响应时间较慢的问题。

3) 基于声光调控的全息三维显示器件

基于声光调控的全息三维显示器件属于一维器件,其原理是利用声波改变材料的张力,进而改变材料的介电系数,折射率就会由于声光效应产生变化。早在 20 世纪 90 年代,Onural 等人提出了一种声光全息三维显示器件,通过晶体表面产生了时变的声波来实现全息图案的调制。基于这一思路,Smalley 等人于 2013 年设计了一种基于各向异性漏模耦合器的全息三维显示器。这种耦合器采用了在锂铌酸盐表面的质子交换通道波导,输入耦合端口的一侧设有叉指式换能器。这一设计有多个优点,其中之一是可以在给定的空间光栅间距下实现高偏转,并且可以利用导波光学工具来解决噪声和颜色复用问题。

8.5 应用与挑战

8.5.1 立体显示的应用

立体显示因其能够提供深度信息,让人们能够从多个角度观察事物的形状与运动信息,在各个行业和领域都得到了广泛应用。除了 3D 电影,立体显示还在军事、医疗、教育以及民用生活等多个领域发挥重要作用。

立体显示在军事领域应用广泛。例如,可以利用立体显示技术构建虚拟场景,让军人在其中进行虚拟军事演练。虚拟演练的优势在于能够降低军事演练成本并提高效率。举例来说,飞行员的实际飞行训练需要高昂的费用和特殊的环境,而在虚拟场景中,可以轻松地模拟各种飞行环境,有针对性地调整参数,从而大大提升飞行员的能力。此外,虚拟军事演练还有助于增强士兵之间的合作能力。

与传统的平面显示相比,立体显示在医疗领域能发挥更重要的作用。立体显示技术能够提供更准确的三维人体生理和病理影像,有助于医生更准确地诊断病变的位置、形状和血管等复杂结构及解剖关系。例如,计算机断层扫描(CT)和核磁共振图像(MRI)可以利用立体显示技术重建患者的解剖结构,从而制定更精确的手术计划。在手术过程中,立体显示技术可以提高手术的效率和精度。在医学教育和培训中,立体显示技术可以作为教学辅助工具,提升教学效果。在手术导航等方面,立体显示技术同样具有重要的应用前景。

立体显示应用于教学可以提高学生的学习效率。当中小学生对于某些空间图形或者物理化学现象理解不深刻时,使用立体图像可以提高他们的认知水平。

此外，在博物馆中，可以把馆藏文物制成立体图像，通过立体显示技术展示给观众，这样不仅能够降低展示成本，还能够方便更多的人观赏文物。

立体显示在民用生活中也有广泛应用。例如，Google 公司在 2021 年 5 月发布了一款名为 Project Starline 的视频通话设备(图 8.27)，其特点是用户无需依赖头戴设备即可实现全息三维显示效果。这一通信设备使用户能更加亲近地与世界各地的人们进行视频通话。研究人员表示，通过 Project Starline，用户在屏幕显示画面中看到的人几乎与真实的人一模一样，当两人进行动作或语言交流时，用户甚至可以通过逼真的画面感受到屏幕中的人仿佛就坐在他的面前。

图 8.27　Project Starline 全息通话设备(引用自 *Project Starline: A high-fidelity telepresence system*)

Project Starline 全息通话设备的系统结构如图 8.28 所示。为了达到如此逼真的效果，系统使用了 65 in 的三维光场显示器，屏幕周围放置了多台立体和红外相机，用于捕捉人物的深度信息。此外，系统还使用跟踪摄像头实时追踪人脸，即使人物发生位移，也能准确还原人物模型。在接收端，系统会根据采集到的信息以及观看者的双眼位置，渲染出三

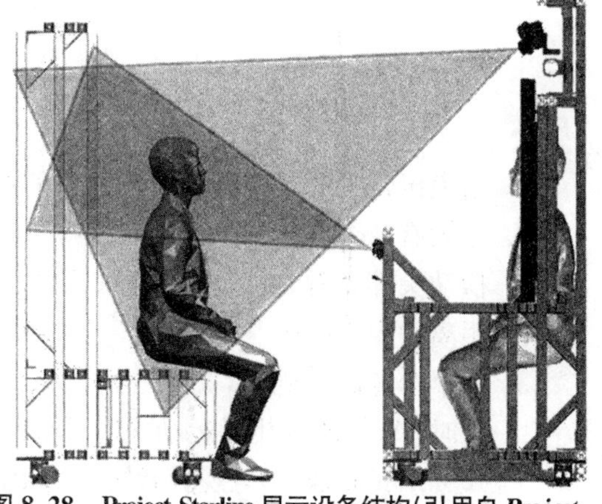

图 8.28　Project Starline 显示设备结构(引用自 *Project Starline: A high-fidelity telepresence system*)

个深度流，使观看者能够感受到一个逼真的“虚拟人”坐在面前。系统还能够察觉人眼微小的变化，并微调输出图像的位置，使观看者产生一种真实的空间感觉。

8.5.2 立体显示的挑战

立体显示系统及相关技术主要涵盖了视频采集处理、编码传输、描述显示三个方面。这三个方面需要解决一个共同的问题，那就是大规模数据的处理。此外，还有与视觉健康相关的问题需要解决。

从光场和全息三维显示技术来看，它们需要处理的数据量远远超过了普通显示。这对三维图像的获取、存储、传输和显示提出了极大的挑战。以像素点数量为例，水平视差型光场立体显示所需的像素数至少达到 103.7 M，水平垂直视差型光场立体显示所需的像素数达到 5194 M；水平视差型全息三维显示所需的像素数至少达到 439 M，水平垂直视差型全息三维显示所需的像素数更是达到 689 265 M。这种庞大的像素点数量需要配以强大的数据处理算法。在数据传输方面，尽管可以采取压缩等手段，但视频数据量依然巨大。因此，如何有效地处理立体显示中的大规模数据，是立体显示面临的一项重大挑战。

此外，长时间观看立体显示图形有可能引发多种视觉问题，包括视力下降、视线模糊、方位感知障碍等，而这种问题对于未成年人的危害可能更为显著。为了有效解决与视觉健康相关的问题，需要实现更为自然的立体显示效果，这需要进行系统性评估，研究该立体显示技术对人体视觉健康和舒适度的影响。因此，进行立体显示技术导致的视觉疲劳研究以及制定相关安全标准是非常有必要的。

习　题

1. 请说出常见的三维显示技术及它们的原理和优缺点。
2. 已知有一个静止的物体 A 放在观看者面前，距离观看者 20 m，当观看者摆动头部观看时，试求物体 A 的绝对运动视差，已知观看者头部的摆动距离约为 10 cm。
3. 在第 2 题的基础上，又有一物体 B 放至 A 较远处，当观看者摆动头部观看时，A 与 B 的相对运动视差为 10^{-4}，已知观看者头部的摆动距离约为 10 cm，试估算 B 与观看者之间的距离。
4. 在集成成像显示中，已知透镜元与图像元的节距为 4 mm，透镜阵列与显示屏之间的距离为 2 mm,试求视角大小。

5. 你认为哪一种三维显示技术是最有前景的呢？为什么？

习题答案

1. 见表 8.1 所示。

2. 由式(8.1.1)得：$\theta_A \simeq \frac{M}{d} = \frac{0.1\ \text{m}}{20\ \text{m}} = 0.005$

3. 由于 $\Delta\theta \simeq \frac{Md}{D^2}$，可计算出 $d \simeq 0.4$ m，所以 B 与观察者距离为 $20+0.4=20.4$ m

4. $\alpha = 2\ \arctan\left(\frac{\varphi}{2g}\right) = 90^\circ$

5. 略。

参考文献

[1] 马群刚，夏军. 3D 显示技术[M]. 北京：电子工业出版社，2020.

[2] 聂云峰，相里斌，周志良. 光场成像技术进展[J]. 中国科学院大学学报，2011，28(5):563 - 572.

[3] 胡孔明，于瀛洁，张之江. 基于光场的渲染技术研究[J]. 微计算机应用，2008，29(2):22 - 27.

[4] 曾崇，杨伟萍. 真三维立体显示技术探讨[J]. 信息通信，2014(11)：34.

[5] Bahr D，Langhans K，Gerken M，et al. FELIX：a volumetric 3D laser display[C]//Proceedings of the SPIE，Volume 2650，Projection Displays Ⅱ，January，1996，San Jose，CA，USA. SPIE，1996:265 - 273.

[6] Favalora G E，Napoli J，Hall D M，et al. 100-million-voxel volumetric display[C]//Proceedings of the SPIE，Volume 4712，Cockpit Displays Ⅸ：Displays for Defense Applications，August，2002，Orlando，FL，USA. SPIE，2002：300 - 312.

[7] Sullivan A . DepthCube solid-state 3D volumetric display [C]//

Proceedings of the SPIE, Volume 5291, Stereoscopic Displays and Virtual Reality Systems Ⅺ,May,2004,San Jose, CA, USA. SPIE,2004:279 - 284.

[8] 张屹东,饶鹏. 体三维显示技术及其特点[J]. 红外, 2018, 39(6): 34 - 39.

[9] Kim I I, Korevaar E J, Hakakha H. Three-dimensional volumetric display in rubidium vapor [C]//Proceedings of the SPIE, Volume 2650, Projection Displays Ⅱ, January, 1996, San Jose, CA, USA. SPIE, 1996: 274 - 284.

[10] 李攀,张金润,卢宏. 二元计算全息图制作[J]. 光学技术, 2020, 46(5): 587 - 590.

[11] 王迪,李赵松,黄倩,等. 计算全息图的快速生成技术[J]. 信号处理, 2022, 38(9):1863 - 1871.

[12] Gao H Y, Dai Z H, Liu J C, et al. Super-fast refresh holographic display based on liquid crystal films doped with silver nanoparticles[J]. IEEE Photonics Journal, 2019, 11(3): 1 - 7.

[13] Smalley D E, Smithwick Q Y J, Bove V M, et al. Anisotropic leaky-mode modulator for holographic video displays[J]. Nature, 2013, 498(7454): 313 - 317.

[14] 郜永航,石俊生. 沉浸式立体显示技术在临床医学领域中的应用[J]. 中国图象图形学报, 2021, 26(6):1536 - 1544.

[15] Lawrence J, Goldman D B, Achar S, et al. Project starline: a high-fidelity telepresence system [J]. ACM Transactions on Graphics, 2021, 40(6): 1 - 16.

第9章 VR与AR显示技术

虚拟现实(Virtual Reality, VR)技术和增强现实(Augmented Reality, AR)技术是两种新兴的融合性技术,其覆盖计算机、自动化、显示、人机交互乃至人工智能等多个领域。在互联网时代,虚拟现实与增强现实技术发展迅速,成为当今最热门的技术。本章将重点从显示方面介绍这两种技术。

9.1 VR与AR技术概述

简单来说,虚拟现实就是虚拟世界和现实世界的结合。VR技术是一种利用计算机技术来创造和感受虚拟世界的仿真系统,用户可以在虚拟环境中体验到近乎真实的感受。在一款成熟的VR系统中,用户可以从视觉、听觉乃至嗅觉等多个维度感知虚拟世界。在虚拟环境中,用户还可以与环境发生交互。当然,这个虚拟世界是通过如下方式形成的:先将现实数据化,经过计算机处理后,控制各种输出设备,并转化为用户所能感受到的各种元素,再采用人机交互技术,实现用户与虚拟世界的互动。

与VR技术不同,AR技术则是将虚拟世界中的信息添加至真实世界中。AR技术也是利用计算机技术,将现实生活中难以感受到的元素进行处理,转化为能够被用户所感知的内容,在与真实世界叠加之后,使用户得到了超越现实的感官体验。此外,AR技术还使用了多媒体、场景融合以及三维建模等技术手段,提升了用户对现实生活的感知程度。下面用一个例子说明VR技术与AR技术的差别。

VR技术示意图如图9.1(a)所示,图中场景与外星人都是计算机创造出的,现实中并不存在。AR技术示意图如图9.1(b)所示,图中的场景是真实的,而外星人则是通过计算机软件在现实场景上添加的,不过图片只是单纯的叠加而已,显示出的画面真实性不够。值得注意的是，如图 9.1(c)所示，外星人的一部分被场景中的沙发遮挡住了，画面也显得非常有层次感，提升了真实程度，这种能够实现亦真亦假图像的技术被称为混合现实(Mixed Reality, MR)技术。然而，随着技术的不断更新与发展，现在 AR 技术的显示画面也已经达到了非常真实的程度，所以如今 AR 与 MR 技术基本已无明显区别，MR 这一名称也被 AR 所取代。

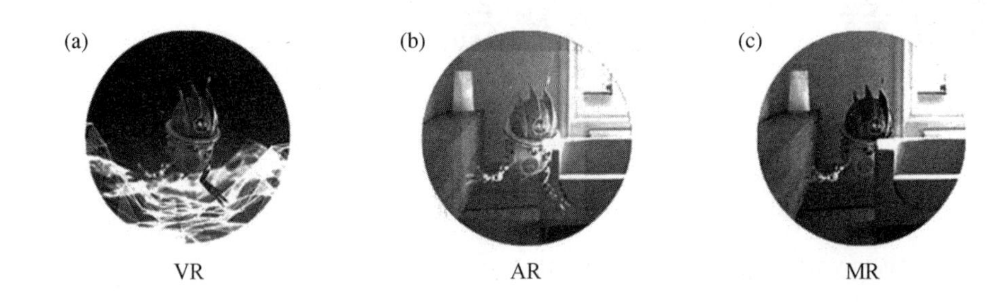

图 9.1 VR、AR 与 MR 技术示意图

9.2 VR 显示技术

9.2.1 虚拟现实显示

VR 技术是 20 世纪中期开始发展的一项全新的实用技术，以计算机技术与显示技术为核心。由于人所获取信息的 70%以上来自视觉，所以显示技术为 VR 技术的重要组成部分。

VR 显示技术具有几个重要特性：沉浸性、低延迟性和舒适性。沉浸性是 VR 技术最主要的特征，VR 显示具有视角大、分辨率高等特点，能够让用户感受到自己是计算机系统所创造的虚拟环境中的一部分，如同进入真实世界；低延迟性能够保证显示画面清晰流畅，VR 显示中延迟时间分为数据采集处理、数据传输、三维计算及显示刷新几个部分，一般要求在 20 ms 以内；VR 显示画面具有高亮度与高对比度。此外，VR 显示设备应该轻便、佩戴舒适。

VR 显示技术可分为投影式 VR 显示和头盔式 VR 显示。首先介绍投影式 VR 显示，以洞穴式(CAVE)投影显示系统为例，这种显示系统是一种在多个平面投影的虚拟场景显示系统，其特点是分辨率高、沉浸感强、交互性好，并可以使多个用户同时感受逼真的立体虚拟场景，如图 9.2 所示。CAVE 显示系统采用投影技术在多个方位投影虚拟场景，并通过三维融合计算，将多个面的投影进行无缝拼接，形成一个洞穴状立体显示空间。可以看出，CAVE 显示系统的标准较高，一般由高校、国家科技中心以及各研究机构使用。

图 9.2 CAVE 显示系统

下面介绍头盔式VR显示，以非透视式头盔式显示(HMD)技术系统为例，该系统基于个人移动终端，通过将显示器安装于头盔内靠近眼睛的位置，可以实现大视场角的立体图像显示。头盔式显示器如图9.3所示，该系统的工作原理可简述为通过光学装置与系统，放大微显示屏上的图像，并将影像投射于人眼视网膜上，呈现大屏幕图像。近年来，HMD与位置跟踪技术相结合，实时追踪用户头部的方向，并使用计算机根据位置与方向更新三维场景，从而使用户拥有更深的沉浸式体验。头盔式显示在医学、娱乐和军事等方面均具有非常广泛的应用。

图 9.3 头盔式显示器

9.2.2 VR显示器件

当今主流的VR显示技术是通过双目视差的立体显示方式来获取三维显示视觉，在第8章中提到过，双目视差型立体显示技术存在辐辏和调节不一致的问题，而且长时间观看会导致视觉疲劳现象。为了解决这一难题，人们对VR显示技术展开了长时间的探索，并尝试和光场显示技术相结合，例如使用集成成像、多层成像等技术。接下来将结合第8章中的集成成像相关原理，介绍一种基于微透镜阵列的光场显示技术。

微透镜阵列光场显示技术是近年来备受关注的一种新型单镜头三维成像技术。在集成成像中，使用微透镜阵列可以实现光场的采集和再现。2013 年，英伟达公司的 D. Lanman 和 D. Luebke 提出了一种基于微透镜阵列的近眼光场显示器，并可以应用于 VR 显示设备，如图 9.4 所示。研究人员已经对该显示器的空间分辨率、视野、景深乃至视网膜成像等参数之间进行了权衡，实现了最佳观看效果。通过该显示器，观看者能清晰看到虚拟的三维物体图像。此外，该系统还使用了 GPU 加速的光场渲染器，保证了渲染的实时性。

图 9.4 基于微透镜阵列的近眼 VR 显示设备

该系统的显示原理如图 9.5 和图 9.6 所示。为了简化模型，先介绍放置单个微透镜的情况。在图 9.5 中，将焦距为 f、宽度为 w_l 的单个会聚透镜放置在宽度为 w_s、像素间距为 p 的微型显示器前面，距离为 d_l。该微透镜充当简单的放大镜，以产生微型显示器的虚拟直立图像。设虚拟图像与人眼之间的距离为 d_o，微透镜到人眼的距离为 d_e。微透镜与显示器之间的距离 d_l 可由薄透镜高斯公式算出，如式(9.2.1)所示：

$$\frac{1}{f}=\frac{1}{d_l}-\frac{1}{d_o-d_e}\Rightarrow d_l=\frac{f(d_o-d_e)}{f+d_o-d_e} \tag{9.2.1}$$

此时，微透镜的放大倍数 M 可由式(9.2.2)得出：

$$M=\frac{w_o}{w_s}=\frac{d_o-d_e}{d_l}=1+\frac{d_o-d_e}{f} \tag{9.2.2}$$

该显示器的视角 α 可由式(9.2.3)计算：

$$\alpha=2\arctan\left[\min\left(\frac{w_l}{2d_e},\frac{Mw_s}{2d_o}\right)\right] \tag{9.2.3}$$

定义空间分辨率 N_p 为视野中出现的像素数，则 N_p 可由式(9.2.4)计算：

$$N_p=\min\left(\left|\frac{d_o w_1}{d_e M p}\right|,\left|\frac{d_o w_s}{p}\right|\right) \tag{9.2.4}$$

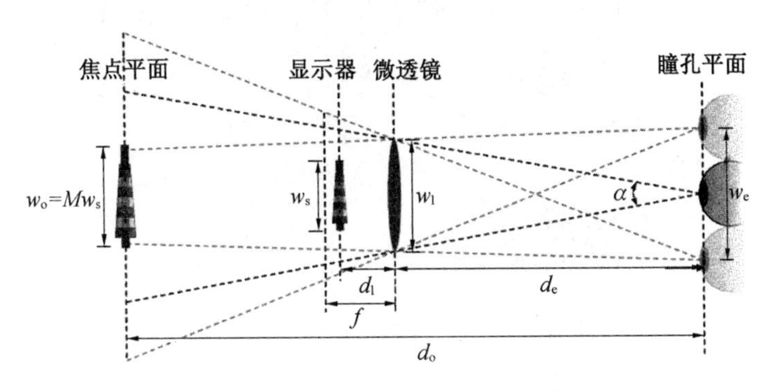

图9.5　显示设备原理图(单透镜)

微透镜阵列VR显示设备与单透镜VR显示设备的原理基本相同,设阵列中每列都有N_1个微透镜,则该系统的视角α和空间分辨率N_p可分别由式(9.2.5)与式(9.2.6)计算:

$$\alpha=2\arctan\left[\min\left(\frac{N_1 w_1}{2d_e},\frac{M w_s}{2d_o}\right)\right] \tag{9.2.5}$$

$$N_p=\min\left(\left|\frac{N_1 d_o w_1}{d_e M p}\right|,\left|\frac{w_s}{p}\right|\right) \tag{9.2.6}$$

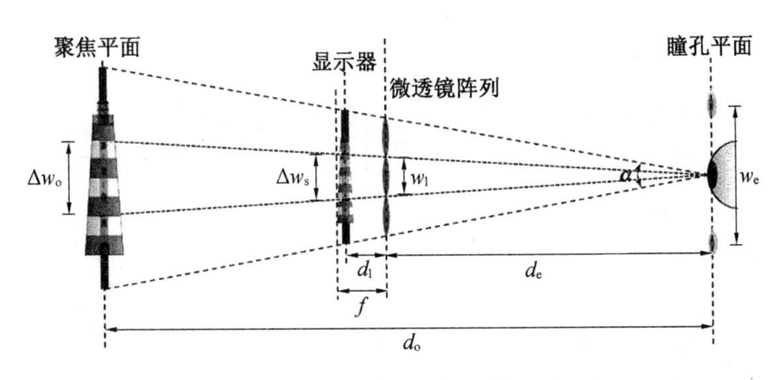

图9.6　显示设备原理图(微透镜阵列)

该设备的显示效果如图9.7所示。英伟达公司提出的基于微透镜的显示系统使用了紧凑、舒适的眼镜,实现宽视野、沉浸式体验,非常适用于VR显示,也为实用的头戴式显示器开辟了一条新的路径。

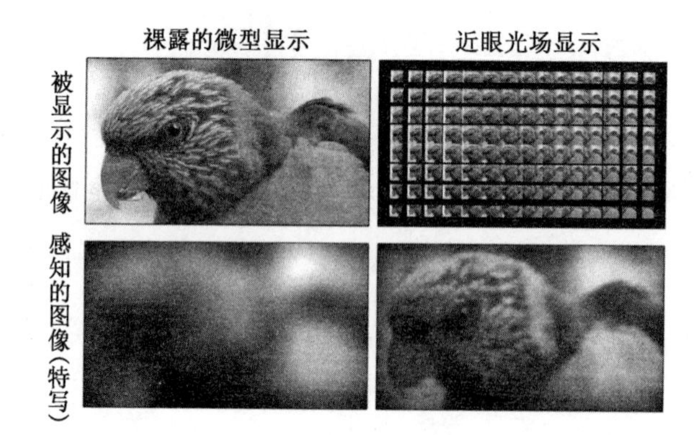

图 9.7 基于微透镜阵列的近眼 VR 显示效果

9.3 AR 显示技术

9.3.1 增强现实显示

AR 技术诞生于 20 世纪中期，一位名叫 Morton Heilig 的电影制作人利用多年电影拍摄经验，设计了一款名叫 Sensorama Stimulator 的机器。该机器同时使用了图像、声音、香味和震动，使用户能够感受在纽约的布鲁克林街道上骑着摩托车风驰电掣的场景。1990 年，波音公司的科学家 Tom Caudell 提出了增强现实的概念。2012 年，谷歌成功研制并发布了基于 Android 系统的 AR 眼镜。

AR 显示技术可分为两大类，一类是光学透射式 AR 显示，另一类则是视频透视式 AR 显示，这两种显示方式最主要的区别在于用户能否直接看到外部环境。首先介绍光学透射式 AR 显示，如图 9.8 所示，光学透射式 AR 显示是把光学成像装置放置在用户眼前，其成像装置主要分为两类，一类是半透半反的棱镜，另一类则是带有全息光学元件的波导结构。光学透射式 AR 显示是一种透明式显示，用户同时可以看到外界正常环境和清楚的虚拟图像，其最大的优点是没有遮挡用户观测真实世界。

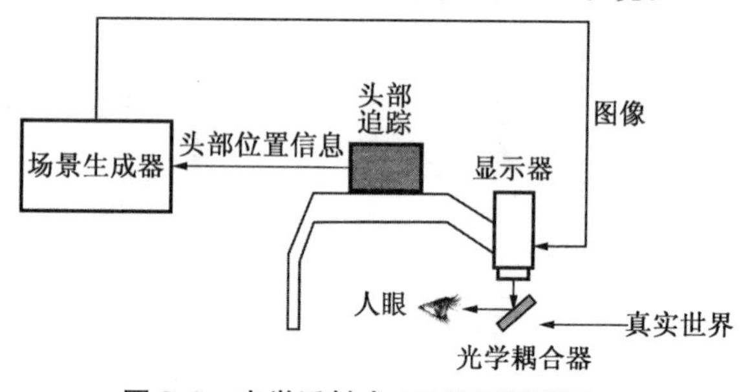

图 9.8 光学透射式 AR 显示原理图

如图 9.9 所示，视频透视式 AR 显示是将封闭显示屏与两个视频摄像机结合在一起，视频摄像机的作用是获取外部环境信息，然后通过计算机计算将真实环境与虚拟图像融合，并呈现在显示屏上。这种显示方式与 VR 显示有些类似，不同的是视频透视式AR显示是将虚拟图像叠加在真实环境信息之上，其优点在于虚实融合较为容易。不过，这种显示方式也存在一些缺点，比如视场角小、图像失真、分辨率低等，这些也是近年来科学家们努力攻克的焦点问题。

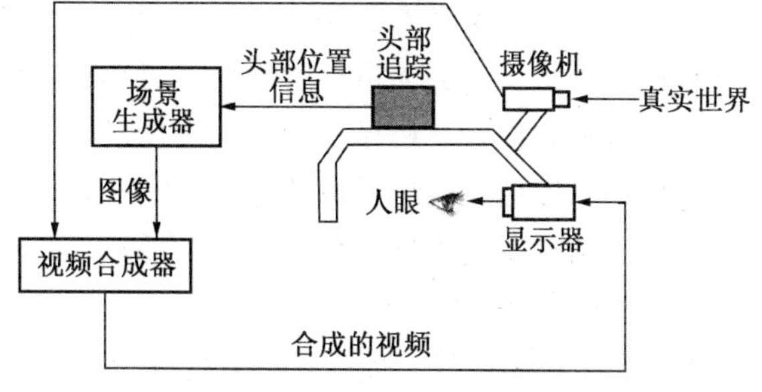

图9.9　视频透视式AR显示原理图

9.3.2　AR显示器件

目前，通过光学波导实现增强现实技术的方案被广泛应用，该方案能够在减小设备体积、减轻质量的同时，实现光线的定向传导。传统的HMD设备体积庞大，已不能满足用户需求，谷歌、微软、英伟达等公司开展了对小型乃至微型AR显示设备的研究，并已研发出眼镜等形态的轻便型AR显示设备。

如图9.10和图9.11所示是以传统光学元件为主的各类AR近眼显示设备的光学系统。图9.10所示为Google Glass初代设备中的光学系统，它通过在人眼前设置一个半透半反棱镜，使投影仪发出的光束被半透半反棱镜反射进入人眼，外部环境光透过半透半反棱镜后直接进入人眼，从而达到增强现实的目的。研究人员后来又研发出了基于离轴非球面反射镜方案的光学系统，这种方案的原理与半透半反棱镜方案的原理类似，非球面反射镜凭借更大的体积获得了更广的视场角，但同时也带来了更严重的像差。此外，还有基于自由曲面光学元件方案的光学系统，其原理为光束经过全反射面反射到自由曲面棱镜，在棱镜处再次反射进入人眼。该方案中自由曲面棱镜不仅提供了更大的设计自由度，而且在一定程度上提高了图像质量，但其加工较为困难。

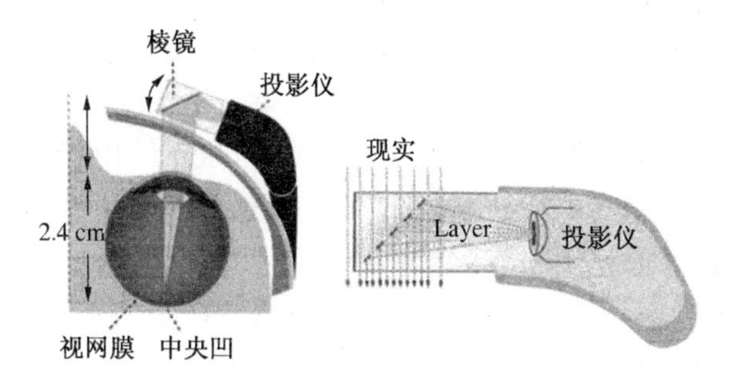

图9.10　基于半透半反棱镜的AR近眼显示设备光学系统

上述方案虽然具有结构原理简易的优点，但是在图像质量和设备体积方面仍有许多不足。研究人员在继续研发微型化 AR 显示设备的过程中，发现使用光波导结构可以提升 AR 显示设备的图像质量，并能减小设备体积。因此，光波导成为提升 AR 近眼显示设备性能的研究核心。

波导结构相当于反射系统，光线在波导中通过全内反射进行横向传播，不会使系统的像差恶化，降低了设计难度。此外，波导结构能够扩展出瞳大小，且可以形成较大的窥视窗，放宽了眼睛精确位置的公差以及眼睛和波导之间的相对运动要求，只需小于瞳直径的目镜光学系统就可以满足系统的需要。光波导技术极大地优化了光学系统的布局，简化了光学系统的结构，使设备可以拥有更小的尺寸和重量。

由于波导是类似于眼镜镜片的透明薄板，波导结构发展成为眼镜式或护目镜式波导近眼显示系统。波导近眼显示系统通过集成于眼镜或护目镜上的微显示器提供虚拟图像信息供使用者观察。根据现实环境的显示方式，波导近眼显示系统也可分为光学透射式和视频透射式。视频透射式波导近眼显示系统通过固定在系统上的摄像头捕捉外界图像，并通过视点偏移来模拟人眼所看到的现实世界视场，利用数字合成器将摄像头捕捉到的外界图像及生成的虚拟图像组合在一起，并一同显示到人眼。视频透射式波导近眼显示系统观察到的图像质量与摄像头质量直接相关，目前该系统的摄像头和显示器性能还不能完全达到人眼的标准，图像的显示与真实环境存在一定的时间延迟。最重要的是其视点难以完全补偿到正确的位置，难以完全模仿人眼所见的现实世界。因此无论从显示效果还是自身安全来看，视频透射式波导近眼显示技术都有弊端。而光学透射式波导近眼显示系统则透过波导来观察现实环境，可以得到正确的视点和清晰的背景，与此同时人眼还能接收到来自微显示器提供的虚拟图像信息，形成对现实世界的增强显示。

基于光波导技术的透射式波导近眼显示系统一般由微显示器、目镜、波导、输入耦合系统、输出耦合系统组成，其结构如图 9.11 所示。该系统的基本原理是微显示器输出所需的虚拟图像信息；目镜对这些图像信息起到准直的作用，将各视场的光线转变为平行光，通过波导的输入耦合系统改变光线传播方向后进入波导；各视场平行光在波导中满足全反射条件，沿波导自左向右横向传播到达输出耦合系统；输出耦合系统也会改变光线的传播方向，使光线不再满足波导内的全内反射条件，从波导中出射；各视场出射的光线汇聚成系统的窥视窗，观察者在窥视窗内能观察到放大的虚拟图像信息，其像面位于无穷远处。在整个系统中波导作为系统基底连接着输入耦合系统与输出耦合系统，主要对虚拟图像信息起到横向传输的作用，同时波导作为透明的光学材料，对外部真实环境没有遮挡，观察者可以同时观察到外界的真实环境和微显示器提供的虚拟信息，实现双通道显示。

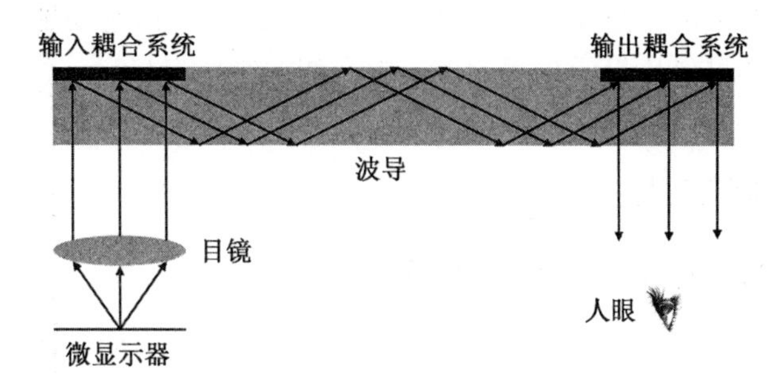

图9.11　基于光波导技术的透射式近眼显示系统基本结构图

由图9.11可知，虚拟图像从波导出射，经过人眼的聚焦后，在视网膜上成像，因此光波导系统是一种完全对称的光学系统。光波导系统的本质是对虚拟图像信息的传播和再现，输入耦合系统和输出耦合系统都需有改变光线传播方向的功能，与波导配合使用，使得虚拟图像偏转了180°，极大地减少了光学系统光线传输所需空间，使波导系统的结构比较紧凑，实现较小的体积和重量。

随着对AR显示技术的进一步研究，科学家们发现还可结合全息显示技术，以此提升AR显示技术的性能。2011年，东南大学夏军等人提出了一种基于动态全息视网膜的成像技术，提出在视网膜上直接三维投影成像，从而实现AR三维全息显示。该成像技术的光学系统示意图如图9.12所示，准直相干光通过分光镜直接照射纯相位空间光调制器，在纯相位空间光调制器的输出平面上，相干光的相位分布被调制，而其强度依然均匀分布，经过相位调制的相干光通过凸透镜汇聚到人眼。

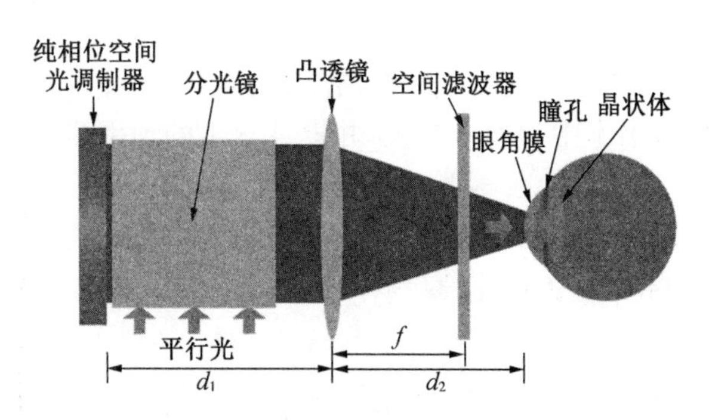

图9.12　基于动态全息视网膜成像的增强现实显示光学系统示意图

此外，在2016年，北京理工大学的高乾坤等人将复振幅调制技术应用于单眼三维抬头显示设备，设计了一种全息抬头显示器。2017年，微软公司的

Andrew Maimone 等人提出一种用于虚拟现实与增强现实的全息近眼显示技术。与东南大学提出的方法类似，该技术也使用了基于双相位的复振幅编码方式，不仅可以实现无散斑的全息重建，还可以对重建结果进行相差校正，大大提高了重建质量。这种全息 AR 显示技术有着非常广阔的应用场景。

9.4 应用与挑战

9.4.1 VR 与 AR 显示技术的应用

VR 与 AR 显示技术能够将虚拟和现实中的信息都呈现出来，帮助人们更好地做出决策，在军事、医疗、教育乃至游戏等领域都有广泛应用。

在军事领域中，AR 显示技术推动了信息化和可视化作战的发展。例如，在电子沙盘方面，传统用沙土堆积的沙盘制作复杂，需要花费大量的时间去布置场景。如今军队中使用的电子沙盘虽然简单直观，实时性好，但是无法实现自然交互，例如面对面的交流。而采用基于 AR 显示技术的电子沙盘，既可以像传统沙盘一样直接用手完成沙盘设计，又可以使用显示器进行虚拟动态演示。这种基于 AR 显示技术的电子沙盘具有动态显示、方便操作、易于交流等优点。

在医疗领域中，VR 和 AR 显示技术也有非常广泛的应用。例如，利用 VR 显示技术和三维视觉位置传感器，可以治疗精神方面的疾病。传感器追踪病人头部，通过 VR 显示技术使病人在自由环境中感受到高存在感与亮度。经过调研，这种治疗方式比其他相关治疗方式更为有效。此外，使用 AR 显示技术可以提高微创手术的质量，通过 AR 和三维显示技术可以在介入手术中完成对患者身体结构的建模，并实现肿瘤靶点和介入器械的可视化，从而帮助医生在此过程中高效完成手术。

在教育领域中，实验课程非常重要，尤其是对于工科专业的学生。实验课能够让学生更好理解书本中的理论知识，并提高学生的动手能力和仔细程度。但是，许多实验具有较高危险性，实际中无法完成。利用 VR 显示技术可以很好补偿这一点，因为 VR 显示技术具有沉浸性和交互性的特性，能够让学生在虚拟环境中操作实验仪器，完成实验过程。

9.4.2 VR 与 AR 显示技术的挑战

VR 与 AR 显示技术虽然在各行各业中均有应用，但是技术依旧存在很多缺陷，在视角、分辨率、刷新频率等方面都有很多不足之处。此外，在进行显示时涉及大量数据的处理与运算，如何提高计算能力也是 VR 与 AR 显示技术亟须解决的问题之一。

首先是视角问题。目前市场上的VR显示设备的视角范围为100°～110°，与人类双眼的覆盖范围相比该视角较小，因此设备使用者缺少周边视野对环境的自然感知。AR显示设备的视角比VR显示设备更小。在光学透射式AR显示器件中，微软公司的一代HoloLens只有34°的视角，二代HoloLens也仅有52°。英伟达公司虽然开发出了视角达到110°的设备，但该设备存在分辨率极低的问题。视频透视式AR显示器件的视角较大一些，但是它通过摄像头显示的画面与人眼直接获取的现实画面存在很大差异，图像真实程度偏低。

在分辨率方面，当今市场上VR和AR显示屏幕的分辨率基本上为2K，离最佳分辨率8K仍有一段距离。不过手机分辨率的提高推动了VR和AR显示技术的发展，达到8K分辨率指日可待。

利用人眼的视觉暂留特性，人们发现电影画面刷新速率达到24帧/s时，人眼察觉不出视频其实是不连续的。对于电视画面而言，为了确保人眼观看的连续性，刷新速率要达到25～30帧/s。但是，这样的刷新速率对于VR和AR显示设备而言是不够的，因为VR和AR设备的显示屏幕离眼睛的距离要比电影院幕布、电视机屏幕、手机屏幕离眼睛的距离小很多，当使用30帧/s的刷新速率时会产生闪烁现象。根据相关研究，VR与AR显示设备的刷新速率至少要达到120帧/s，故系统必须有每秒计算120个图像的能力。

考虑到上述分辨率和刷新速率要求，VR和AR显示设备将要每秒处理数十亿的像素，这对于目前的技术而言实现起来非常困难。解决方案之一是使用中心凹形渲染技术。该技术通过快速眼球追踪装置，在靠近中心凹处的区域实现高分辨率，其他区域则降低分辨率。这种显示方式如图9.13所示，眼球关注的地方细节性好，其他地方则较为模糊。采用这种显示方式，使用者能被超高质量的图像吸引并沉浸其中，系统的运算复杂程度也大大降低。此外，研究人员也在对VR与AR显示设备中超大数据的处理进行算法研究，希望能够真正实现实时显示三维场景。

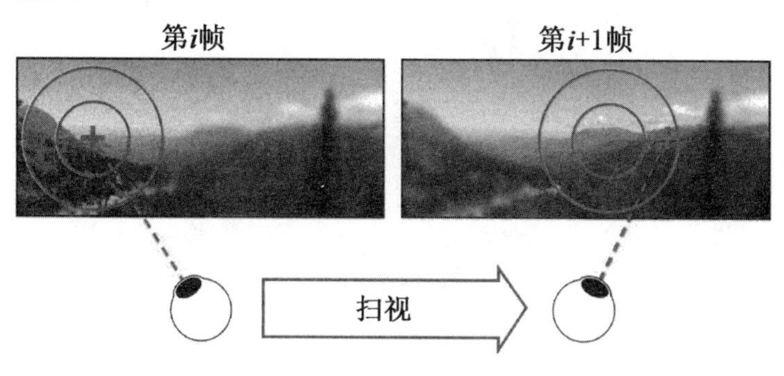

图9.13 眼球关注点处高分辨率显示图像

习　　题

1. 简述 VR、AR 与 MR 的含义，并说出它们的区别。
2. VR 显示技术具有哪些特性？
3. 如图 9.5 所示，透镜宽度为 1mm，透镜与人眼距离为 2 mm，透镜放大倍数为 10，显示器上物体宽度为 0.5 mm，虚拟图像与人眼距离为 5 mm，求该显示器的视角大小。
4. 如图 9.6 所示，微透镜阵列中每个阵列含有 5 个微透镜，其他参数与第 3 题相同，试求该条件下显示器的视角大小。
5. 查阅相关资料，了解 VR 与 AR 的最新技术。

习题答案

1. VR：虚拟现实；AR：增强现实；MR：混合现实。区别：VR 技术显示的所有内容都为计算机仿真出的；AR 技术显示的内容是将计算机仿真出的结果叠加于现实生活中；MR 技术则是在 AR 技术的基础上提升了场景的真实程度，然而如今 AR 技术显示画面的真实程度已经有很大提升，与 MR 技术基本无区别。
2. 沉浸性、低延迟性和舒适性。
3. 由式(9.2.3)得

$$\alpha=2\arctan\left[\min\left(\frac{w_l}{2d_e},\frac{Mw_s}{2d_o}\right)\right]=2\arctan\left[\min\left(\frac{1}{4},1\right)\right]\approx 0.49$$

4. 由式(9.2.5)得

$$\alpha=2\arctan\left[\min\left(\frac{N_l w_l}{2d_e},\frac{Mw_s}{2d_o}\right)\right]=2\arctan\left[\min\left(\frac{5}{4},1\right)\right]\approx 1.57$$

5. 略。

参考文献

[1] Elawady M, Sarhan A. Mixed Reality Applications Powered by IoE

and Edge Computing：A Survey[M]//Ghalwash A，El Khameesy N，Magdi D，et al. Internet of Things：Applications and Future. Singapore：Springer，2020：125 - 138.

[2] Jacobson J. Configuring multiscreen displays with existing computer equipment[J]. Proceedings of the Human Factors and Ergonomics Society Annual Meeting，2002，46(7)：761 - 765.

[3] Molina G，Gimeno J，Portalés C，et al. A comparative analysis of two immersive virtual reality systems in the integration and visualization of natural hand interaction[J]. Multimedia Tools and Applications，2022，81(6)：7733 - 7758.

[4] Lanman D，Luebke D. Near-eye light field displays[J]. ACM Transactions on Graphics，2013，32(6)：1 - 10.

[5] 焦新光，梁海锋，蔡长龙，等. PDMS 基柔性近眼显示波导光学系统设计[J]. 光学技术，2022，48(1)：1 - 7.

[6] 姜玉婷，张毅，胡跃强，等. 增强现实近眼显示设备中光波导元件的研究进展[J]. 光学精密工程，2021，29(1)：28 - 44.

[7] 周晶. 基于波导技术的透射式近眼显示设备光学系统研究[D]. 长春：长春理工大学，2020.

[8] 赵健. 基于人眼视觉特性的近眼显示技术研究[D]. 南京：东南大学，2019.

[9] Xia J，Zhu W L，Heynderickx I. 41. 1：Three-dimensional electro-holographic retinal display[J]. SID Symposium Digest of Technical Papers，2011，42(1)：591 - 594.

[10] Gao Q K，Liu J，Han J，et al. Monocular 3D see-through head-mounted display via complex amplitude modulation[J]. Optics Express，2016，24(15)：17372 - 17383.

[11] Maimone A，Georgiou A，Kollin J S. Holographic near-eye displays for virtual and augmented reality[J]. ACM Transactions on Graphics，2017，36(4CD)：85. 1 - 85. 16.

[12] 王修齐，张磊，沈忱. 虚拟现实新技术军事应用初探[J]. 电脑知识与技术，2018，14(29)：251 - 253.

[13] 石晓卫，苑慧，吕茗萱，等. 虚拟现实技术在医学领域的研究现状与进

展[J]. 激光与光电子学进展，2020，57(1):58 - 67.

[14] Albert R，Patney A，Luebke D，et al. Latency requirements for foveated rendering in virtual reality [J]. ACM Transactions on Applied Perception，2017,14(4)：1 - 13.

第 10 章　案例教学

回望来路，国产显示技术的发展历程充满荆棘，我国高校与企业在探索显示技术自主化的道路上砥砺前行。

我国在发展 LCD 产业之初，走了一条技术引进的道路，导致我国显示产业发展长期处于被动状态。为了解决 LCD 产业不能自主生产和研发的问题，京东方董事长王东升于 2002 年率先收购生产线，随后引进国外技术自主建设，最后引领全球，实现了从完全引进到完全自主研发的逆袭。东南大学王保平教授主持大屏幕全彩色新型槽型 PDP 的研究，立项之初，困难重重。王保平教授深入思考研究思路和重点，最终做出了 SM-PDP 雏形。之后中华映管公司提出和显示中心进行初期合作，有力地推动了技术研发，并不断提升 SM-PDP 的性能指标，获得全世界的认可与肯定。面临 OLED 技术攻坚克难时，清华大学邱勇教授组建的 OLED 团队坚定地致力于基于自主基础研究成果和技术突破实现 OLED 产业化，于 2002 年建成了国内第一条 OLED 中试线，发展出了高纯 OLED 材料的制备工艺技术，并在 2008 年自主设计并建成国内第一条 OLED 大规模生产线，进入全球产品出货量的前两位。

在接下来的三个小节中，我们将以具体案例的形式，回顾总结我国显示产业发展中波澜壮阔的奋斗历程，反思技术进步、产业发展的必要因素，汲取创新创业、科技强国的精神养料，发扬筚路蓝缕、以启山林的精神，以此作为本书的结尾。

10.1　液晶显示

我国对液晶显示的研究早在 1969 年就已经开始，当时我国的技术水平基本能与世界同步。而液晶显示真正形成产业是在 20 世纪 80 年代，我国早期的液晶产业主要是引进外国先进的技术与设备，例如原电子部774厂、科学院713厂和上海电子管厂等企业先后引进4 in基片玻璃的LCD生产线，主要生产用于手表、计算器和一些仪表的液晶产品。90年代，我国引进了(14×14)in和(12×14) in STN-LCD(超扭曲向列型LCD)生产线，其自动化程度高，厂房净化条件好，具备生产高档、大尺寸STN-LCD的条件，然而虽然硬件条件已经具备，但由于技术不过关，难以大批量生产高档STN-LCD产品。90年代后，平板显示有3个技术方向，即PDP(等离子体显示板)、FED(场致发光显示)和TFT-LCD(液晶显示)，其中TFT-LCD投资大，产出高，但技术难度也大。当时的市场发展趋势是显示面板制造由真空管显示技术转向液晶显示技术，主要的技术方向为等离子体显示和液晶显示，国际知名品牌松下、日立、三星、LG等垄断了国际市场，我国不具有显示面板自主制造能力，显示面板成为继集成电路、石油和铁矿石之后的第四大进口商品，产品使用上完全依赖于国外产品。

为了解决技术"卡脖子"问题，我国政府颁布了相应的政策，支持部分国有科研机构和企业对液晶技术进行共同研发，力使我国在液晶技术领域有创新发展。然而，由于早期日本企业不愿意转移技术，中国科学院及部分大学对液晶技术进行自行探索，待研究到一定的程度时，增加与日方谈判的筹码。同时，日本、韩国和我国台湾地区同类企业间竞争日趋激烈，促进了我国对国外先进技术的引进。借着这样的机会，部分企业也开始了对液晶技术的长期研发，京东方就是其中取得瞩目成绩的一员。下面以京东方为例，详细叙述液晶显示行业的发展历史。

京东方科技集团股份有限公司(BOE)成立于1993年，其前身是国内最大的电子元器件工厂——北京电子管厂。在京东方成立之初，董事长王东升就敏锐地发现，液晶显示技术是当今最先进的技术方向，不久将会替代CRT(阴极射线显像管)技术。在当时，CRT产业在中国的发展趋势很好，而液晶产业却基本无人问津，许多企业根本不相信液晶产业将会取代CRT产业，所以大部分人对王东升的决策感到不理解。但王东升力排众议，坚持开展对液晶显示技术的研究。王东升认为，互联网时代加速到来，集成电路势必替代电子管，我们做电子管的，认识到技术迭代对于企业发展至关重要，如果不做平板显示，一旦CRT被大规模替代，我国多年发展起来的电视产业将被迅速淘汰。想要做好一个行业，一定要主动参与技术革新的过程，而且必须自主掌握核心技术。现在来看，王东升当年的决定是非常正确的。

京东方在1997年改制上市后，进入显示终端生产领域，1998年实施战略转型，以自营屏显业务为重心，开始研发液晶显示屏，即开展TFT-LCD技术的布局。此后的5年间，即1999年到2003年，京东方一直在努力探索进入TFT-LCD这一新兴技术领域的路径。

机会留给有心人，到21世纪初，由于亚洲金融危机带来的冲击，显示面板行业进入下行周期。2003年韩国现代显示技术株式会社陷入沉重的债务危机，不得已出售其TFT-LCD业务，京东方斥资3.8亿美元进行了收购，获得其全部知识产权，包括TFT-LCD研发设计、制造和应用技术等，以及其全球营销网络和市场份额。此后，京东方对该技术进行消化吸收与再创新，初步形成了自主研发核心技术和研究能力。2003年9月，京东方在北京建成了依靠自主技术的5代TFT-LCD生产线。2005年5月，该生产线形成量产并开始销售17英寸液晶显示屏，结束了中国大陆地区无自主知识产权液晶显示屏的时代，标志着京东方在液晶行业开始崛起。

要成为具有全球竞争力的企业，必须在核心器件方面有所建树，掌握核心技术。收购生产线技术只是掌握了液晶显示产业的入门技术，要想成为全球有影响力的企业，必须掌握核心技术，并在核心技术上开展创新。为此，京东方定下了"成为显示领域世界领先企业"的目标。

2009年4月，虽然京东方的生产线依旧引进国外先进的技术，但在液晶电视面板方面做到了自主生产。第6代生产线的建立标志着中国TFT-LCD产业向高水平方向迈进，提升了整个TFT-LCD产业的层次。

2011年，京东方自主设计、建设了第8代TFT-LCD生产线，京东方成为中国大陆唯一可提供1.8～55 in全系列液晶屏的高科技企业，并带领中国大陆平板显示产业驶入液晶屏全面国产化时代。在8代线中，京东方开创性地使用了边缘场切换(FFS)广视角技术，该技术在色饱和度等方面与多象限垂直配向(MVA)广视角技术相比具有一定优势，是我国企业唯一拥有自主知识产权的广视角技术。

2017年，京东方第10.5代TFT-LCD生产线在合肥投产，在当时这是全球首条最高世代线。在技术层面，京东方的10.5代线在产品设计开发、工艺保障、技术控制难度等方面超过了以往任何一条液晶面板生产线，其智能化和核心工艺技术均达到业界最高水平，该生产线的建成为液晶面板产业树立了最高世代线的技术新标准。

2018年，京东方以大量的8.5代线和11代线冲击韩国企业，导致三星、LG等韩企退出了显示面板的TFT-LCD领域。

从一个最初生产电子管的企业到成为当前世界上LCD产量最大的大公司，京东方仅仅花了25年时间，这样的成就，除了对行业发展有准确判断和对时机及时抓住之外，也与京东方对创新技术的尊重和支持分不开。

1994年，京东方成立了TFT-LCD项目预研小组，派出多批技术人员赴国内外知名学府和科研机构进修，研究TFT、PDP、FED等平板显示技术。

2001 年,京东方成立 AMOLED(有源矩阵有机发光二极体面板)技术实验室,在柔性显示领域开展相关研究。

2003 年海外收购完成后,京东方每年向韩国子公司派出 200 余名技术人员开展见习活动,培养了一大批中国工程师。

2008 年,京东方牵头建设 TFT-LCD 工艺技术国家工程实验室,在 2016 年升级为新型显示技术国家工程研究中心。

2015 年,京东方 82 in 10K 超高清显示屏技术获得 IFA 显示技术金奖;同年,京东方大学成立,与国际一流院校和机构合作,建设实力雄厚的顶尖师资和研究队伍,组建专业化团队。

2021 年,京东方研发投入突破百亿元,同比增长 31.72%。

截至 2020 年,京东方连续多年在世界知识产权组织专利排名中位列全球前十,拥有可使用专利超过 7 万件。

京东方成为 LCD 产业全球第一之后,更展开了对 OLED、柔性屏等方向的研究。此外,京东方还融合当今热门的物联网、5G 等技术,与京东、华为等知名企业合作,研发更高端的产品。

京东方之所以有今天的成就,离不开我国政府的大力支持。我国在 20 世纪 90 年代提出了科教兴国战略,努力打造科技强国。我国政府的科技政策制定协助新兴企业突破传统制度轨迹限制,开发市场与技术机会,进而创造新兴技术与产业范畴。“十四五”时期是我国显示产业抢占下一代技术高地、加速发展的难得历史机遇期,未来 5~10 年将是引领技术和产业创新发展、争取产业发展主动权的关键时期,应抓住这一大好机遇,支撑显示规模产业集群的建立,独立自主地将我国显示产业发展成万亿元级规模产业,推动我国显示产业由大变强。

10.2 等离子体显示

1995 年首台 42 in 等离子体显示(PDP)技术电视诞生,由于 PDP 技术在视角、色彩、快速运动图像显示等性能方面的优势,在大尺寸电视应用领域占有一席之地。随着数字高清晰度电视(HDTV)技术的发展,PDP 技术和产业发展非常迅速,PDP 电视遇到了前所未有的市场发展机会,2001 年全球 PDP 彩电销量为 30 万台,2003 年达到 160 万台,2005 年达到 600 万台,可以看出市场对 PDP 彩电的需求呈现爆发式增长,以 LCD 和 PDP 电视为代表的大屏幕平板彩电逐步成为市场的主流。

在国家科技计划支持下,电子 55 所、彩虹集团、西安交通大学、东南大学等科研机构和院校先后开展了 PDP 技术研究开发,为 PDP 实现产业化打下了很好基础。

PDP结构一般分为三部分，即前基板、后基板和由障壁支撑形成的放电空间。现有PDP中的障壁结构存在成本高、发光效率低、使用寿命有限等不足，价格非常昂贵，一台42 in PDP电视机的市场价在1万～3万元不等，就是因为制造复杂且成品率低导致生产成本居高不下。1998年，东南大学首次提出采用荫罩代替传统PDP中的障壁结构，并通过了初步理论研究和试验，形成了荫罩式PDP(SM-PDP)的雏形。SM-PDP具有工艺简单、生产效率和成品率高、与现有PDP制造兼容、分辨率高、对比度高、发光效率高、成本低廉(仅为当时PDP生产成本的三分之一)等优点，可以使PDP的制造费用大幅下降，具有非常好的产业化前景，为我国PDP产业实现跨越式发展开辟了一条重要的技术途径。SM-PDP的前基板和后基板与国际上普遍采用的结构相同，关键在于放电单元结构不同。另外，国际上采用的结构中障壁是制作在后基板上的，如障壁制作失败，则后基板也随之报废。SM-PDP的前基板、后基板和荫罩是分别制造的，而前后基板的制作采用现有成熟技术，荫罩自行设计制作，这就大大提高了成品率和生产效率，降低风险，同时降低了成本。与传统PDP相比，SM-PDP具有以下突出特点和社会效益：荫罩替代障壁，普通钠钙浮法玻璃替代PDP专用高应变点低钠玻璃，简化了工艺，降低了成本；两电极结构替代三电极结构，提高了分辨率；有助于改变显示领域国外技术一统天下的局面，为利用我国现有巨大的CRT生产力提供了新的发展方向；带动相关设备制造企业的大发展，对促进国内相关原材料、机械、化学等工业的发展具有一定的牵引作用。

1999年10月，东南大学获得科技部"九五"重中之重项目支持，开展了SM-PDP模块研究，先后完成了单色字符显示、视频显示，证明了该技术的可行性。"十五""十一五"期间，国家"863计划"累计投入3 330万元国拨经费用以支持东南大学的SM-PDP技术研发，使该技术从实验室阶段走到了产业化阶段。在科技部资助下，东南大学以SM-PDP技术为基础，在结构、材料、驱动、设备等各方面开展了大量的研究工作，分别完成了14 in WVGA、34 in VGA、25 in SVGA的全彩色样机研制，逐步证明了该技术在大尺寸、高清晰度领域的优越性；2005年研制成功与SM-PDP技术配套的荧光粉涂敷、对准、封排一体化等专用设备，基本解决了SM-PDP生产的关键技术难题。

随着SM-PDP技术的突破，东南大学先后与飞利浦、中华映管等国际知名显示器制造公司签署了技术合作与转让意向协议，虽然由于种种原因未能完成协议履行，但是飞利浦公司向东南大学无偿捐赠了价值8 000万元的平板显示专用设备，在东南大学建立了2 000 m^2 的超净实验线，并且完成了设备的安装调试。中华映管的技术团队与东南大学团队展开深入合作，提高了样机性能。北京七星华创公司和南京网板厂承担了"863计划"自动化领域"定位、封接、充排气一体机研制"课题和"PDP 荧光粉喷粉机研制"课题，研制等离子体显示器制造专用封接设备和荧光粉涂敷设备。这些硬件设施的完善也为东南大学荫罩式 PDP 课题的产业化转化提供了必要的支撑。

为了推动 SM-PDP 的产业化进程，在科技部、江苏省政府、南京市政府的大力支持下，2006 年 4 月 26 日，由南京高新技术经济开发总公司、南京熊猫电子股份有限公司、东南大学、南京电子网板科技股份有限公司共同出资 5 000 万元人民币在南京市高新技术开发区组建成立南京华显高科有限公司(以下简称"华显高科")。公司的成立完成了实验室技术向产业转移的关键工作，标志着向 SM-PDP 技术产业化迈出了第一步。同年 11 月，华显高科在和东南大学的共同努力下，完成了国内首台 42 in 全彩色 XGA SM-PDP 样机的研制并通过了课题验收。在公司成立后短短一年内，华显高科克服了由实验室成果向产业化转化过程中出现的种种困难，取得了令人欣慰的阶段性成果：42 in 全彩色荫罩式 PDP (WXGA 1 366×768)样机研制完成；42 in 全彩色高清晰度等离子体电视通过了国家高清电视标准测试；42 in 荫罩式全彩色高清晰度等离子体电视通过了中国质量认证中心的 3C 认证，标志着产品可以上市销售。2006 年 12 月，南京高新技术经济开发总公司用以租代购(5 000 万元人民币)的方式购买区内闲置厂房，占地面积超过 4 万 m^2，作为华显高科 PDP 产业化的基地，并分期拨付 5 000 万元给华显高科，用于对该厂房进行 PDP 专项技术改造。在国家发改委国家 2007 年平板显示器件产业化专项、科技部国家高技术研究发展计划、江苏省科技成果转化专项资金项目等中央、地方的大力支持下，2007 年南京华显高科引进台塑光电二手生产设备，通过安装、调试和改造，建成国内第一条具有自主知识产权的 SM-PDP 中试生产线；2008 年 4 月 29 日，经过 5 个月的努力，解决了 SM-PDP 量产关键技术难题，42 in 全彩色 WXGA SM-PDP 高清晰度样机在中试生产线上下线，并通过江苏省科技厅组织的专家鉴定；2008 年 8 月 1 日，首批 50 台熊猫牌高清 SM-PDP 电视在南京华显高科 PDP 产业化基地下线；2008 年 8 月 7 日，南京华显高科公司向北京奥组委捐赠 20 台 SM-PDP 电视。

SM-PDP 技术共申请各类专利 227 项(国内发明专利 139 项、国际发明专利 12 项、实用新型专利 74 项、外观设计专利 2 项)，申请计算机软件著作权 3 项，其中已授权 72 项，约占国内单位同类技术申请总量的 63%，涉及结构、材料、工艺、驱动、设备等方面，形成了自主知识产权体系。

10.3 OLED 显示

20 世纪 80 年代，柯达公司发明了多层结构有机发光二极管(OLED)，它具有低电压、高效率、可实现柔性显示等优点，因而被誉为“梦幻般的显示技术”，得到了学术界和产业界的广泛关注。

1996 年，清华大学化学系邱勇认为 OLED 作为一种新型平面发光显示技术，它提供的不只是巨大的学术研究空间，还有“换道超车”的产业发展机遇。于是在邱勇所领导的 OLED 项目组在成立之时，便引入了企业的项目管理办法。与高校传统上以学科为中心组织队伍不同，团队以研发项目为中心，组织起了一个复合背景的研究团队。然而，要发展一个新的产业，需要发展的不是局部的、单一的技术，而是集成的、完备的技术体系。但是在当时的国情下发展高技术产业面临诸多困难，包括学科交叉、资金投入、发展速度等问题。1997 年，项目组成功点亮了第一片 OLED 实验片。在国家和企业资金的支持下，项目组极大地加快了研发速度，在材料开发、器件机理研究和关键生产技术研究等方面取得了一系列进展。

2001 年，邱勇团队创建了高科技企业——北京维信诺公司（以下简称“维信诺”），迈出了 OLED 产业化极其关键的一步。新成立的维信诺不是直接做产品，而是专门做技术研发的。作为一位敏锐的创业者，邱勇认为在研发阶段就要设计好成果应用的途径。维信诺不仅仅承担技术应用的任务，更是与学校的实验室一道参与核心技术的攻关，这种整合了学校与企业资源的研发体制保证了技术研发目标和产品开发目标的一致。

2002 年维信诺建成了国内第一条 OLED 中试生产线，陆续成功开发了单色、多色、全彩色 OLED 手机模组，国内首款彩色 AMOLED 显示屏，点阵柔性 OLED 显示屏。

凭借在 OLED 方面的自主创新，清华大学和维信诺在 OLED 产业发展初期就积极参与 OLED 标准制定工作，为我国 OLED 产业发展赢得了话语权。早在 2002 年 IEC/TC110/OLED-G 国际标准化工作组成立之初，清华大学和维信诺的技术专家即代表中国加入国际标准化工作组，并获得了《有机发光二极管显示器件　第 6-1 部分：测试方法　光学和光电》（IEC 62341-6-1）的标准制定权，这是 IEC 首批三个 OLED 标准之一，该标准也是由我国主导制定的首个平板显示国际标准。

2003 年 10 月，维信诺自主研发生产的第一批 OLED 工业样品正式提供给客户，实现了 OLED 显示屏的小批量生产和销售。

2005 年下半年和 2006 年上半年，LCD 产品价格大幅下滑，OLED 产品受 LCD 产品价格的影响很大，这给正在起步的 OLED 产业带来前所未有的压力。面对 OLED 行业的波动，维信诺团队分析了相关行业状态，认准了发展核心技术是解决问题的关键，加大了对 OLED 技术的开发，保持技术方面与国际同步；基于自主掌握的技术和 OLED 中试生产线的运作经验，自主设计 OLED 大规模生产线，提高了原材料的利用率和产线节拍，极大地增强了生产线的竞争力。

2008 年，清华 OLED 团队又研制了满足航空航天要求的高性能 OLED 器件，成功应用于“神七”舱外航天服上，亮度和对比度都超过了俄罗斯舱外航天服上采用的 LCD 显示器件，在国际上第一次将 OLED 技术应用于航天领域。同年，邱勇团队主持建设的中国大陆第一条 OLED 生产线正式投产。这标志着我国在显示领域第一次实现了从实验室技术向生产技术的跨越，第一次依靠自主技术建成了大规模产业基地。周光召院士视察维信诺时说：“你们要努力成为中国式的三星，这需要一代人甚至几代人为之艰苦奋斗的。”

2009 年，根据对产业发展趋势的判断，邱勇团队开始布局 AMOLED 技术研发。2010 年，维信诺建成了中国大陆首条 AMOLED 中试生产线，进行 LTPS TFT 背板和 AMOLED 技术的开发及工艺集成，全线打通了制造工艺技术。

2011 年清华大学和维信诺合作的 OLED 项目获国家技术发明奖一等奖，这是我国显示领域首次获此殊荣。而对于清华 OLED 团队来说，这意味着新的冲锋号已经吹响。

经过充分的技术准备，2015 年初，维信诺建成了中国大陆第一条专业 G5.5 AMOLED 生产线，该生产线是我国运营最好的 G5.5 AMOLED 生产线。2016 年，维信诺主导建设固安 G6 AMOLED 生产线，该生产线于 2018 年底实现量产，产品应用在华为、小米等品牌手机上。

2018 年，维信诺(合肥)G6 AMOLED 生产线开工建设，2021 年 8 月实现批量出货，刷新业内新生产线达成量产速度。2022 年 2 月，维信诺(合肥)生产线于国内率先实现 LTPO 技术开发和商用，赋能荣耀 Magic4 智能手机，标志着我国 OLED 技术在追赶韩国领先技术的道路上取得突破性进展。

如今，维信诺在江苏、河北、安徽、广东布局了四大产业基地，总资产规模近 1 000 亿元，是华为、荣耀、小米、OPPO、中兴、诺基亚、摩托罗拉、Fitbit 等众多优质海内外客户的重要合作伙伴，连续四年智能手机 AMOLED 出货量位列全球第四，实现多项 AMOLED 技术和产品全球首发。截至目前，清华大学和维信诺共同负责制定或修订了 5 项 OLED 国际标准，主导制定了 7 项 OLED 国家标准和 6 项 OLED 行业标准。

在 PMOLED 发展阶段，在维信诺的带动下，其原材料国产化率从 20%提升至 95%以上；在 AMOLED 发展阶段，其原材料国产化率也在逐步提升，部分 AMOLED 产品的原材料本地化率已从低于 20%达到了 70%以上。近几年，维信诺在建设产业生态上取得丰硕成果，其中一些经验和做法具有参考价值，被工业和信息化部收录在《大中小企业融通创新典型模式案例集》(2022 年)中广泛推广。

除此之外，维信诺还与上下游产业链共同打造产学研用协同创新平台，解决一些共性问题和前沿技术，确保研发的先进、高效、低成本，最大限度降低量产风险，推动新兴显示产业高质量发展。

20余年来，清华OLED团队始终坚持以产业化为导向、从基础研究到中试到量产的技术发展路线，始终坚持突破关键技术、掌握自主知识产权并将技术产业化的创新发展思路。通过自主创新，使我国的OLED产业实现了从无到有、从有到优。通过自主创新，掌握了OLED关键技术，在OLED材料、器件、工艺等方面取得了重大突破，拥有12 000余项与OLED相关的专利，其中发明专利占83%。实现了PMOLED和AMOLED的大规模量产，PMOLED技术达到国际领先水平，AMOLED技术达到国际先进水平。

“科技创新永远在路上”。清华OLED团队将继续坚持自主创新，坚持技术创新、产业创新、资本创新和平台创新，充分发挥政府的创新引导作用和企业的创新驱动作用，联合产业链上下游协同推进中国显示产业做大做强，加快科技自立自强步伐，共筑中国OLED产业长板，锲而不舍，久久为功！